JN225021

SEX 20億年史

生殖と快楽の追求、そして未来へ

デイヴィッド・ベイカー

目次

第1部

進化する前戯

第2部　霊長類のオーガズム　81

自称「ならず者の女王（ボーガンズ）」こと、アレクサンドラに

まえがき

サイモン・ウィスラー

セックス。もしそれがなければ、私たちはみなここにはいない。そうじゃないかな？　それはまた、あれほど人を夢中にさせるのに、多くの部分が謎とタブーに包まれているテーマだ。

　私と同世代なら、きっと性教育は生物の授業の一コマでしかなく、体の各部の発達や、いつかそれを使ってすることについて、男子と女子で分かれて照れながら話し合った程度だろう。ひと言で言えば、「気まずい時間」。もしあのとき、教師がこの本のような気楽な調子でありのままを教えてくれたら、私だってもっと良い成績を取れたにちがいない。

　本書の著者ディヴィッド・ベイカーは、この本で私たちを旅へと誘（いざな）う。生命の起源に始まり、人間の性の仕組みや本能が生まれてくる混沌とした進化の道をたどり、人類史の各段階を掘り下げ、セックスが人間社会のほぼすべての側面にどれほど大きな影響を刻みつけたかを明らかにする旅だ。そのあと、私たち読者は二一世紀のセックスと恋愛（ロマンス）のあり方に関する厄介な問題と、そう遠くない将来におけるテクノロジーとセックスについての興味深い問題へと導かれていく。この将来の問題では、人間は（a）超人間主義（トランスヒューマニズム）の「クラウド」で生きるセックスレス・マシンになる、（b）強化された性器と完璧な肉体を持つ不老不死の絶倫になる、（c）性処理用に作られた知能ロボットと愛し合う孤独で寂しい存在になる、という三つのシナリオが提示される。いずれにしても、機械の介入は避けられないらしい。つまるところ、需要と供給の問題なのか……。

おそらく読者は、書き出しから最後の一行まで、ここに書かれた話題豊富で魅力的なストーリーの引力から逃れられないだろう。本書は人間の性行動の特に奇抜な側面にも恐れることなく向き合っている。そのおかげで、セックスに興味がある人なら——要するに、私たちのほぼ全員だが——目からうろこの落ちる有益な読み物になっており、ユーモアと科学的な厳密さを絶妙にブレンドして、この複雑で興味深いテーマを取り巻く多くの迷信や誤解を払拭してくれる。端的に言えば、読者の人間の性についての理解を深め、楽しませると同時に間違った思い込みを取り除いてくれる本だ。セックスについて私たちが知っていると思っていることは、氷山の一角にすぎない。読者はこれから、人類史上最も頻繁にひそひそ話のテーマになってきた広大な世界を知ることになるのだ。

サイモン・ウィスラー　英国のユーチューバー／ポッドキャスター。エンターテインメントの要素を取り込んだオンライン教育ソフト「エデュテイメント」のジャンルで指導的立場におり、好奇心旺盛な人々に向けてスマートでユーモアにあふれたコンテンツを制作。「トゥデイ・アイ・ファウンド・アウト」、「カジュアル・クリミナリスト」、「ブレイン・ブレイズ」などの、チャンネル登録者数は数百万にのぼる。

はじめに

どうか、顔を赤らめないでついてきてほしい。これから、ちょいとイカれた旅に出るつもりだから。この本の目的はセックスを「ゼロ」から探求して、人間の様々な性行動（セクシュアリティ）の様相がどんなふうに生まれたのか、熱情や衝動、性的愛着（フェティシズム）がどうして現在のようになったのか、明快な考え方を読者に提供することだ。およそ二〇億年前のセックスの誕生から始めて、現在に至るまでの人類の進化の系統樹をたどってみよう。

古今、セックスに関する本は数知れず書かれてきたが、セックスをそっくりそのまま壮大な物語に仕立てようとする試みは本書が初めてだろう。しかも、一冊の本という限られたスペースで。研究仲間と私は、この作品を冗談交じりに「ファックの大年代記」と呼んできた。扱っている範囲は類書をはるかに凌駕（りょうが）する。過去五五〇〇年のあいだに様々な文化のなかで人間の性行動がどう表現されたかを探求する歴史ジャンルはあるが、本書は古代ギリシャ人が自分の性器で何をするのを好んだかを細かく探るのではなく、「そもそもその性器がどこから生まれてきたのか」を追い求めていく。さらに言えば、人間の性本能を探究する自然史のジャンルも存在し、その始まりはたいてい霊長類なのだが、霊長類のセックスはすでにその時点で複雑化しており、チンパンジーやボノボやゴリラの奇妙な習性が一体どこから生まれたのかを探ろうとすると、たちまち壁にぶつかる。おまけに、そうした霊長類の特徴は、三一万五〇〇〇年の人類の歴史におけるセックスの綿密な探究にはほとんど関係してこない。代わりに本書が目指すのは、セックスという現象を最初から最後まで余すところなく――二つの微生物がDNAを共有するという基礎的な化学プロセスから、足フェチやぶっかけパーティといった風変わりな性的嗜好(しこう)まで――伝えることである。セックスがどこから生まれたかを考えれば、それは途方もない変化であり、一部始終を語るに値する物語になる。

もしかしたらそうすることで、読者は人間の最も深いところにある不変の力の一つをはっきり理解できるようになるかもしれない。鳥の目で俯瞰(ふかん)すれば、セックスと社会に関する新しい視点を持てるようになる。ここでは、狩猟採集時代から農耕時代、さらに現代に至るまでの人類のセックスの変遷に注目し、セックスライフのあり方が、現在のような歴史的にも進化的にも前例のない時代にどのようにたどり着いたのかを考察する。そのあと少し未来にも目を向けて、現代の動向が近い将来、私たちをどこへ連れてゆくのか、性欲(リビドー)を持つ地上のすべての人間がこの素晴らしい新世界をどう進もうとしているのかを考えてみたい。とはいっても、一つの未来を予測するのではなく、複数の未来を検討する。

私は昔から、壮大な物語という権威を利用して演台から説教を行う歴史家に反発を感じていた。だから本書では、セックスの全史を語るという点を除けば、これまでのセックスに関する本のように、乱婚という社会に広く見られる行為を言葉巧みに擁護したり、はたまた厳格な一夫一婦制への回帰を訴える鼻持ちならない主張をしたりはしない。あくまで人間の性の歴史の混沌をありのままに伝えることに努めたから、読者はそれが自分にどんな意味を持つかを考えてみてほしい。だいたい、単純明快な結論などあるはずもない。だから、ここにある結論を鵜呑(うの)みにせず、この物語からぜひ自分なりの結論を導き出してほしい。あちこちに私の考えが見え隠れするだろうが、それはユーモラスな効果を狙(ねら)ったものや、個人的な思いつきにすぎず、この物語に不愉快な「教訓」を盛り込むためではない。

ユーモアと思いつきに関して言えば、この作品は知識の提供だけではなく、エンターテインメント性にも気を配った。性的なジョークや下品な言葉も多少使われているが、内容が内容なのでお許しいただきたい。またそれぞれの章で、歴史的な出来事を語るだけでなく、読者の想像力を刺激するために、めずらしい情報を交えて通説を覆(くつがえ)す試みも行っている。

本書の構造はシンプルだ。第1部「進化する前戯」では、生命の起源から恐竜の絶滅までを扱い、セックスの基礎部分がゆるやかに形成されるのを追っていく。第2部「霊長類のオーガズム」では、複雑で錯綜(さくそう)した人間の性本能が生まれる旅を吟味(ぎんみ)する。第3部「文化の残光」では、第一部と第二部で確認した進化の流れが人類のとてつもない能力と影響し合って、多様な文化と思想が生まれる過程をたどり、性質(ネイチャー)と環境(ナーチャー)のダンスが、狩猟採集時代、農耕時代、現代という人類史の三つの主要な段階でどう演じられたかを検討する。

こうして、いま私たちがいる場所にどうたどり着いたかを明らかにしたあと、現状についての刺激的な情報を提供しよう。それから、ユートピアとディストピアと終末という、やって来るかもしれない未来のシナリオを概観したい。なかには、不安と胸騒ぎで本を読むどころではなくなる人がいるかもしれない。そうなったら、できればちょっとセックスでも楽しんで、不安や胸騒ぎを振り払うのがいいかもしれない。

私が楽しんで書いたように、読者諸氏にもこの本を楽しんで読んでもらえれば何よりの喜びである。

4000万年前	旧世界ザルの多夫多妻制または一夫多妻制
1700万年前	最初の一夫一婦制の類人猿
1500万年前	人類の系統における一夫多妻制への回帰
1000万年前	大型類人猿の最初のハーレム
600万年前	複数のオスと複数のメスの乱婚
400万年前	二足歩行により、乳房、ペニス、セックスの体位が変化する
230万年前	いちゃつきの進化
190万年前	人類の系統における一夫一婦制、競争と性的二形*の減少、睾丸の縮小とペニスの肥大、夫婦間のオーガズム、恋愛の進化
31万5000年前	文化による性行為の多様化、抽象的な思考による性的倒錯の出現、戦略的な嬰児殺しによる人口増の鈍化
1万2000年前	農耕文化が高い出生率を促進、女性の性行動の大幅な制限、容赦ない貞節の強制
500年~100年前	一夫多妻制と同性愛を非合法化する世界的な潮流
100年~50年前	近代革命が女性の自立を促進、避妊の普及、同性愛の非犯罪化
50年前~現在	フリーセックスの増加、婚姻率と出生率が過去最低、孤独とセックスレスの人口が過去最高

*訳注：体格など、生殖器以外に雌雄の差をはっきり区別できるもの

セックス史上の重大事件

38億年前	生命の起源
20億年前	性の進化
6億5000万年前	多細胞性生物の進化
5億2500万年～ 5億1000万年前	人類の系統における最初の雌雄異体の進化と非異性愛
3億3000万年前	人類の系統における最初のペニス
2億7000万年前	人類の系統における最初の乳腺
1億6000万年前	人類の系統における最初の生児出生
1億2500万年前	人類の系統における最初の外性器
6600万年前	有胎盤類のオーガズム
6600万年～5000万年前	クリトリスの複雑化
6000万年～4000万年前	マスターベーションの多様化
5500万年前	アナルセックスが初めて確認される

第1部

進化する前戯

EVOLUTIONARY FOREPLAY

138億年～6600万年前

1　ファックできない宇宙

138億年～20億年前

●無生物の宇宙から生命の成分が出現する　●その成分が形成されたばかりの地球へ向かう　●地球の海底で生命が進化する　●DNAが自己複製という終わりなき探求を始める　●たびたびの壊滅的な大災害によって、思いもよらない、非効率で、少々滑稽なプロセス――すなわちセックスの進化が強いられる

どことなく思わせぶりな名称ではあるが、〈ビッグバン〉なるものが生み出したのは、その歴史の大半を通じてセックスも生物も存在しない宇宙だった。現在わかっているかぎりでは、過去一三八億年のうち、およそ一〇〇億年間は宇宙に生命は存在せず、いわんやセックスなどかけらもなかった。それでも一三八億年前のビッグバンの瞬間から、そこには生命のあらゆる成分があった。かつて存在した――また、これから存在することになる――生物を構成する全粒子が、時空の始まりにあった超高温の特異点に閉じ込められていた。その後生まれたばかりの物質は、次々と起こる宇宙的・生物学的進化のなかで、微小な粒子が結合と分離を繰り返して形を変え、数千光年を漂って、新たに形成された地球の一部になった。そして、これら無生物のなかで最良のも

138億年前	DNAの成分となる最初の水素が発生
ビッグバンの３分後、137億年前	星々の内部でDNAの成分となる最初の炭素、酸素、窒素、リンが融合
45億年前	太陽系と地球の形成
40億年前	最初の海洋の形成
38億年前	最初の生命の誕生
34億年前	光合成生物の進化
30億年～25億年前	大酸化イベントが起こる
22億年前	オゾン層の形成
20億年前	最初のスノーボール・アース（全球凍結）、最初の真核生物、性の進化

のが、地球の原始の海で泡立ちながら、本書で扱う性的に複雑な存在となった。つまり、あなたの肉体を構成する物質は一三八億年前のものではあるが、セックスはもっと最近の創作なのだ。

性淘汰は自然淘汰と並んで、最初に無性生殖の微生物から進化して以来、過去二〇億年間の種の変化にきわめて重要な役割を果たし、自然界に豊かで目覚ましい多様性を浸透させ、人類を現在のような性的に複雑な（そして混乱した）生物にした。

人類の進化系統をまっすぐにさかのぼれば、自分が生きていることを思い出させてくれる赤面やうめき声やうずきの起源だけでなく、人間という存在の最も深く、最も本質的な部分に宿る多くの本能（善も悪も含めて）の起源も発見できる。また人間が、単純で無機的な物質から錯綜した生体化学反応と繊細な神経系を持つ複雑な生物に変化したことを理解すれば、親密さや恋愛、セックスをどうしてここまで強く求めるのか、その理由もわかるかもしれない。

銀河間媚薬（びやく）

あらゆるセックスの中心にＤＮＡがある。それはごく控えめな微量の酸で、機械のように一途（いちず）な自己複製を行って、本能と特徴ある肉体を生み出す化学物質である。ＤＮＡの核となる成分は水素、炭素、窒素、酸素、リンという基本要素だが、どれも宇宙の始まりには存在しなかった。ここでは、その無害な酸の塊がどんな経緯で生まれたかを説明することからこの物語を始めたい。その塊こそ、のちに私たちも経験したことのある（あるいはそのふりをしたことのある）、あえぎ、体を小きざみに震わせた末に、途方もない快感が襲ってくるオーガズムなるものを作り出したのだ。

　ビッグバンの直後、のちにあなたの肉体を形づくることになる最初の微小な物質が純粋なエネルギーから生まれ、摂氏約一一・三オクティリオン度*という気の遠くなるような熱さになった。三分後、宇宙は一〇〇〇万度まで冷え込み、ＤＮＡの最初の成分で、宇宙で最も単純で最も多く見られる元素である水素の雲が生まれた。なお、水素は現在に至るまで、宇宙の全物質の約七五パーセントを占めている。

　次の五〇〇〇万年のあいだに、宇宙は暗く、凍(い)てつく寒さになった。水素の薄い雲は徐々に凝集して高密度になり、中心のガスが猛烈な熱を放出し始めた。その圧力は大変強く、原子同士が衝突して絶え間ない核爆発が起こり、まったく新しい元素が生まれた。その結果、星が次々と発火して誕生し、宇宙の温度は数百万年ぶりに上昇した。

　こうしてできた星はあまりにも巨大だったので、猛烈な高熱を発して燃え、わずか数百万年でエネルギーを使い果たした。核部分にあった燃料を失った星はたがいに融合し、やがて炭素原子などの重い元素が生まれた。これこそ人間の体の一つ一つの細胞に不可欠な元素で、様々な化学結合を行って骨や皮膚や腱(けん)のパッチワークができ上がった。また、ビッグバンのわずか数百万年後には、最初にできた星々の内部で、のちにDNAの二重らせんを完成させることになる酸素、窒素、リンの原子も融合していた。こうして、星という巨大で無秩序なガスの塊の中心に、独立した元素という形でセックスに必要なすべての成分がそろった。こうした巨大な星はそれ以上原子を融合できなくなると崩壊し、目もくらむような超新星(スーパーノヴァ)になって爆発し、DNAの原料が宇宙のあちこちに飛び散った。

　それは永遠にも思える歳月、広大な宇宙を漂い、およそ一〇〇億年前に天の川銀河になった。

訳注＊　一オクティリオンは一〇の二七乗

私たちの現在地から一光年ほど離れた場所で、重力によって多くの物質がふたたび密度の高い雲に吸い込まれ、未来の生命の原料を宿した第二世代の星が誕生した。その後、四六億年ほど前に、その星は猛烈な超新星爆発を起こし、さらに多くの水素が重い元素に変化して、私たちの太陽系のある宇宙の一区画にばらまかれた。

およそ四五億六七〇〇万年前、超新星によって太陽系に投げ込まれたそれらの元素は、すぐに引力によってまとまり、第三世代の星である太陽が誕生した。太陽系のちりが凝集して、岩、巨石、山などの大きさの物体が次々につくられると、物体同士の衝突はさらに激しくなった。二五〇〇万年後、太陽系には八つの巨大な惑星ができ、そのなかで新しく形成された地球は太陽から三番目の距離にある岩石だった。地球を誕生させた破滅的衝突が何度も繰り返されるあいだ、生命のような脆弱（ぜいじゃく）なものはとうてい存在し得なかった。

では、DNAの原料はどこにあったのだろうか。水素、炭素、酸素、窒素、リンは、溶融状態の地球に熱せられてガス状になり、地球の脆（もろ）い表面の亀裂から蒸気になって噴き出した。地球が分化して、重い元素が溶融状態のぬかるみ（スラッジ）を通って中心部へと沈んでいき、DNAを形づくることになる軽い元素が表面に沸き上がったためだった。すなわち、地球の生命史は火に覆われた空に浮かぶ雲として始まり、当時の私たちは地球の怒れる大気、暗赤色の空で旋回していたのだ。

生命の起源

およそ四〇億年前になると、地球の表面温度は沸点の摂氏一〇〇度を下まわった。地殻から噴き出して大気になった蒸気は、雨となって地球に再落下した。滝のような豪雨が何百万年ものあいだ途切れることなく続いた。地球の峡谷と低地は水で満たされ、最初の海が生まれた。この時期に地表に落ちた雨粒には、生命の元になる成分が混じっていた。数十億年にわたって再利用され、現在のあなたの肉体を構成しているのと同じ有機物だ。それが原初の海という渦巻く化学スープのなかに居場所を見つけた。

地球の海底には、海底火山やシューシューと音を立てる熱水噴出孔(こう)があり、まだ新しい溶融状態の惑星から極度の熱を放出していた。地表は岩だらけの灰色で、生物の姿はなく、植物は一センチも生えていない、まったくの無だった。当時は、現在のような緑豊かで快適な地球ではなく、むしろ月によく似ていた。

その後、およそ三八億年前、深海のどこかで最初の生命が形を取り始めた。有機化学物質が地球の原始スープの渦巻く海中を漂いながら、くっつき合った。やがて、これらの化学物質はきわめて複雑な化学構造を形成し、海底火山によって熱せられて微小な細胞の形を取るようになった。

これらの微生物の祖先は、現在の地球のあらゆる生命と同様、炭素をベースにしていた。炭素はあらゆる元素のなかで最も柔軟性があり、宇宙に存在するすべての化学結合の約九〇パーセントにおいて、きわめて重要な連鎖の一部を形成している。とはいえ、個々の塊は水素、酸素、窒素、リンという元素も含んでおり、絡み合ってさらに複雑な化学式を形成した。そうした分子構成の一つが進化と——突発的な変化のあとで——セックスを生み出すことになる。

最初の自己増殖的な有機化学物質はDNAを使わなかったかもしれないが、時間の経過とともに消滅した、もっと原始的で粗雑な複製方式を持っていた可能性がある。だが、やがて出現したDNAが、たちまち地球のあらゆる種類の生命体を圧倒した。その結果、文字どおり地球の全生物がDNAを持ち、約三八億年前にさかのぼる共通の祖先を持つことになった。人間がDNAの九八・四パーセントをチンパンジーと、約四〇パーセントをラッパズイセンと共有しているのはそのためである。

海底火山の先端で凝固した有機体のスープは、水素、炭素、酸素、窒素、リンの原子で構成されていた。個々の原子に生命はない。だが、まったくの物理的偶然によって、それらはみずからを配列して酸性のぬかるみに似たものを作った。史上最もセクシーな酸である。

様々な元素が様々な化学結合をすると、何らかの化学反応を引き起こす。小学校の理科の実験を思い出してみよう。酢と重曹を混ぜると、突然泡を噴き出す「火山」ができる。DNAの二重らせんを作る化学物質の配列は、もう少し複雑に絡み合っているものの、本質的にそれと違いはない。そして、DNAの配列によって生じる化学反応が自己複製だ。言い換えれば、この核酸は永遠に動き続ける心を持たないファクシミリのように、ひたすら自身をコピーする。一つの生細胞が二つに分裂し、分裂した生細胞がそれぞれに分裂を繰り返す。この単純な反応が数十億年にわたる進化とセックスをもたらし、あなたが感じている性的魅力やフェティシズム（フェチ）、オーガズムなどは、何十億年も続いた化学反応の最終結果なのである。

ＤＮＡの塊は、二重らせんの形に結合した一対の微小な鎖（ストランド）で作られている。また、ＤＮＡには生細胞の「ハードウェア」であるＲＮＡという一本鎖の仲間がいる。ＲＮＡはＤＮＡの二本鎖を解凍し内容を「読み取る」。家庭用ゲーム機がゲームディスクを読み取るように。またＲＮＡは、コンピューターのハードウェアが0と1のバイナリコードを読むように、アデニン、グアニン、シトシン、チミンのパターンを調べる。ＤＮＡ鎖内のこれら塩基の正確な配列は、その生物の情報をＲＮＡに伝える。ＤＮＡから指示を受け取ったＲＮＡは、タンパク質を生成する細胞の一部（リボソームという細胞内の小さな工場）にその指示を伝える。そして、これらのタンパク質は、生物を「組み立て」て、それぞれの特性と本能を付与するという単純労働を行う。

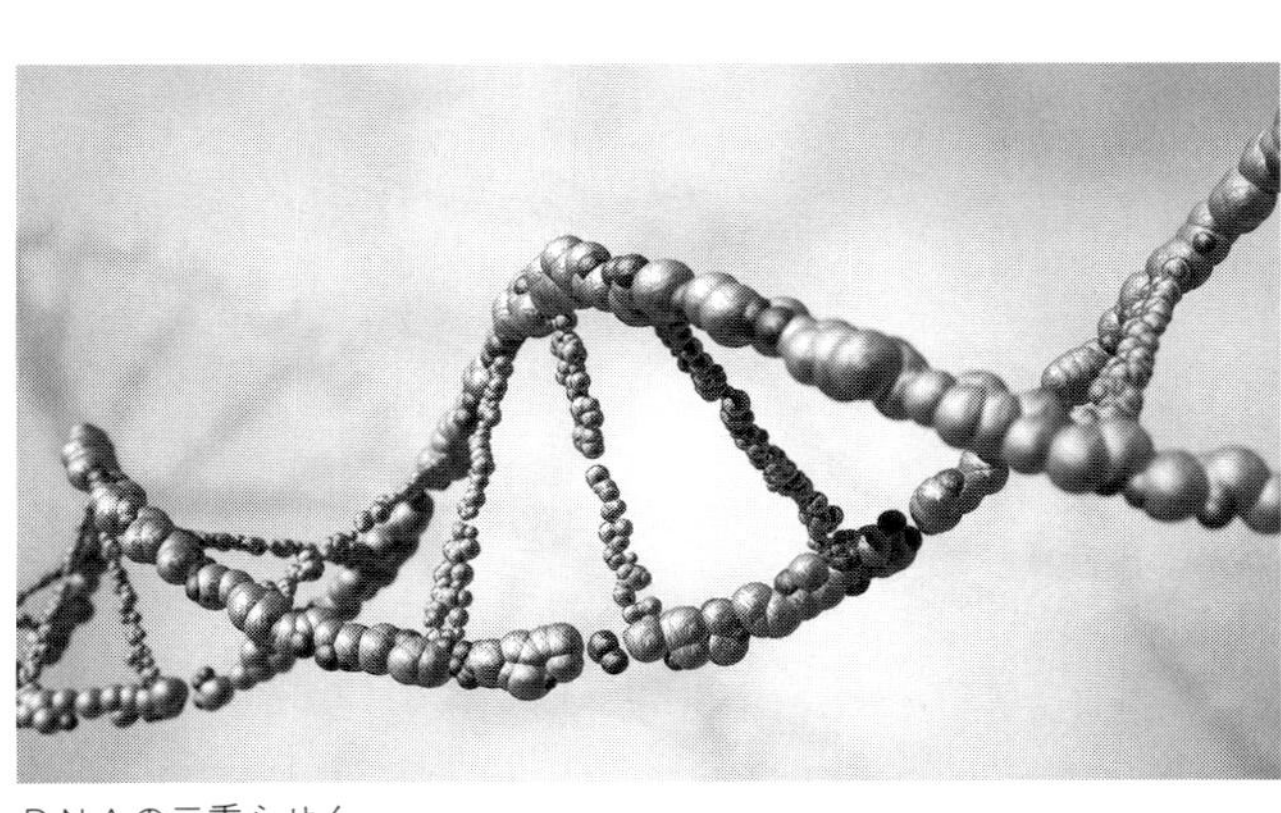

ＤＮＡの二重らせん

生命、進化、セックスに関係するものはすべて、自己複製の化学的プロセスから発している。ＤＮＡの機械的なたくらみが、重曹の瓶に酢を入れることにたとえられるとしたら、種の起源、ペニスとヴァギナの進化、エロ画像を見たときの興奮は、どれも勢いよく噴き出すごた混ぜの泡のようなものである。

進化の核心

生物の持つDNAは、持ち主が生きているかぎり自身をコピーして、死ぬまで体の残りの部分に「組み立て指示」を与え続ける。細胞が自己コピーするときは、二つに分裂する。ほとんどの場合、DNAは完璧に自己複製するが、およそ一〇億回に一回の確率で「複製エラー」、すなわち突然変異が生じ、DNAの指示が少し変更され、わずかに異なる生物が生み出される。

何世代にもわたり、数十万年の時を経て、多様な生物が出現した原因は、そうした偶然の突然変異だった。そう、あらゆる進化の歴史の元になったのは、たった一つのエラーなのだ。「複製エラー」が発生しなかったら、進化はなかっただろう。そして、生命は三八億年前とまったく同じ姿のままで、海底火山の先端に寄り集まった微小な塊でしかなかったにちがいない。

こうしたランダム変異のなかには生物を死に至らしめるものがある。生物の健康にマイナスに作用し、寿命を縮めてしまうのだ。また、生存には何らの影響も与えない突然変異もある。だが、一部の突然変異は生存にきわめて有用で、そのおかげで死と隣り合わせの過酷な環境のなかで、競合する生物より優位に立てる。特定の環境下で最大の効果を発揮する突然変異は存続する。そうでないと、突然変異（とそれを保持する生物）は絶滅してしまう。

たとえば三頭のオオカミがいるとしよう。一頭目は、脚がない状態で生まれるランダムな突然変異を持っている。このオオカミが生存する確率は低いため、ＤＮＡはそれ以上、自己複製ができなくなる。二頭目は、平均よりも一センチ舌が長い。この突然変異は、生存に影響を与える可能性がほとんどない。三頭目は、被毛を緑がかった色にする突然変異を持っており、生息地の緑豊かな森で便利なカムフラージュになる。繁栄するのは三頭目だ。ただし、数世代後に環境が変化し、緑豊かな森が雪に覆われたツンドラになれば、「緑色」は生存の障害になる。白い被毛を持つように進化したオオカミが、それまで生存競争で勝っていた「緑色のオオカミ」を徐々に打ち負かし、絶滅に追いやる。

これが、ＤＮＡが進化の核になる理由だ。遺伝子のランダム変異と、その変異の自然淘汰によって、ＤＮＡの生き残りと自己複製の継続が可能になる。要するに、ランダムな突然変異と非ランダムな排除だ。そして、環境の変化にしたがって、最大の効果を発揮する突然変異も変化していく。

このようにして、三八億年前、海底火山の先端の高温部分に生息していた微小な塊が生存と進化を始めた。塊は周囲の原始的なぬかるみのなかの有機化学物質を貪（むさぼ）り食った。そしてＤＮＡが自己複製を始め、際限なく分裂を繰り返した。

もっとも、微生物はセックスをしなかった。無性生殖で自己のクローンを作成しただけだった。

セックスの不幸な起源

三八億年前の最初の生命はかなりシンプルだった。原核生物として知られる生物で、DNA鎖が細胞壁内をむき出しのまま浮遊しているために損傷を受けるリスクの高い単細胞の微生物である。だが、それは生き残り、海底は命を持つ小さな塊で混み合うようになった。

三四億年前、この「不動産」不足を解消するために、一部の原核生物は海面近くで生存できるように進化し、海底火山の高温部分に留まる必要がなくなった。それどころか、新しい微生物は太陽エネルギーを利用できるまでに進化した。光合成によって、大気中の水、太陽光、二酸化炭素を変換して養分にしたのだ。現在の植物と同じように。

そして、これも現在の植物と同じく、酸素（O_2）を廃棄物として大気中に放出した。問題は、酸素はきわめて獰猛で、激しい化学反応を引き起こす危険があり、大量に発生すると、大気中に酸素がほとんどなかった初期の地球で進化した、私たち全生物の祖先である微生物のような脆弱な原始生物を殺しかねなかったことだ。

二五億年前までに、微小な光合成生物によって、大気中の酸素濃度はほぼゼロの状態から二・五パーセントまで上昇した。この厄介な化学物質は、「大酸化イベント」と呼ばれる出来事で多数の微生物を殺した。それは、知られるかぎりで、地球で初めて起きた大量絶滅現象であり、小惑星の衝突や超巨大火山の噴火ではなく、生物によって引き起こされた数少ない事例の一つだった。

生き残った微生物は、大気中の酸素に対する耐性を進化させた。その一部はさらに、二酸化炭素に代わって酸素を消費する能力を進化させた。いわば、食物と廃棄物を逆転させたのだ。これが最初の好気性生物であり、その点で人間やほかの動物と似た微生物だった。私たちも酸素を吸い込み、二酸化炭素を吐き出す。

もっとも、光合成生物は依然として地球の生物の大部分を占めており、酸素を排出して大惨事を起こし続けた。およそ二二億年前、酸素が大気中に集まり、酸素原子三個が結合してオゾン（O_3）が生まれた。地球を覆うオゾン層は、大量の太陽光を宇宙空間にはね返した。現在、私たちは太陽放射から身を守るためにオゾン層を切実に必要としているが、二二億年前の一時期にオゾンは必ずしも良いものではなかった。光合成生物によってオゾン層の濃度は上昇を続けた。その結果、地球の温度はどんどん下がり、北極と南極の海は凍結した。その後、氷は赤道方面へと広がり、地球全体を氷の牢獄（ろうごく）に閉じ込めてしまった。これが約二〇億年前に発生した最初の「スノーボール・アース（全球凍結）」現象である。当時の地球の平均気温は、摂氏マイナス五〇度ぐらいと思われる。

スノーボール・アースは、氷で覆われた海に生息する微生物の重荷になった。その結果、真核生物という新種の微生物が進化した。真核生物は「肉付きのよい」細胞で、大きさは原核生物の一〇倍から一〇〇〇倍だったうえに、細胞内にDNA鎖を浮遊させるのではなく、中央の核に保持することでDNAを保護するように進化した。私たち人間は、植物界と動物界の系統樹にいる全祖先と全子孫と同じく、この真核生物の末裔（まつえい）である。そして、これらの微小な真核生物の塊こそ、セックスを行った初めての生物だった。

悲惨なスノーボール・アースの時代に、現在の真核生物の九九・九パーセントがそうであるように、この微小生物はたがいに性的な関係を持つようになった。その習慣は定着し、もっとスリリングでややこしい行為になっていく。とはいえ、二人の人間がバーで連絡先を交換するように、微生物の祖先が遺伝情報を交換しなければならないと思うようになった経緯と理由は、いまなお謎のままだ。

セックスと飢餓とハンニバル・レクター

およそ二〇億年前に、スノーボール・アースという過酷で容赦ない自然環境が人類の小さな祖先に重圧を加えて最初のセックスが発生したことは、ほぼ疑問の余地がない。あるいは、長い時間のあいだに痕跡が消えてしまった同様の大惨事が起きたのかもしれないが。でなければ、生物がセックスをする意味はあまりない。客観的に考えれば、当時もいまも、セックスは少々理不尽で犠牲の大きいプロセスなのだから。

もしあなたがDNA鎖であったとしよう。宇宙におけるあなたの目標はただ一つ、休みなく自分をコピーし続けることだ。だから、別の生物の異なるDNA鎖と空間を共有することはほとんど意味がない。三八億年〜二〇億年前のすべての生物と同じく、無性生殖で自分のクローンを作成すれば、遺伝子を一〇〇パーセントコピーできる。おめでとう、ミッション完了だ。だが、そうせずに自分の遺伝子とほかの微生物の遺伝子を組み合わせれば、完成したコピーには自分の遺伝子の半分しか残らない。言い換えれば、これはＤＮＡの存在理由（レゾンデートル）に真っ向から反する行為である。外部環境に強制されなかったら、生物がそうした行動を取るように進化することはなかっただろう。

さらに言えば、自分のクローンを作るだけの無性生殖の生物であれば、子供を産むためにパートナーは必要ない。一個体で膨大な数のクローンを排出していけば、数時間のうちに数百、数千の子孫からなるコロニーが完成する。またしても、ミッション完了だ。ところが、ひとたびセックスを混ぜてしまうと、個体数の増加は鈍化せざるを得ない。子孫をつくるのに二個体の生物が必要になり、パートナーを見つけて、ＤＮＡを交換するのに時間がかかるからだ。したがって、セックスの最初の進化は、個体数の急速な増加がマイナス要因であり、子孫が多すぎると餓死して全滅する危険のある外部強制的な飢餓状態でのみ意味があった。三人家族ではなく、飢えに苦しむ一五人家族のようなものだ。セックスという行為は、食料や資源が不足する環境で繁殖ペースを遅らせて個体数を管理する方便だった。スノーボール・アースの時期には、どこも似たような状況だったはずだ。

セックスによって二個体の生物の遺伝子が混合し、多くの遺伝的変異が生じると、新たな問題が生まれる。ＤＮＡの複製エラーの発生確率が、無性生殖の遺伝子複製（クローニング）よりも高くなることだ。つまり、二〇億年前の微生物は死滅するか、生存可能性を低下させる突然変異を持って生まれるリスクが高かった。すべての遺伝的変異がプラスに働くわけではない。死を招く場合も少なくない。セックスと大規模な遺伝的変異への移行がメリットになるのは、スノーボール・アースのような過酷な状況だけだろう。そうした状況では、遺伝的な必要性から、生物はできるだけ速く、できるだけ多くサイコロを振り、子孫が地獄のような飢餓状態でも生き残れるように、有用な進化的特徴を発達させる必要があった。大ざっぱに言えば、二〇億年前の人類の祖先は、自然環境から強い圧力を受けて、生き残るためにセックスが必要になったのだ。

だが、それまでの一八億年間、微生物が嬉々として自分のクローンを作成するだけだった世界に、どうしてセックスという行為が物理的に出現したのだろうか。初めて性的に興奮した真核生物は*、なぜ、どのようにしてそんな名案を思いついたのだろうか。その疑問に示された回答に、あなたは当惑するかもしれない。

最も有力で説得力のある説は、二個体の生物間で行われた最初のDNAの交換が偶然だったのではないかというものだ。スノーボール・アースによって、真核生物の祖先が摂取できる食物は大幅に減少したが、それは一部の微生物がおたがいを食べ合うくらい深刻だった可能性がある。つまり、共食い(カニバリズム)だ。無性生殖の真核生物の細胞が、他の真核生物の細胞を消費したときに、偶然DNAが交換されたのかもしれない。貪り食われた犠牲者のDNAが、飢えた捕食者のDNAと絡み合ったのだ。

そのようなおぞましい結合の末に誕生した子供は、氷で覆われた環境を生きるうえで、わずかながらも有利な特徴を持っていたようだ。それがどんな強みであるのかはまだ判明していないが、有性生殖というプロセスと、突然変異の発生確率が高まったことで、真核生物の進化は加速し、周囲の過酷な環境に素早く適応できるようになった。

これらの微生物が必要としたのは、継続的な食物不足と、自然淘汰が起きるまでの数年間に飢餓に陥ったコロニーで何度か起きたグロテスクな共食い的交換だけだった。その後、有性生殖と二つのＤＮＡの融合という習慣は偶発的な現象ではなく、二個体の生物がなすべき進化的な行動になった（そう、読者諸氏、あなたの人生で最も個人的かつロマンチックな体験は、ひょっとすると共食いという絶望的な行動から生まれたのかもしれない）。

初めての性行為がどんなふうに出現したかはさておき、真核生物の小集団でそれが自然に選択されるようになると、セックスはあっという間に広まった。短期的には数多くの不都合があっても、長期的に見れば、セックスが私たちのＤＮＡに（文字どおり）組み込まれたとたん、その進化上の利点はとてつもなく強力になった。

セックスは素晴らしい

セックスの大きな利点の一つは、両親という二つの個体がいることで遺伝的多様性が広がり、進化と適応のペースが加速する点だ。もっとも、パンドラの箱が開けられたせいで、生物は負の突然変異を伝達するリスクに対処せざるを得なくなり、それを補うために潜在的な利点に強く頼

訳注＊　細胞内に核を持つ生物の総称。細菌やらん操植物の原核生物と区別される

るようになった。二つのＤＮＡ鎖を組み合わせると、クローン作成の単なる複製エラーでは発生しない身体的特徴と本能の組み合わせを得られる可能性がある。単純な例を挙げると、父親からルックスの良さを、母親から深い知性を受け継ぐこともある。

二つ目の利点は、セックスによって不健康な遺伝子が排除される確率が高くなることだ。無性生殖の生物が生存を脅かす突然変異を持っている場合は、その生物が絶滅するまで同じ特徴を持つクローンが量産されることになる。だが、有性生殖生物に負の突然変異があっても、パートナーがより顕性（優性）で健康な遺伝子を持っていれば「不良」遺伝子のセットを排除する可能性がある。もう一つ単純な例を挙げよう。ある子供の父親が心臓病のリスクの高い家系で、この病気の原因が潜性（劣性）遺伝子であるとしよう。その家系に、もっと健康で丈夫な心臓を持つ家系から顕性遺伝子を持つ母親が入ってくると、潜性遺伝子が顕性遺伝子に置き換わる。赤毛が黒髪に置き換わるように（赤毛のみなさんを攻撃する意図はまったくない。あなたがたは美しくてセクシーだ。ここでは、潜性遺伝子の一般的な例を語っているだけである）。ここでもやはり、ただひたすら自己のクローンを複製するよりも、二つの遺伝子が組み合わさることに明らかな進化上の利点がある。言うなれば、セックスに関しては共有することが割に合うのだ。

三つ目の利点は、進化に一定の節度をもたらすことだ。クローン作成の場合は、放埒（ほうらつ）だったり、極端だったり、グロテスクだったりするＤＮＡ変異までコピーされる可能性があるが、セックスでは生存能力を持つパートナーが必要なために、そうした変異は排除されやすい。たとえば、突然変異を持って生まれてきた不幸な生物がいたとしよう。その生物は、クモのような八本足、一八個の黄色い目、長さ八メートルで先端が短剣のように尖(とが)ったペニスを持っている。その生物が無性生殖をすれば、このショッキングな変異も全部コピーされるだろう。だが有性生殖を行う生物であれば、リスクを冒してこの生物とセックスするパートナーが見つかる可能性は低く、極端な突然変異はその生物とともに消滅する。広い自然界では、あまりにも極端な突然変異は相性の良いパートナーを見つけられない場合が多い。こうして、極端で致命的になりかねない突然変異が、ゆるやかな進化的変化のプロセスに過剰に流入するのを阻止できる。

　四つ目の利点は、二個体の生物のセックスによって、ウイルスや病気に対する強い耐性を得られることだ。無性生殖生物は、クローン作成の際のランダム変異によって病気に対する免疫耐性を持ちうるだけだが、セックスをする生物には、病気に対して異なる耐性を持つ異なる家系を結びつけ、世代ごとにその種類を増やしていける可能性がある。ここでも単純な例を挙げれば、父親が天然痘に対する耐性を持ち、母親が腺(せん)ペストに対する耐性を持っていれば、その子供は両方の病気の耐性を受け継ぐかもしれない。したがって、寄生生物とその宿主との進化的軍拡競争において、セックスは計り知れない利点をもたらすこともある。

　ひとたびセックスが人類進化のタイムラインに乗ると、それは進化にとって大変有用であることが判明した。確かに、ＤＮＡは自分の半分だけをコピーし、別の生物の遺伝的特徴と組み合わせるという犠牲を払わなければならない。だがその代わりに、種の生存の可能性は高まった。種が絶滅すれば、コピーどころの話ではなくなるのだから。

　さらにセックスは、元気で好色な真核生物に、より複雑な種へと急速に進化する可能性をもたらした。つまり、海に生息する微生物が魚類や両生類、爬虫類、哺乳類といった比較的大きな多細胞生物への進化である。次章では、そうした生物学的複雑さが増すにしたがい、セックスがさらに込み入った奇妙なものになっていく様子を見ていこう。そして、セックスという混乱状態における私たち自身の性的な仕組みや身体感覚、ロマンチックな衝動がどこから生まれたのかを解明する。これらの起源は数千年、数百万年という時間スケールで、私たちと進化的にかけ離れているが、それでも今日、私たちを人間たらしめているものの一部であることは疑う余地がない。

2 水面下の暗中模索

20億年～
3億7500万年前

●凍結災害が繰り返し発生し、多細胞生物の進化が促進される　●数兆の細胞で構成される体に、「配偶子」というセックスの専門家が出現する　●ミミズなど蠕虫（ぜんちゅう）に似た雌雄同体の脊椎（せきつい）動物の祖先が「シックスナイン」を発明する　●蠕虫は原始的な脳を持つカンブリア紀の魚へと進化する　●人類直系の祖先に当たる魚が雌雄異体を進化させる　●人類の祖先が体外受精というかなり退屈な行為を選択する　●性的競争と「両性の戦い」が脊椎動物で進化する　●最初期の四足類が海を出て、浜辺でセックスをする

私たちの祖先である真核生物の進化とセックスの発生を促した二〇億年前の最初のスノーボール・アースという圧制は、やがて地質の力に打ち砕かれた。地殻変動の結果、地殻から火山が出現した。火山は地球を覆っていた氷のシートを貫通させて、大量の二酸化炭素を大気中に排出した。これによって高濃度酸素による冷却プロセスが反転、巨大な氷床は後退し、ついには消滅した。地球の気温は上昇し、ふたたび温暖になった。

一方、大気の支配権をめぐる二酸化炭素と酸素の争いによって、地球が極度の寒冷化と穏やか

な温暖化を行き来したため、人類の祖先である微小な単細胞に対するスノーボール・アースの脅威が消えることはなかった。まだ光合成生物は海洋表面にいて、定期的に二酸化炭素を貪り食い、酸素を廃棄物として排出したため、地球はまたしても冷却化した。このプロセスは、公転軌道の離心率と自転軸の傾きと歳差運動の周期的変化のせいで日射量が変動するミランコビッチ・サイクルによって悪化した。地球が太陽から離れるように傾くと、氷河期はより穏やかになって、それは一一万五〇〇〇年〜一万二〇〇〇年前に人類が最後に経験した氷河期と似ていた。氷河期は生命には都合が悪かったが、スノーボール・アースの悲惨さに比べればまだましだった。

極端な冷却サイクルがあったせいで、一〇億年のあいだに赤道で氷河が結合して地球が埋もれるスノーボール・アースの時代がさらに二度訪れた。その一つはおよそ七億年前で、そこからなんとか地球が回復してまもない六億五〇〇

6億5000万年前	多細胞生物と配偶子の進化
6億3500万年前	シックスナインをする エディアカラ紀の雌雄同体の蠕虫
5億2500万年前	脳を持つカンブリア紀の魚類
5億1000万年前	体外受精と雌雄異体性の進化
4億年前	脊椎動物の性戦略の激化
3億7500万年前	最初の陸生四足類の出現

〇万年前に、またしてもスノーボール・アースの時代が始まり、六億三五〇〇万年前に終わった。これまでのところ、これが自然史上最後のスノーボール・アースだった。そして、この最後のスノーボール・アースが生命史におけるもう一つの重大な変化を引き起こし、セックスの性質を決定的に変え、ちっぽけな塊同士のＤＮＡ交換以上の意味を持つものにした。

セックスフレンド

過去三〇億年間、微生物は海中で数千、いや数百万の細胞のコロニーを形成して生息していた。それぞれは別個の異なる生物だったが、コミュニティ内でともに繁栄していた。その一部は、たがいの生存可能性を高めるために、共生的なパートナーシップを築くこともあった。これは、様々な微生物種を存続させ、ＤＮＡの複製プロセスを継続させるために、すでにＤＮＡの交換に依存している有性生殖の真核生物に特に言えることだった。

六億五〇〇〇万年前に最後のスノーボール・アースが襲ったとき、これらの共生微生物のコミュニティは、氷点下の状況で生き延びるために、たがいの依存関係を強化するようになった。生物にとって、時間はあっという間だ。単細胞生物は毎日限られた数のタスクをこなすエネルギーしか持っていない。スノーボール・アースの最中に、様々な微生物がたがいに別々の機能を果たすようになった。一部は食物の分解を試み、一部はその食物から出た排泄物の排出に集中し、さらに一部は性行為とＤＮＡの複製だけに時間を費やした。

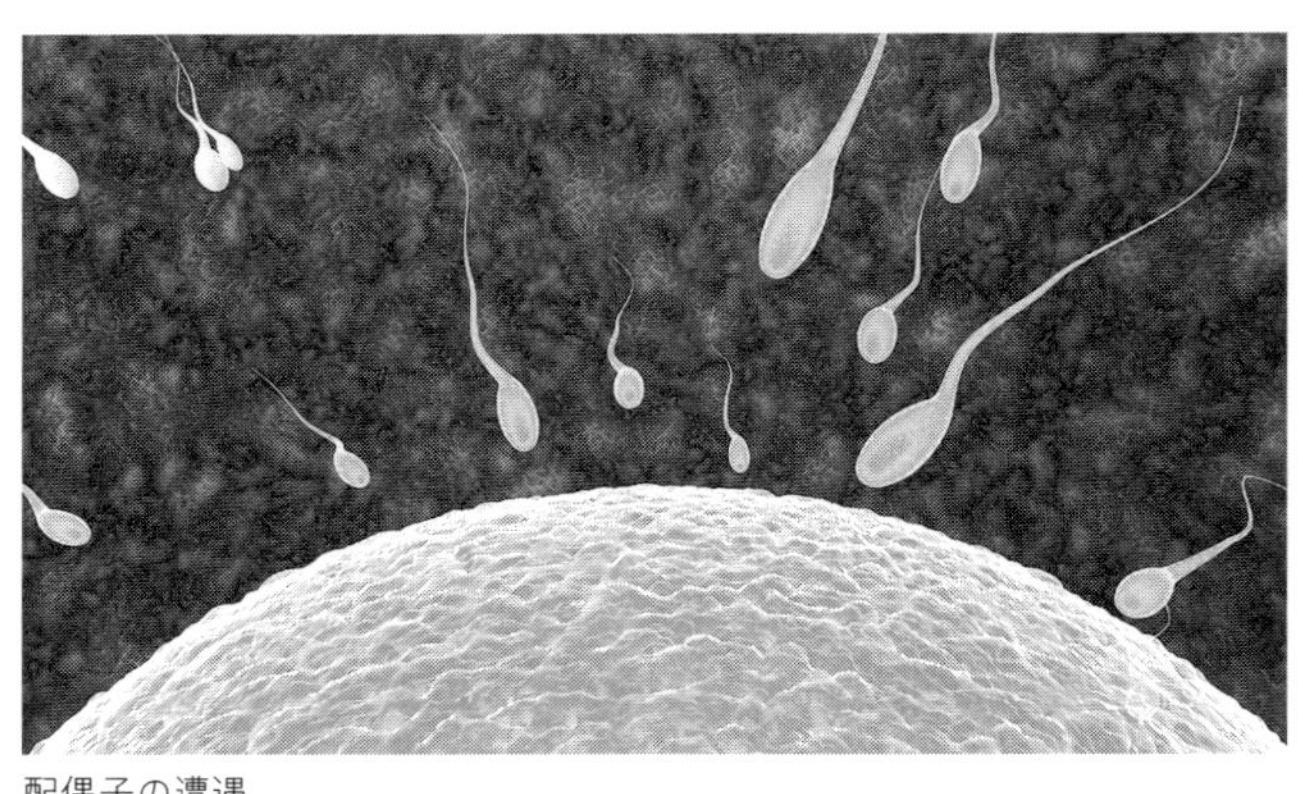

配偶子の遭遇

この最後の（幸運な）細胞群は、減数分裂や受精というプロセスに特化していた。そのプロセスでは、細胞はまず「母細胞」の染色体の半分と分かれ、続いて「父細胞」の染色体の半分と受精し、セックスを完了する。そこから新しい生物が誕生する。それまでの一四億年間は、微小な塊のすべてのペアがセックスを行っていたが、次第に選ばれた少数の細胞だけがセックスを担当するようになった。コロニー内で退屈な作業に忙殺されている仲間をよそに、いちゃつき合っていたわけだ。これらのラッキーな生殖の塊は配偶子と呼ばれるが、生殖細胞としても知られている。微生物界の高級娼婦とジゴロといったところか。人間の場合、これらの配偶子は精子と卵子である。人間の体内にあるすべての細胞が生殖可能なわけではない。たとえば、あなたの頭皮の毛包（もうほう）が、誰かをすぐに妊娠させることはない。それは、配偶子の仕事なのだ。

こうして、スノーボール・アースの圧力下で共生関係が強化されると、まるで小さな塊が突然いっせいに巨大なオフィスビルで働き出したかのような様相を呈した。一部は郵便室で働き、一部は経理業務を、一部はゴミ出しを、また一部は（あくまで比喩だが）事務用品のクローゼットのなかや会議机のうえでセックスに明け暮れた。

やがて様々な細胞が絡み合い、相互に依存するようになったため、一つの専門家集団が死滅すると、残りもあとを追った。最初の多細胞生物（植物、動物、菌類という真核生物の祖先）が誕生したのは、こうした過度の共依存、節度を欠いた共生が原因だった。

あなたは多細胞の真核生物である。三七兆個もの有機細胞からなる巨大企業だ。その数は、天の川銀河の星のおよそ一〇〇倍に当たる。もっとも、細胞は単に巨大なコロニーで生活し、共生的に行動しているだけではない。たがいの存在がないと生きていけない。肝臓はそれ以外の部分と共生関係にあるだけではなく、単独では行動できないから、あなたが買い物に行くときに、後ろから這ってついてくることもない。そんなふうに切り離せない部分でできているあなたという存在は、間違いなく一個の構造体であり、一個の生物である。

つまり、六億五〇〇〇万年から六億三五〇〇万年前に、性の仕組みを持ち、性本能を複雑化させる可能性を持つ多細胞生物が出現したわけだ。それまでのセックスは、肉眼では確認できない生物同士の陳腐な化学反応にすぎなかった。だが、最後のスノーボール・アースを経験して多細胞生物が出現したあとは、性器挿入やマスターベーション、肉欲、嫉妬、オーガズム、オーラルセックス、さらに（ちょっと飛躍があるが）ぶっかけパーティなどが、私たち人間の進化の辞書に載るのは時間の問題だった。とはいえ、そうしたものは全部、人類の祖先系統にしたがって段階的に進化してきたものなのだ。

セックスへの道を這い進む者たち

六億三五〇〇万年前に始まったエディアカラ紀は、火山が大気中に二酸化炭素を排出したおかげで気候は温暖だった。当時は、多細胞生物はすべて海中に生息していた。そして、進化的に検証されていない、風変わりな形の多細胞生物が数多く出現したのもこの時期だ。米国の怪奇小説作家、H・P・ラヴクラフトなら、きっとその奇怪さに大喜びしたことだろう。たとえば、アスピデラ。これは奇妙な円盤状の生物で、海底に生息し、口も肛門もない代わりに、皮膚の気孔から食物を吸収して排出する。不思議な真核性の多細胞植物もその頃に現れている。

エディアカラ紀の人類の祖先、いやすべての動物の祖先は、現時点では一センチに満たない蠕虫状の生物だったと考えられている（米粒と大して変わらない大きさだ）。これらの蠕虫の祖先は、海底の柔らかい砂に潜り込み、筋肉の収縮と伸長を繰り返して滑るように前進した。体内の骨格に相当するものは、液体で満たされた柔らかい管だけだった。それでも、原始的な口、肛門、消化管を持っていた可能性がある。

これらの蠕虫の体には、周辺の環境刺激を知覚する感覚受容体が備わっていたようだが、これらの神経はどちらかの先端に集中していなかったため、はっきりとした脳を持っていなかった。また、脳がないので自己認識はきわめて限定的で、意識はないに等しく、すぐそばの環境刺激に反応するだけだったようだ。祖先の単細胞生物と大した違いはない。つまり、エディアカラ紀の蠕虫の祖先がセックスをするときは、快楽を得ることはもちろん、セックスについてあれこれ考えることもなかったことになる。そのうえ、性本能というべきものも持っていなかった。そのセックスは機械的で、紋切り型で、退屈きわまりないものだった。とにもかくにも、私たちの始まりはこんなふうだったのだ。

エディアカラ紀の蠕虫は軟体だったこともあって、化石記録に痕跡がほとんど残っていない。そのため、彼らの性の仕組みを直接観察することはできない。ただし、彼らの進化の先駆者や子孫を調べると、どの蠕虫も精子と卵を持ち、生殖においてはどちらの役割も果たせた可能性が高い。要するに、雌雄同体だったのだろう。動物界の共通祖先は、両方の性を持っていたらしい。これらの蠕虫は体内に卵を入れて運ぶ袋があり、その一方で「精子」に相当する物質を漏れ出させる微小な細孔があった。ペニスと呼べるものは持っていなかった。

誕生してから性的に成熟するまでに必要な数週間がたつと、海底のどこかで仲間と出くわし、原始的な交尾のプロセスが機械的に始まったのだろう。蠕虫の体位は、おたがいの口と肛門がつくように反対を向いて横に並ぶ「シックスナイン」だったようだ。二匹の恋人が体を押し付け合うと、一方から流れ出た精子が、もう一方の細孔を通って卵の入った袋に入る。

かくして卵は受精する。一連の行為はほんの数秒しかかからず、事が終われば、どちらもその日の食物（海底にある少量の栄養物）を探しに陽気に這っていく。受精卵が蠕虫の体内にあるのはごく短期間で、袋から受精卵（おそらく保護膜によって守られていただろう）を滑り落とし、海底の砂に埋めて安全に孵化（ふか）させる。

蠕虫の赤ちゃんは、卵のなかで成長してから孵化して、改めてDNAの複製プロセスを開始する。エディアカラ紀のセックスはかなり退屈な逢い引きだったようだが、少なくとも効率的ではあった。まあ、人間同士でも愛のない結婚はよくあることだから、私たちに彼らのセックスをとやかく言う資格はない。

シックスナインをする蠕虫

爆発が脳を作り出す

五億四一〇〇万年前にカンブリア紀が始まり、二〇〇〇万年とたたないうちに、よく知られる種の爆発的増加が起き、急速に進化して環境のなかの新たなニッチを埋めていった。約五億三九〇〇万年前に始まったといわれるカンブリア爆発は、その後の一五〇〇万年の化石記録に突然現れた多種多様な新しい形態の生物がカンブリア紀の海のあらゆる生態学的ニッチを埋めたことからそう呼ばれた（陸地にはまだ居住者がいなかった）。この進化の加速は適応放散と呼ばれている。

脊椎動物（文字どおり脊椎を持つもの）という私たちに直接つながる祖先が、ほかの動物群の系統から分岐したのも、ほぼこの時期だ。ほかの動物群とは、節足動物（三葉虫、サソリ、クモ、ロブスターなど）、棘皮動物（ヒトデ、ウニ、タコノマクラなど）、軟体動物（カタツムリ、タコ、二枚貝など）、刺胞動物（クラゲ、サンゴなど）と、およそ三〇のその他の小さな動物門のことだ。もっとも本書は人類の祖先系統に的を絞り、人間の性的体験を築いたものを全部紹介しようとしているので、残念ながら、地球の全生物の性的嗜好を探求する余裕はない（母なる自然とのちょっとした桃色遊戯については、別の本で紹介されるのを待つとしよう）。

カンブリア爆発の時点で、人類直系の祖先はまだ明らかに蠕虫の姿で、体長は数センチ程度だったが、いくつか重要な変化があった。まず一つは、海底の砂のなかで多くの時間を過ごさなくなった。代わりに小型のウナギのように泳げるようになり、尾を前後に振って海中を移動し、海底に隠れるのではなく、開水域で食物を探し始めた。

二つ目の変化はさらに目覚ましいもので、人類の祖先は五億三〇〇〇万年前までに原始的な脊椎を発達させた。蠕虫の体は簡素な棒状で、そのまわりに様々な神経終末が集まり、周辺環境を知覚できるようになった。そうは言っても、水温の変化や、食物がすぐ前にある、ほかの動物（捕食者かもしれない）が近くにいる、交尾相手になりそうな仲間がいるといった、ごく基本的な情報ではあったが。当初は、依然として蠕虫同士のシックスナインが行われていたが、まもなく変化が生じた。

おそらく、あらゆる刺激（食物、捕食者、交尾相手）に対して反射的で機械的な反応をしていたのは変わらなかっただろう。自己認識という点ではゼロに等しく、意識と呼べるものは一切なかった。ただ、砂に穴を掘る代わりに海中を泳ぎ出したので、体の一方の端を常に前に向けているようになった。これが重大な結果をもたらす。

ほとんどの場合、この一方の端が最初に食物、危険、セックスに遭遇する。それが頭化（とうか）というプロセスのきっかけとなり、知覚神経終末が次第に体の一方に集まり、その部分が「頭部」へと進化した。そこで神経終末が複雑に絡み合い、脳に似た肉厚の塊になった。感覚の発達の一環として、前方の水域で動く物体を感知する目が進化した。さらには、水中での前進を助けるヒレも持った。五億二五〇〇万年前までに——つまりわずか五〇〇〇万年のあいだに、私たちは蠕虫から原始的な無顎魚（むがくぎょ）になったのだ。

実はセックスの進化史において、比喩的にも文字どおりの意味でも、きわめて怪しい（フィッシー）のがこの段階である。様々な生殖法と性の仕組みが爆発的に増加したため、進化の順序を概観するのが不可能とはいわないまでも困難になった。本書では、現時点で入手可能な最良のデータをもとに、事態の復元に最善を尽くしてみよう。

オスとメス、オスとオス、メスとメス

エディアカラ紀の蠕虫と同じく、カンブリア紀初期の無顎魚も雌雄同体で、卵と精子の両方を体内に持っていた可能性が高い。その後、一部は変わらず雌雄同体のままだったが、二つの性を

同時に持つ代わりに、どちらか一方の性になる能力も進化させた。つまり、ある段階まで卵だけを持っていた魚が、成長すると精子だけを持つといった変化が起きた。そういう魚は本能的に、受精行動と産卵行動、およびそれに伴う性行為の切り換えができた。「同時的」または「連続的」雌雄同体という特徴は数多くの深海魚で保持されたが、何百万年も経たあとに、複雑な階層構造（ヒエラルキー）で生息するようになった一部のめずらしい浅海（せんかい）魚でふたたび進化した。魚の雌雄同体は徐々に進化上の少数派になったが、それでも数多くの種がその特徴を保持したままだった。

この分岐はかなり早い段階、およそ五億一〇〇〇年前に起こり、その時期にカンブリア紀の魚類の多くは雌雄異体を選択したようだ。つまり、生物学的なオスかメスのどちらかになって、死ぬまでそれを維持するようになり、それが今日まで、ほとんどの魚類に受け継がれる特徴となった。この進化傾向が強まったのは、交尾に必要な器官が複雑化して、その成長に以前より多くのエネルギーが必要になり、体内で両方の性を成長させる利点が減ったからだった。逆に言えば、よほど強力な逆進化的インセンティブがないかぎり、魚類が雌雄同体を維持または復活させることはなくなった。

こうして、カンブリア紀の魚のほとんどが、それまでより明確で識別しやすい性の仕組みを進化させた。オスは最初、体の中央にある一つの精巣を進化させた。同様に、メスは最初、一つの卵巣を進化させた。その後、一億年かけてそれぞれが一対の睾丸（こうがん）か卵巣を持つように進化して、セックスの満足度を倍加させた。これは、多くの脊椎動物に共通して見られる特徴である。

とはいえ、人類直系の祖先に当たる雌雄異体の脊椎動物でも、両方の性器が完全に機能する雌雄同体の生まれるDNAの遺伝的なランダム変異はいまだに起きていて、その割合は種によって違い、一億から一〇〇億に一件であると推定される。一般に雌雄異体の種では、性別がはっきりしない間性(インターセックス)の性器を持って生まれる個体がかなり存在する。その割合は、種によって一万から一〇〇万に一件と推定されているが、こちらは不妊率がかなり高い。そのため、一度雌雄異体になった種はそのままの方向へ進む傾向が強くなる。

脊椎動物に性別ができた時点から両性愛的(バイセクシュアル)行動が始まったこともわかっている。雌雄同体から雌雄異体へと段階的に移行したように、最初は同じ種の別の個体と性別を問わず交尾していたのが、やがて異性だけを相手にするようになるまで、その移行もゆっくりと進んだ。同性愛的な出会いは繁殖に寄与しないが、カンブリア紀初期の原始的な魚類の感覚器官が未発達だったせいで、相手がオスかメスかを常に確実に見分けられなかったこともその一因だったのだろう。

このように、厳密な異性愛を求める本能は雌雄異体への転換と同時に生まれたのではない。いや、それどころか、雌雄異体種の一部は一生を通じて異性と同性の両方のパートナーと交尾を行った。それが事実であるのは、大半の脊椎動物種(その後、ふたたび無性生殖生物に進化することがなかった種)が程度の差こそあれ両性愛的な行動を取っていることで裏付けられる。両性愛が五億年前から続く共通の特徴であるのは間違いない。また、カンブリア紀の同時期に節足動物にも両性愛が見られるのは、両性愛があらゆる形態の雌雄異体にもともと備わっているからだと考えられる。言い換えれば、性別が存在するところには必ず非異性愛的要素も存在するということだ。

一生を通じて同性のパートナーとだけ関係を持ち、異性とセックスすることはほとんどないかまったくない同性愛に特化した個体がいたことは、およそ二億年後の石炭紀の脊椎動物にその痕跡が見てとれる。両性愛がそうであるように、性別が生じた時点で同性愛に特化した雌雄異体種が現れたと考えてもあながち的外れではないらしい。今後のさらなる発見に期待しよう。

子孫が生まれてこないのに、なぜ非異性愛的なセックスが五億年も脊椎動物種において受け継がれてきたのかという問題については様々な解釈があり、現在熱心に研究されている。有力な仮説としては、誕生前のホルモンあるいは遺伝子、またはその両方の組み合わせが注目されている。ホルモン説は、卵のなかでまだ胚が発育中の段階で、ホルモンによって少数の個体に非異性愛的な本能が生まれる可能性があるという主張だ（実際の発生率は種によって大きく異なる）。遺伝子説のほうでは、識別可能な「ゲイ遺伝子」は存在せず、むしろ多くの遺伝子が絡み合った結果、同性愛が出現するのではないかと考えられている。そういった遺伝子の多くは誕生前のホルモン受容に影響を及ぼすため、二つの要因が混在している可能性もある。

どれが正しいかはさておき、非異性愛的セックスが億年単位で存在し続けているのは間違いない。自然淘汰が非異性愛的なセックスを完全に排除する理由が一つもなかったからだ。第一に、同性と交尾する脊椎動物種の個体の多くは異性とも交尾する。そうした個体が子孫を残す平均値はわずかに減少するが、ゼロに近いほど下がることはない。第二に、同性愛に特化した脊椎動物種の個体にも、そっくりなＤＮＡを持つ近親者が存在する。彼らの異性愛と両性愛の兄弟姉妹、いとこは、子を産み非異性愛的行為を生み出す同じ因子を残している。要するに、ゲイ、レズビアン、バイセクシュアルの近縁がいるという理由で絶滅した種はないということだ。したがって、非異性愛的行為が多細胞の生物種に定着したのは、雌雄異体の性別ができた時点とほぼ重なると考えてもいいだろう。まさに、コインの裏表のような関係なのだ。

魚が怪しいセックスをする方法

行為そのものについて言えば、初期の変化のせいで魚類のセックスは決して楽しいものではなかった。蠕虫のほうがはるかにましで、あのシックスナインの日々は遠い昔の話になった。少なくとも、しばらくのあいだは。まだ存在のかけらすらない「挿入」なる行為はもとより、カンブリア紀初期の無顎魚は一切体のふれあいのない方法を採用していたらしい。体外受精という仕組みを進化させたのだ。メスの魚がゼリー状のどろどろした卵を海中に放出すると、近くのオスが寄ってきて、そのうえに精子を振りかける。温かみをほとんど感じさせない受精形態で、仲介者を通さずに精子バンクを利用するようなものである。同性愛指向同士が出会ったとき、体外受精をする魚の場合は、性フェロモンを発散したり、普段は異性に向かってする配偶行動や求愛行動を行ったりした。

体外受精と聞くとがっかりする人もいるだろうが、もっと倒錯的に感じられるのは、カンブリア紀の原始的な小魚がカップルではなく、集団で体外セックスをしていた点だ。言うなれば、魚たちの乱交パーティだ。メスの群れが水中の一区画に卵を産み、オスたちが精子をかける。こうすると非常に多くの配偶子が水中に散らばり、カンブリア紀の海でほかの生物に食い尽くされる可能性が低くなって、一定の数の受精卵が孵化まで生き延びられる。この場合の進化上の欠点は、一つのオスの個体に特有のＤＮＡコードが複製され、継承される確率が低下することだ。

そういった経緯もあって、一部の大型魚類は一夫一婦制に似たものを進化させ、オスとメス一匹ずつがプライベートな水域に潜り込み、関係を持つようになった。これで特定のオスの精子を受精することは保証されたが、同時に捕食者に卵を食べられないよう警戒しなければならなくなり、メスをめぐるオス同士の性的な競争の原因にもなった。勝敗はたいてい（いつもというわけではないが）体の大きさが決め手になった。これをきっかけに脊椎動物の初期型の性的二形——性別による大きな生理学的差異——が生じる現象が生まれた。一部の魚類のオスは着実に成長してメスよりも大きくなり、楽しみを求めて割り込んでくる小さなオスを簡単に撃退できるようになった。

こうして性選択の熾烈（しれつ）な争いが始まり、繁殖においては体の大きいオスが有利な立場に立つことが多かった。この進化上の誘因によって、数千年が経過するあいだに大型の魚類が出現した。人類の進化の初期段階に位置する初期のカンブリア紀の魚は非常に小さかったので（体長数センチ程度）、成体に成長するのにエネルギーはそれほど必要なかった。残りのエネルギーは、新しい卵と精子を頻繁に生成して、ほぼ定期的にセックスするために使えた。運のいいやつらだ。だが、体が大きくなると配偶子の生成に割くエネルギーが足りなくなり、一部の種でセックスの頻度が減少した。おそらく、年に一度程度だったのだろう。もっとも、魚は繁殖できなくなるほど老いることはなく、ほかの種とは違って、不妊になったり、不能になったりすることはなかった。いったん性的に成熟すると、魚は死ぬまで卵を産み続け、精子を出し続けた。

残念ながら、そのやり方や頻度に関係なく、カンブリア紀の魚が快感どころか、セックスを意識していたとも思えない。彼らはごく限られた意識しか持っていなかった。まったくなかったと主張する人もいる。カンブリア紀の魚の脳はきわめて原始的で、大脳皮質を欠いていた。魚はあらゆる刺激に反射的に反応した。捕食者が近くにいる？　逃げろ！　メスの産んだ卵が近くにある？　行って、精子をぶっかけろ！　こうした行為がそれ以上の意味を持っていた可能性はきわめて低い。私たちが意識を持つようになるまでには長い年月が必要だった。当時のセックスはまだ、機械的かつ情熱を欠いた行為でしかなかった。

魚のファックの多様化

四億八五〇〇万年前にオルドビス紀が始まると、気候はさらに温暖になった。火山活動その他の原因によって、大気中に排出される二酸化炭素の量が一〇倍になったからだ。海水温は平均が摂氏二五～四〇度と、生命にとって大変有利な環境になった。これは、魚の祖先の進化にも朗報だった。その結果、海洋生物種の数は四倍になった。また、最初の植物と菌類が陸上にコロニーを作り始めたのもこの時期だった。

ところが、オルドビス紀は四億四四〇〇万年前に大量絶滅で終わりを迎える。寒冷期になって多くの温水種が絶滅し、さらにその後、急速に温暖期に戻ったため、それまで環境の変化に適応していた冷水種も絶滅したのだ。全海洋生物種のおよそ七〇パーセントが絶滅した。もっとも、大量絶滅イベントは総じて進化的変化を加速させる傾向がある。自然環境のニッチを、恐れ知らずの新しい種がふたたび埋めるからだ。

この大量絶滅イベントに続くシルル紀では、陸上の植物と菌類がさらに広がり、海岸線や川谷から岩だらけの地形の奥深くまで進入し、初めて地球の表面を少しずつ緑に変えた。まもなく節足動物（外骨格の殻を持つ現代の昆虫の祖先）が陸上の植物種に合流し、植物を餌にした。それに対して、脊椎動物の祖先はまだ陸上に進出する準備ができていなかった。

海では、魚の祖先が顎を進化させ、神経系が複雑になり、脳もいくらか大きくなった。この時期にサメも進化し、人類の系統から分岐した。魚類は大型化し、生物学的にも複雑さを増して、当然ながらセックスの進化にも影響を及ぼした。一部の魚類は浅い海底の一区画で「巣作り」を始めた。これは捕食者（おもに大型の魚）から卵を守るのが目的だったが、一部の種では一夫一婦制の強化につながった。

海底の砂に穴を掘ったり盛り上げたりして相手を招き寄せる水中巣を作るのはオスの役目だった。メスが巣を気に入れば、近寄ってきて卵を産み、受精の準備が整う。これはオスが、自分には繁殖を促進する望ましい配偶者としての価値があることを示してメスに求愛する、進化の初期段階の例である。要は、ＤＮＡが複製され、生まれた子供が自分の子供を持つまで生き残る可能性を最大化するためのものだ。そうすることで、セックスはメスが労力と時間をかける価値のあるものになる。一般に、オスは短時間で多くの卵を受精させられるが、メスは卵を産むのに大きなエネルギーを費やす。だから、メスが交配相手のオスを選り好みするのは当然だった。このようにして「配偶子の経済性」が始まり、オスとメスのあいだで、それぞれの生殖細胞に費やす時間とエネルギーと引き換えにセックスする権利をめぐる駆け引きが行われるようになった。

配偶子の経済性は、過去数億年にわたって、無数の種の性本能と性儀式の進化に影響を及ぼした。たとえば、もしあなたが人間を観察していて、女性は男性の職業を恋愛の重要な基準にしているが、女性の職業は標準的な男性の好悪にさほど影響を与えていないようだと思ったら(これはデートする人全体を見わたしたときのごく大ざっぱな傾向で、人間のような複雑な知能を持つ種では常に例外が出てくる)、その理由の大半を占めているのは配偶子の経済性だ。セックスをめぐる人間関係の複雑さについてはのちほど検討することにしよう。ここで大事なのは、すべてが五億年前に始まっていたことだ。

脊椎動物において、いわゆるオスメスの争いが、初めてその片鱗(へんりん)を見せたのはシルル紀だったと言えるかもしれない。もっとも、求愛のプロセスは常に型どおりではなかった。メスが立派にできあがった巣に近づいて卵を産むふりをしているあいだ、オスは精子をかけるタイミングをいまかいまかと待つのが普通だった。ところが、メスのなかには、巣は作っていないが、生殖の相手としては遺伝的に魅力がありそうな近くのオスを誘惑するために、卵を産むふりをする戦術を進化させたものもいる。その結果、人類の遠い祖先である脊椎動物にも「寝取られ」の最初の兆(きざ)しが現れた。のちに、カッコウのメスが「良い夫」として選んだオスが巣作りに励むあいだ、その恩恵を受けるメスがもっと魅力的な侵入者のオスを交尾の相手に選ぶようになることの前触れとも言える。

また別の例では、メスの魚が受精できない無精卵と受精可能の卵を交ぜて産むことがあった。競い合うオスのなかで最も優れたものが卵を判別して、前者を食べ、後者に射精してくれるのを期待してのことだ。セックスは急に高度で複雑なものになり、最高ランクのオスだけが生殖できるように、交尾成功のためのハードルはどんどん高くなった。別の言い方をすれば、進化の歴史の至るところに、なりたくてなったわけではない不本意な独身者の化石が散らばることになった。

そうこうしているあいだに、およそ四億年前、私たちの系統樹に属する魚類のセックスのやり方がさらに多様化した。人類直系の祖先がいまだに体外受精を続けていたのに対して、魚類のなかにはもっと独創的なものが出てきた。一部は体内受精を行うようになり、オスはメスの体内に精子を注入して、メスは受精済みの卵を放出する。この作業を容易にするために、一部の魚類やサメのオスは原始的なペニスとも言える、いくらか不気味な名称の「クラスパー（交接器）」を進化させた。それをメスの生殖口、直腸、排出口を兼ねた総排出腔に挿入して射精する。総排出腔は未受精卵が入った肉厚の袋の開口部で、こうすれば水中で精子が無駄にならずにすむ。

大部分の魚類は体外受精を保持し、メスは未受精卵を産み、オスは挿入や肉体的な接触なしでその卵を受精させた。いまでも魚類のおよそ九五パーセントがこのやり方を継続しており、クラスパーを必要としない。人類直系の祖先は進化の歴史のなかで、その後もう少しのあいだペニスも挿入も不要なセックスを続けた。

進歩だ。

その後、三億八〇〇〇万年前に人類直系の祖先に革命的なことが起きた。彼らは食物を探すた

サメのクラスパー（交接器）

浜辺のセックス

シルル紀からデボン紀に移行した四億二〇〇〇万年前、世界は温暖な気候で、両極も含めて氷はまったく存在しなかった。灼熱の赤道直下にできたごく一部の不毛な砂漠以外は、熱帯の湿潤な気候が地球を覆った。シダやコケが陸上でコロニーを形成するようになり、緑化がますます進んだ。デボン紀の末期までに、高々とそびえる最初の本格的な森が出現した。森には、大型化の進む多種多様な昆虫やクモ形類が生息していた。

海では魚類が本領を発揮し、体長が三〜七メートルあるものが現れた。人類の祖先はもっと控えめで、一・五メートル程度にしか成長しなかったようだ。それでも、蠕虫によく似た祖先と比べればかなりの

めに、浅瀬や海岸線で暮らすようになった。その結果、空気呼吸をする能力が進化し、短時間であれば水から出られるようになった。また、原始的な肺に空気が流れ込むようにするため、頭頂部に斜めになった穴が開いた。同じ頃、海から這い出て、食物を求めて海岸沿いを移動するのに使える強力な前ヒレを持った。それからわずか五〇〇万年後の三億七五〇〇万年前までには、強力な前後のヒレと陸上を効率的に移動できる原始的な腰を持つようになった。

これが四足類の共通祖先であり、陸にコロニーを形成した初めての脊椎動物だった。カエル、イヌ、ネコ、ウマ、トカゲ、クマ、ヘビ、そしてもちろんヒトの祖先である。最初の陸生脊椎動物は四肢をもつ生物で、それぞれの肢には五本の指が付いていた。私たち人類は、現在の進化形態においてもこうした特徴を保持している。だがX線を使うと、ウマの四肢にも使われていない指の痕跡を確認できる。いや、極端な例を言えば、ヘビにも四肢の痕跡がある。それらは小さく縮んでいるので、ほとんど見分けられないだけだ。

次の一五〇〇万年間で、こうした空気呼吸をする魚は最初の両生類（カエルやサンショウウオなどの祖先）へと進化した。性的な観点で言うと、人類直系の祖先は依然として体外受精をしており、卵を産みに水に戻らなければならなかった。さもないと、どろどろしたゼリー状の卵が干からびて駄目になってしまうからだ。人類直系の両生類の祖先は、ちゃんとしたペニスも持っていなかった。だが、大半の祖先は次の進化の段階で変化することになる。人類の系統樹に属するメンバーが、地上のあちこちでセックスをするようになったからだ。

3 ティラノサウルスのセックス

3億7500万年～6600万年前

●人類の両生類の祖先が豊かな性生活を進化させる ●殻に覆われた卵と原始的なペニスを持つ爬虫類に進化する ●恐竜の祖先から分岐する ●人類の犬歯(けんし)類の祖先が原始的な乳房を進化させる ●ペルム紀大絶滅によって、人類の祖先は進化の傍流に追いやられる ●人類の祖先、哺乳類に進化する ●生児出生を開始する ●人類の有胎盤類の祖先が有袋(ゆうたい)類から分岐する ●白亜紀大絶滅により恐竜が一掃され、哺乳類の性行為、性本能、フェチ、性行動が急速に進化する

デボン紀後期(三億七五〇〇万年～三億五八〇〇万年前)に、人類の祖先が初めて固い地面でセックスをしたことが確認されている。陸上に進出した魚に近い四足類の祖先は、すでに新しい食物源が地表にあることを発見した。先に陸のコロニーを形成した植物や昆虫である。もっとも、皮膚が多孔質で浸透性が高く、干からびる危険のあった初期の四足類は、海岸線や川の流域、湖などから離れられなかった。水辺の近くであればどこでもよかった。湿ってぬるぬるした皮膚の潤(うるお)いをなくさないためだけでなく、同じく陸地に産み落とすと乾いてしまう卵を守るためにも水

が必要だった。

最初の上陸から数百万年のあいだに、人類の祖先は現在の肺魚に近いものから完全な両生類に進化した。セックスについては、当初それほど大きな変化はなかった。無理をして変える必要がなかったのだ。初期の両生類は相変わらず体外受精を行い、魚のように水中に卵を産み落とした。卵からかえった幼生は、しばらくのあいだ水中から出られない。この小型のオタマジャクシに似た幼生は、成体として陸上で生き抜くのに必要な肺と四肢が十分に成長するまで、水中で生活を続けた。その後、食料となる植物や小さな昆虫を求めて湿地帯を跳ねまわるようになる。

人類直系の祖先を含む両生類の大部分は、卵を産んでそれに精子をかける機械的な体外受精を続けていたが、なかにはもっと独創的な方法を採用するものも出現した。現在のサンショウウオの祖先をはじめとする両生類の一部は、オスが先に水中へ精子の塊を放出し、メスが〈アマゾン〉から届いた荷物を受け取るようにその精子を回収する。メスは自分の総排出腔（卵につながる開口部）に精子を取り込み、卵が受精するまで体内に保持してから、水中に受精卵を産み落とす。

また、ごく少数の両生類は、「挿入器官」なる性的な響きの名称を持つ陰茎を進化させ、オスはそれをメスの総排出腔に挿入して、卵を直接受精させることができるようになった。そのため、両生類のセックスの多様性は、前章で見た魚種のそれにも匹敵するようになった。わずかではあるが、人間にも馴染（なじ）み深い体内受精や挿入、ペニスといったものへの進化の傾向が見られた。それでも、三億六〇〇〇万年前の両生類の大半は（人類直系の祖先も含めて）、相変わらず単調な体外受精にいそしんでいた。

だが、魚類や両生類に見られるこうした少数例は、挿入が系統樹の様々な分枝に現れる共通の進化戦略であることを示している。なぜなら、メスの総排出腔に注ぎ込む体内受精を行えば、精

3億7500万年前	最初の陸生四足類の出現
3億6000万年前	性戦略の激化
3億5800万年前	デボン紀大絶滅
3億3000万年前	爬虫類の進化、殻を持つ卵、原始的なペニス
2億7000万年前	乳腺の進化
2億5200万年前	ペルム紀大絶滅
2億2500万年前	最初の哺乳形類
2億100万年前	三畳紀大絶滅
1億6000万年前	哺乳類の生児出生
1億2500万年前	有胎盤哺乳類が有袋類から分岐
6600万年前	白亜紀大絶滅

子の浪費を防ぎ、ＤＮＡの複製が継続される確率を高められるからだ。要するに、必要に迫られれば、母なる自然は喜んでセックスの方程式にささやかな蛇口(コック)を取り付けてくれるのだ。それでも、人類の祖先にはまだ忍耐が必要だった。

誘惑戦略と両生類の性的魅力

デボン紀の両生類は、シルル紀の魚類と比べてさほど脳が発達していたわけではなかったが、性的な競争においてはかなり狡猾(こうかつ)な手段を使えるようになっていた。それが何百万年もかけて両生類に植えつけられた性本能と結合したことで、脊椎動物の祖先は途方もなく複雑なセックスを行うようになったと考えられる。

第一に、意識があるかどうかは別にして、両生類は産卵と精子の放出のやりとりが成功すると快感を覚えた。一連のやりとりのあとに、両性類の小さな脳にはドーパミンが少しずつ流れ込んだ。もっとも、ＤＮＡの複製を促すささやかな満足感は本格的なオーガズムとはほど遠く、両生類の祖先がそこまで達していたわけではない。脊椎動物は、食物の摂取から、排便時にアドレナリンで起きる恐怖反応の鎮静化まで、多くの生命活動で脳内のドーパミンが急増する。そういう意味では、カエルがセックスで得るささやかな快感など取るに足りないものだ。それでも両生類の祖先は、漠然としたものではあっても、性行為に何らかの喜びを感じていた。こうして、デボン紀に人類の祖先の神経が徐々に複雑さを増し、それに伴って性的快感も少しずつ進化していった。ただし、本格的なオーガズムはまだまだ先の話だ。

当時もまだ体外受精を行っていた人類直系の性戦略は、おおむね以下のとおりだった。オスは、繁殖地となる水域の所有権を主張しながらメスの到着を待つ。待っているあいだに、あたりをうろついているライバルを追い払う。追い払われたオスは、あわよくば最高級の繁殖用不動産物件を横取りしてやろうと、近くに留まって支配者が縄張りを離れるのを待つ。これだけですでに、オスたちのセックスをめぐる覇権争い、日和見主義、二枚舌といった要素の存在が示されている。悲しいかな、昔もいまもたいして変わりはないのだ。

やがてメスの両生類が現れる。繁殖地をうろついている優勢なオスの外見を気に入れば、メスは卵を産み、幸運なオスはそれに射精する。まもなく、卵を産み落としたメスはその水域を去り、卵からかえった子供は自力で成長する。ほとんどのメスは幼生やオタマジャクシの世話をしない代わりに、一度に数十個、数百個の卵を産んで、孵化した子供が成体になる可能性を高める。それでも、圧倒的多数の幼生は生き延びられない。一部の両生類では、オスが自分のDNAの複製を確実にするために、新生児を守ろうとその場に留まった。それが発展すると、メスは嬰児殺し(えいじ)を企てるほかの嫉妬深いオスから繁殖地を守ってくれそうなオスとの交配を選ぶようになり、そればかりか、食物が多く、生存に適した別の水域へと幼生を連れていくようになった。

メスはただ現れて卵を産み、オスはその卵に射精するだけなので、大半の両生類は乱婚である。メスは自分が産んだ卵を受精させるオスを選り好みし、産卵のたびに相手を変えて、魅力的な新しいオスを選ぶことが多い。好みの男性と一夜かぎりの関係を持って妊娠し、毎回父親の違う子供を産む女性のようなものだ。だが、両生類のメスの心を捉えるオスの魅力とは何なのだろう？その問いには人間の男性の心を捉える女性の魅力と同じく、実にたくさんの答えが考えられる。最もありふれた（かつ野蛮な）魅力は、水域（理想的には、適度な水温で、捕食者になり得る存在から遠く離れていて、幼生の餌になる小型の水生植物が豊富な場所）をほかのオスから守る能力だ。

水中でしか生息できなかった魚の祖先とは違い、両性類は地上で呼吸して「発声する」能力を使えた。一部の両生類のオスは鳴き声を発して、自分が近くにいて、交尾する準備ができていることをメスに知らせる。「最もセクシーな声」を持つオスが、最も多くのメスを惹きつける。たとえば、カエルの多くの種では最も低く、最も響きのよい声を持つオスが最も繁殖に成功する。そのために、カエルの鳴き声は音楽的とも言える特徴を持つように進化した。まるで、パーティでアコースティックギターをつま弾きながら情熱的に歌い上げる男性のように魅力的ではないか。

もう少し穏やかなものに、両性類のオスが常にメスの視野に入るようにしてあとをついていき、メスが産卵の決断をするまでつきまとう戦略がある。これを溺愛のゆえと見るか、あるいはストーカー行為と見るかは読者の判断にまかせたい。

もっとも、誘惑の手法は全部が全部一方通行というわけではない。両生類のメスの多くは、配偶子の共有に多少は興味があることをオスに知らせる「挑発的な」発声や動作を行う。こうした行為は好ましいオスの注意を惹き、性的行動に誘う効果がある。要するに、オスを欲情させて、受精行動を促すわけだ。

水から地上へ出たことのもう一つの性的なメリットは、フェロモンの利用が強化された点だ。原始的な魚も自分の位置、捕食者の存在、セックスへの欲求についての情報を伝え合うために水中でフェロモンを利用していたが、新鮮な空気のなかへ出ると、セックスの欲求を伝えるフェロモンが過剰に働き出した。両生類のオスは近くにいるメスを魅了して産卵を促す強いにおいを発散するので、たとえ両者が一時的に離れ離れになっても、メスは昔の相手を見つけることが可能だ。性フェロモンの利用の仕方によって、誘惑が成功するか失敗するかが決まる場合もある。

性フェロモンの利用は、直系の祖先から現在の人類に至る全段階で非常に大切な役割を果たしてきた。フェロモンの重要度が高いだけに、(薬物や加齢によって)体内の化学的性質が突然変化し、フェロモンの受容力が低下すると、以前は魅力的に感じた相手の性的な輝きが急に消えてしまう場合がある。同様に、フェロモンの質が変化すると、パートナーを魅了する力が減退する可能性もある。だから、あなたが亡くなったばかりの愛する人の枕やシャツや毛布の(少々倒錯的に、下着の)においを嗅(か)ぐことがあったら、いま自分は三億六〇〇〇万年以上前からある強烈で原始的な性的誘惑の手段を体験しているのだと思ってほしい。

こうしたことは全部、性淘汰の結果である。性淘汰は身体的特徴、本能、行動の進化であり、野生状態で当面生き残ること(つまり、自然淘汰)には役立たないが、子孫を残す確率を高める。性淘汰の力によって、カエルの歌や強烈なフェロモン臭といった、種の持つ強力な特性がつくられる。これから見ていくように、それは私たち人類にも当てはまるものなのだ。

爬虫類への変容

三億五八〇〇万年前のデボン紀末期に大災害が発生した。植物や光合成を行うバクテリアが膨大な量の酸素を大気中に排出したせいで、地球がふたたび寒冷化し乾燥したのだ。これはデボン紀の湿潤な熱帯性気候に依存していた両生類（地上に存在する唯一の四足類であり脊椎動物）にとって不都合な事態だった。植物が生い茂った川の流域が消え、砂漠が拡大するにしたがい、多くの両生類が絶滅した。

この気候変動の衝撃はすさまじく、全両生類のおよそ九五～九七パーセントが死に絶えた。ヒト、イヌ、トリ、ワニに至るまで、地球上に生息する脊椎動物のすべてがデボン紀の両生類の子孫であることを考えれば、この大量絶滅によって私たち人類の血筋は危うく断ち切られるところだった。実際、このとき生き延びた両生類は三～五パーセントにすぎず、私たち人類はその子孫なのだ。そして、大絶滅発生後によく見られることだが、進化は別方向へと急カーブを切る。

大量の植物が成長し、地球の至るところに広がって、三億五八〇〇万年前に石炭紀が始まった。地球は密林に覆われた。なかには五〇メートルの高さの樹木もあった。大気中の酸素濃度は三五パーセントまで上昇した。ちなみに、現在の大気中の酸素濃度は約二一パーセントである。この酸素濃度の上昇によって、陸上の節足動物（昆虫やクモ形類）は、とてつもない大きさに成長した。翼開長（よくかいちょう）一メートルのトンボ、体長二メートルのサソリ、ゴールデン・レトリバーほどの大きさのクモ、カニほどの大きさのゴキブリ等々。動物界における悪夢のような昆虫の支配が行き渡り、両生類は比較的小ぶりな体格のまま、目立たないように行動し、わずかに残された湿地帯でひっそりチャンスをうかがっていた。

大森林が排出した膨大な量の酸素は、ほかにも大惨事を引き起こした。酸素は非常に反応性の高い元素であり、大気中に二一パーセントしか含まれていなくても、木と木がわずかに擦れただけで火災発生の恐れがある。石炭紀の巨大な樹木は、大気中の酸素濃度を三五パーセントに引き上げて自滅の原因を作った。大規模な森林火災が大陸全体に広がり、あとに私たちが現在使っている石炭層を残した。これが、この時代が石炭紀と呼ばれる所以(ゆえん)である。その一方で、大気中の酸素が気候を乾燥させ、多くの森林が砂漠に変わった。仮説上の超大陸パンゲアを形づくる主要な大陸がつながると、沿岸の嵐や湿気が広大な内陸部には届かなくなった。

気候の乾燥化を受けて、三億三〇〇〇万年前の人類の祖先は、水にあまり依存しないで生存できるように進化した。爬虫類になったのだ。両生類とは異なり、爬虫類は皮膚の透過性が低いため、水分が体外に排出されにくい。そのおかげで、石炭紀の末期に広がった深刻な乾燥気候のもとでも生きられるようになった。彼らは水辺や熱帯雨林から離れて砂漠に拠点を作り、無事に生き残ることができた。

さらに、爬虫類は有羊膜卵という新種の卵を進化させた。どろどろしたゼリー状の両生類の卵とは異なり、爬虫類の卵には鶏の卵と同様、卵黄と卵白を包む殻がある。これはいまでは当たり前に思えるだろうが、三億三〇〇〇万年前には革命的なことだった。爬虫類は文字どおり、どこ

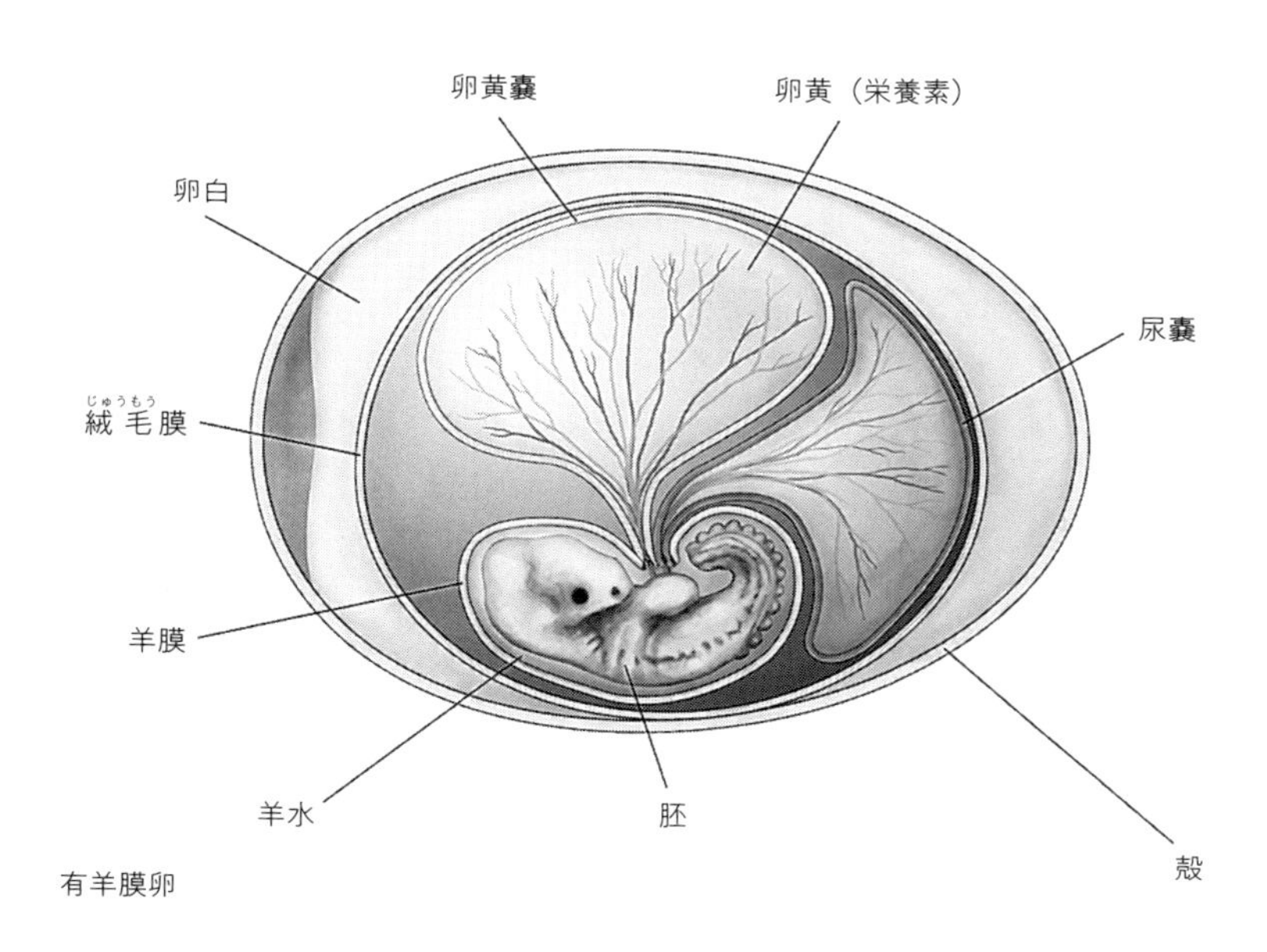

有羊膜卵

にでも卵を産めるようになった。このようにして、最初の爬虫類が進化の歴史に堂々と踏み入ってきた。恐竜と、そう、のちの哺乳類と人類の祖先だ。

ペニスの屹立

両生類と爬虫類には多くの類似点が見られるが、意義深い発展もいくつかある。一つには、少数の魚類や両生類の進化の過程ですでに起きていた体内受精を爬虫類がさらに進化させた点だ。水中で卵を産まなくなったために、体内受精の進化が加速したのだ。陸上で固い殻の卵にいくら霧状の精液を吹きかけても、水中と同じようにはいかないからだ。

体内受精を促進するため、オスの爬虫類は原始的なペニスを成長させた。交尾の際に小さな管状の器官をメスに挿入し、総排出腔を突き上げて卵にできるだけ近づいてから、精子を噴射した。メスの体内で卵が成長しているあいだは、殻にはまだ浸透性があり、精子の侵入を許す。その後、メスは殻が完全に硬化した卵を産み落とす。

爬虫類は、二つの睾丸と一緒に、原始的なペニスをオスの総排出腔内に収納していた。それではオスとメスの両方がヴァギナを持っているようなものだが、セックスの際にはオスがペニスを外に出した。原始的なペニスが姿を現すのは、通常、息を荒らげたオスが挿入しようとするときだけである。だから娯楽目的では使えないので、楽しみは少ない。もっとも、生殖器を無防備にぶら下げているよりは、体内に安全にしまっておくほうが現実的だろう。

配偶子の経済性については、魚類や両生類の場合とほぼ変わらなかった。オスの精子生成よりメスの卵づくりのほうが多くのエネルギーを使うので、ほとんどの場合、メスが選ぶ側、オスは選ばれる側になった。その結果、オスは交尾相手としての自分の価値を証明する新しい手法をいくつか進化させた。生殖能力を誇示するために、皮膚が鮮やかで、注意を惹きやすい色に変わった種もある。メスにアピールしようと、宮廷舞踊のような動きを披露するオスもいた。前脚でメスの顔を優しく撫(な)でるものも。それでも多くの場合、メスの注意を惹くのに、フェロモンに大きく依存していた。

最初期の爬虫類は産んだあとに卵を守ろうとしなかった。そのせいで、肉食性や雑食性の捕食者がやって来て卵を食べてしまった(特に、大型爬虫類が産んだ卵が狙われた)。その結果、ヘビやトカゲ、ワニの祖先をはじめとする多数の種が、卵を保護し、幼生を世話するように進化した。

一般に、卵を産みっぱなしの種は、孵化する確率を高めるために一度に大量の卵を産んだ。そうした種では、数百個の卵を産むこともあった。産卵数が少ない大型の種は卵を見守り、大切に育てることが多かった。

DNAのコピーを確実に成功させようと努力をするようになると、遺伝学的な親が子供の世話に関心を向ける傾向が強まった。進化論的な観点から言えば、肉体的な結合の結果である子供が死んで遺伝子系統が途絶えたら、セックスをしても意味がない。養育本能が発達し、親の愛情の片鱗がかすかに見られるようになるのは、この時代、すなわちおよそ三億年前だった。

乳房を持つトカゲ

二億九八〇〇万年前、石炭紀はペルム紀に移行した。地球の酸素濃度は三五パーセントから二三パーセントに下がった。現在よりも二パーセント高いだけだ。そのおかげで、前時代の巨大な昆虫がそれほど恐ろしくない程度の大きさに縮小した。昆虫に代わって繁栄したのが爬虫類だった。ペルム紀の地球は極度に乾燥して広大な砂漠が広がっており、爬虫類に好都合の環境だった。彼らは、巨大な昆虫が放棄した多くの新しいニッチを埋めながら多様化を始めた。

ペルム紀の爬虫類は次第に大きくなり、二つの主要グループ――単弓類（たんきゅうるい）と竜弓類（りゅうきゅうるい）――に分裂した。単弓類は哺乳類の祖先であり、竜弓類は恐竜の祖先である。単弓類は原始哺乳類ではあったが、当初は爬虫類に近い姿をしていた。読者の期待を裏切ってしまうかもしれないが、ペルム紀に生息した生物のなかで、大型で個体数が多く、支配的だったのは哺乳類の祖先の単弓類であり、恐竜の祖先の竜弓類ではなかった。ペルム紀最大の草食単弓類であるコティロリンクス・ロメリは六メートルほどに成長した。大型肉食単弓類の一つ、イノストランケビア・アレクサンドリは体長三・五メートルで、一五センチの長さの鋭い歯を持っていた。

二億九八〇〇万年～二億七〇〇〇万年前に生息したペルム紀最初期の単弓類は爬虫類によく似ていたが、数が増えるにつれて、原始哺乳類のような姿になっていったらしい。一つには、こうした後期単弓類、特に夜行性で、夜を過ごすのに体温を保つ必要があった小型種の体に柔毛が生え始めた可能性がある。また、のちに哺乳類という名称の由来となる特徴、すなわち乳腺が発達し始めた。

乳房の進化は少々複雑だが、最新の理論を紹介しよう。大型爬虫類はゆっくりと進化して、自分の卵を守るようになった。彼らの卵が、捕食者や腐肉食動物には美味で栄養価の高い食物だったからだ。その結果、多くの爬虫類は保護された巣のなかで卵を産んだ。進化の観点から言うと、このことから生じた問題は、片方または両方の親が巣を離れられず、餌を探しに遠くへ行けない点だった。この問題を克服し、なおかつ子供を守るために、二億七〇〇〇万年前の単弓類は袋に卵を入れて持ち運び、巣に縛られずにペルム紀の砂漠を移動できるようになったと考えられる。

ただし問題があった。単弓類が袋にたくさんの卵を入れて砂漠を駆けまわれば、激しい動きで硬い卵の殻にひびが入る恐れがあった。そのため、袋を持つ単弓類はより柔軟な殻を持つ卵を産むように進化した。あるいは、この系統の爬虫類は、大半が一度も硬い殻の卵を持たなかったのかもしれない。いずれにしろ彼らは、卵を乾燥させず、子供を死なせないようにするという、両生類の祖先と同じ問題を抱えていた。そこで単弓類の袋のなかにある皮膚の腺が液体を分泌して、柔らかい卵の水分を保つように進化した。二億六〇〇〇万年前になると、腺は単弓類の卵の水分を保つだけでなく、母親の袋のなかで孵化した赤ちゃんに栄養を与える液体を生成するようになった。

少しあとで紹介するとおり、乳腺は栄養価の高い乳を効率的に生成できるようになった。そして、人類の系統のなかで特殊化され、今日、多くの人間を魅了してやまない二つの〝おっぱい〟になった。だが、乳房についてはあとで詳しく説明しよう。

袋を持つ哺乳類

セックスの停滞期

二億五二〇〇万年前、ペルム紀は「大絶滅（グレート・ダイイング）」と呼ばれる大量絶滅イベントによって終焉（しゅうえん）を迎えた。大絶滅は現在のシベリアで起きた火山の大爆発が原因だった。核爆弾数発分の威力のある噴火が次々と発生して大気中に火山灰を放出し、太陽光が遮られる光景を想像してほしい。そして、その連続噴火が一〇〇万年間続いたのだ。総計で、全生物種の九〇~九五パーセントが死滅した。これは自然史上最悪の絶滅イベントで、地球上のほぼすべての生命が消失したことになる。

三畳紀は、ほとんどの生態学的なニッチが空っぽの状態で始まった。生物圏を支配していた単弓類を大絶滅が一掃し、生き残ったのはわずか数十種だった。ここで最も成功を収め、次の三畳紀を生き延びた唯一のグループは犬歯類である。彼らは人類直系の祖先だ。セント・バーナードほどの大きさのものや、バセット・ハウンドほどの大きさのものもいたが、人類直系の祖先である一部の犬歯類はネズミよりも小さかった。メスは相変わらず卵を産み、オスは石炭紀やペルム紀の爬虫類の祖先と同じく、体内にペニスと睾丸を収納していた。つまり三畳紀が始まった時点で、人類直系の祖先の性行為は基本的に八〇〇〇万年間ほとんど変化していなかったことになる。それは、人類と恐竜を隔てる期間よりも長い。

およそ二億二五〇〇万年前、人類の祖先である哺乳形類が進化した。このグループには、有胎盤類(ヒト、ライオン、トラ、クマなど)、有袋類(カンガルーなど)、単孔類(カモノハシ、ハリモグラ)とともに、これらの「クラウン哺乳類」*に分類されない数多くの絶滅した分枝が含まれていた。哺乳形類は柔毛で覆われた小型の穴居性動物で、乳腺で子供に授乳していた恒温の生物と考えられる。彼らはとても小さく、体長は平均一〇センチ程度だった。また、大型で肉食の主竜類に出くわすのを避けるために、夜行性になった。彼らもやはり、当時一億五〇〇〇万年もの歴史があった「爬虫類流」のセックスを行っていた。

二億一〇〇万年前、三畳紀はまたしても大量絶滅とともに終わりを告げた。その原因についてはいまだに明らかにはなっていない。昔から唱えられていたのは、小惑星の衝突説だ。だが、現在最も科学的合意が得られているのは、ペルム紀の大絶滅と似た火山の大噴火が発生したが、被害はペルム紀よりも小さく、地球上の全生物種の約四〇パーセントが死滅したという説だ。犠牲になった生物には、恐竜、翼竜、ワニ類を除く竜弓類のほとんどが含まれていた。その後、恐竜が主流となり、地球の全陸生脊椎動物のおよそ九〇パーセントを占めるまでになった。彼らの繁栄は一億三五〇〇万年後の白亜紀大絶滅まで続く。

その時代、人類の祖先である哺乳形類は、依然として夜行性のネズミのような生物であり、地面に穴を掘って、恐竜に出会わないように身を潜めていた。だが、一億三五〇〇万年も世界の片隅で震えているのは退屈だったのだろう、彼らの一部は性的な実験を開始した。人類直系の祖先の革命的変化は目前に迫っていた。

ジュラ紀の妊娠

ジュラ紀は、地球の平均湿度が熱帯の水準に近づいた二億一〇〇万年前に始まった。超大陸パンゲアに亀裂が入り始め、かつては雨から守られていた内陸の乾燥した砂漠は消滅した。陸地の

訳注＊　系統学において、現生哺乳類に最も近い共通祖先の子孫すべてから構成される系統群のこと

ほぼ全体に雨が降り、深い森ができて、新たに形づくられた大陸を覆った。植物が増えたために、大気中の酸素濃度は二五パーセントに達した。恐竜が幅を利かせ、全長三五メートルに達するスーパーサウルスなどの種や、体高一〇メートルのアロサウルスなどの超捕食動物が大地を闊歩した。

哺乳類は依然として体長一〇センチ程度で、恐竜の目にはほとんど入らなかった。とはいえ、自然界の外縁で生息していたにもかかわらず、彼らは急速に多様化し始めた。およそ一億七五〇〇万年前、単孔類の祖先が有胎盤類と有袋類の祖先から分岐した。カモノハシやハリモグラなどの単孔類は、三畳紀やペルム紀の人類の祖先と同じで、いまでも卵を産む数少ない哺乳類だ。まもなく、それは大半の哺乳類で時代遅れの繁殖スタイルになったが。

一億六五〇〇万年前までに哺乳類は習性も多様化させた。その一部は森林の地面を素早く走り抜けたり、巣穴に潜伏したりして齧歯類のような生活を続けた。また、木に登り、ジャンプ力や滑空力を進化させ、地面に下りることなく森林を移動できるようになった種もいた。さらに別の哺乳類は、川、湖、海岸線に向かい、浅瀬で静かに四肢を動かしながら、半水生の特徴を身につけた。こうした多様化は、恐竜の目を逃れるのに大いに役立った。

一億六〇〇〇万年前までに、人類直系の祖先である哺乳類系統のグループは、受精卵を産むという古風で爬虫類的な出産スタイルを拒むようになった。代わりに人類の女性の祖先が採用した方法は、卵の殻から孵化させる必要がない、もぞもぞ動く小さな赤ちゃんを産むことだった。これが脊椎動物で行われた最初の生児出生ではない。それでも、人類直系の祖先では初めてだった。

この方法を発達させた哺乳類のグループは獣亜綱と呼ばれ、ジュラ紀における有胎盤類（ネコ、イヌ、ヒト）や有袋類（カンガルー、オポッサム、バンディクート）の祖先である。

過去に爬虫類や哺乳類で繰り返されていた生殖では、胎児は卵のなかにある栄養素によって生かされていた。ところが一億六〇〇〇万年前に、哺乳類は母親から直接栄養素を摂取するようになった。母親が食べたものの消化物の一部が子供の生命を維持した。食物は胎盤という媒介を経由して、まだ生まれていない子供に送られる。胎盤は、妊娠の初期段階から子供と共に成長する一時的な器官だ。子供は胎盤によって母体とつながれている。母親が二頭分、あるいは種によっては六～一二頭分の食物を摂取すると、胎盤は母親が消費したすべての栄養素の貯蔵庫の役割を果たした。

「爬虫類」の卵殻も「哺乳類」の胎盤も、一時的で使い捨て可能な装置だ。爬虫類の子供は最終的に殻を脱ぎ捨てる。一億六〇〇〇万年前の獣亜綱というグループに属した人類直系の祖先の場合は、生児出生の直後に同じく胎盤を脱ぎ捨てていた。どちらも、孵化するか生まれるまで赤ちゃんを生かしておくための装置だ。

生児出生は一億六〇〇〇万年前に哺乳類で進化した。母親の子宮という安全な場所で妊娠が完結することで、薄い卵殻よりもわずかとはいえ子供が外界から保護されるようになった。小さな哺乳類が恐竜から逃げまわらなければならない世界では、悪くない方法だった。体内に子供をかくまいながら、一〇センチほどの哺乳類が森を走りまわり、木に駆けのぼり、穴に潜伏することは、進化の点で実用的な意味があった。

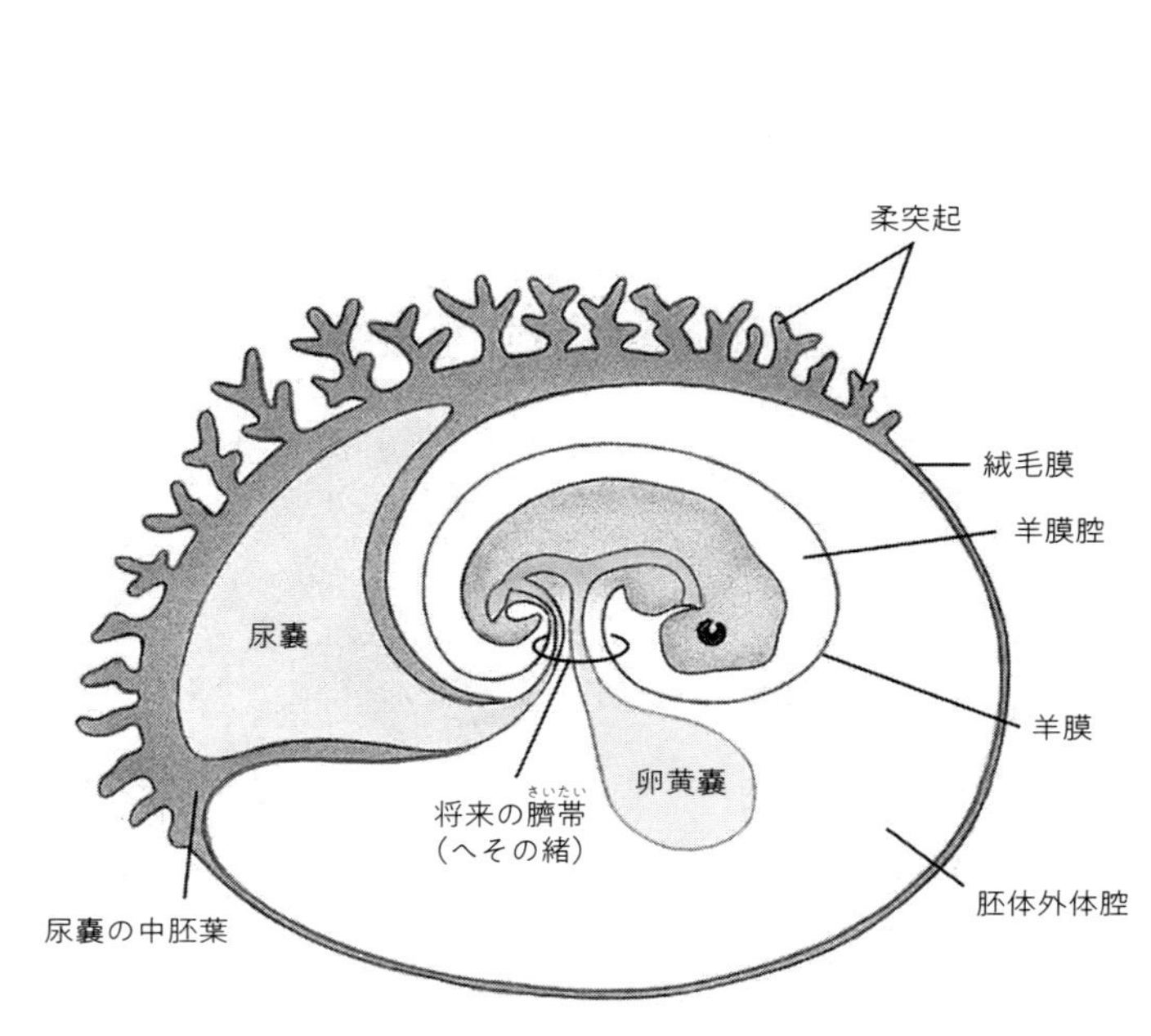

哺乳類の胚

一方、有胎盤類（ネコ、イヌ、ヒト）と有袋類（コアラ、カンガルー、オポッサム）の共通祖先は早産で子供を産んだ。子宮が小さすぎて発育後期の子供を収容できず、赤ちゃんが生まれた時点でも、まだ妊娠を完結させられなかったからだ。それで、赤ちゃんは母親の毛皮にしがみついたり、袋のなかに入ったりしたまま成長しなければならなかった。袋は、卵のなかで成長することと、子宮のなかで成長することの進化上の折衷案とも言える。その後、有胎盤類は袋を放棄したが、今日人間の出産と考えられているものの原型が徐々に形を取り始めた。

恐竜、ファックされる

一億四五〇〇万年前に始まった白亜紀の

世界は、少しずつ現代的な様相を呈していく。何が言いたいのかって？　まず、パンゲアが完全に分裂し、超大陸は毎年四センチずつ、次第に現在の位置と形になった。初めて草が進化し、生き残りに成功した無数の種が樹木のない広大な平原を覆い尽くした。一億四〇〇〇万年前になると、いまはどこにでもいるアリが初登場した。一億二五〇〇万年前には被子植物が出現、同時期に登場したミツバチのおかげで地球のあちこちに広がった。要するに、私たちが自然を考えるときに思い描く、最もありふれた特徴の一部がこの時期に現れたのである。

人類直系の祖先系統で言えば、一億二五〇〇万年前に有胎盤類が有袋類と分岐した。有袋類がその三五〇〇万年前の獣亜綱と同様、袋に入った赤ちゃんに引き続き栄養を与えていたのに対して、有胎盤類（ライオン、トラ、クマ）は袋を捨て、妊娠のほぼすべての過程を母親の子宮内で完結させた。また同じ白亜紀に、哺乳類がより現在に近い生殖法を編み出した。唯一の違いは、人類の祖先が依然として小型のトガリネズミやラットそっくりだったことだけだ。

一方で、ティラノサウルスのような恐竜は、相変わらず三億三〇〇〇万年前と同じ時代遅れの生殖法を続けていた。六八〇〇万年前、大災害が世界を永遠に変えてしまう直前に、ティラノサウルスは進化した。オスのティラノサウルスは、総排出腔に収納された内部ペニスを変化させた。この体高一二メートルの怪獣は、メスを見かけるとドタドタと近づいていき、自分はそのメスの性的な基準を満たしていると思い込んで、（ほとんどの恐竜と同じく）後背位でメスの背中にまたがった。オスの総排出腔は、「総排出腔キス」と呼ばれる方法でメスの総排出腔に接触した。

その後、大量の血液がオスの巨大な体内を下っていき、ペニスが体の奥深くから現れ、メスの体内に挿入される。一般的な鳥類型恐竜やワニ類から判断すると、ティラノサウルスのペニスは体格に比してかなり小さかったようで、二五～九〇センチだった。人間から見れば十分な大きさに思えるが、体長が一〇メートルあるのを考えると、哀れなほど小さい。一部のもっと同情的な推定によると、比較基準をアヒルの異常に長いペニスにすれば、ティラノサウルスのペニスはなんと三メートルもあって、体長の四分の一以上だったことになる。もっとも、総排出腔のなかにそれほど巨大なペニスを収めておく進化上の理由があるとは考えにくい。きっと熱心な憶測が今後も続くのだろうが、ティラノサウルスが巨根ではなく短小だった可能性は高い。

船の大きさはどうであれ、ハアハア息を切らす「船漕ぎ」の時間は一分間も続かなかった。事を終えたオスはメスから離れ、メスの体内にはしっかり受精された卵が残った。しかし、ティラノサウルスの世界、すなわち恐竜の旧体制(アンシャン・レジーム)は黄昏(たそがれ)を迎えていた。もちろん、爬虫類は現在も存在し、セックスもしている。しかし、爬虫類的な交尾が大規模に起こることは二度とないだろう。かなり変態的なCGIアーティストがX指定の『ジュラシック・パーク』の新作でも作らないかぎり。

それは、六六〇〇万年前に幅一〇キロの小惑星が地球に衝突したせいだった。その衝撃波は、世界規模の地震と津波を引き起こした。全大陸で森林が突然燃え上がった。激しい酸性雨が降りそそぎ、恐竜がよりどころにしていた植物の多くが絶滅した。小惑星の衝突で粉塵(ふんじん)が大気中に舞い上がり、太陽光が遮断され、世界は暗闇に覆われた。太陽光が届かなくなったことで、さらに多くの植物が絶滅し、さらに多くの恐竜が飢えることになった。全体として、白亜紀大絶滅によって地球の全生命の七〇パーセントが死に絶え、恐竜では鳥の祖先である空を飛ぶ鳥類型恐竜だけが生き残った。

この大惨事が落ち着くと、ハエ、蠕虫、ゴキブリ、その他死骸をあさる生物が、おびただしい数の腐敗した動物に囲まれて繁栄を謳歌(おうか)した。昆虫を食べるように進化した小型哺乳類は、そういった生物を餌にして、なんとか生き延びられた。しかし、かつて恐竜によって占められていた環境のニッチは無情にも空っぽになり、それを埋めるために哺乳類が大地を闊歩し、多種多様な新しい形態へと急速に進化した。そして、見慣れない体の新しい哺乳類が現れるのに応じて、哺乳類のセックスも進化した。

自然界の片隅で二億年近く生きてきた哺乳類は、ようやく進化の太陽の下に姿を現した。フェティッシュのファンファーレが高らかに鳴り響き、新たに進化したクリトリス集団と、脈動する外部ペニスの群れがそのあとを元気についていく。

さあ、いよいよ、オーガズムの時代が近づいてきた。

親密なひとときを楽しむ2頭のティラノサウルス

第2部

霊長類のオーガズム

PRIMATE CLIMAX

6600万年〜31万5000年前

4 オーガズム時代の夜明け

6600万年〜5500万年前

●有胎盤類がオーガズムを感じるようになる ●外部ペニスが現れる ●クリトリスが複雑化し、性的能力が増す ●マスターベーションが前例のない規模で定着する ●有胎盤類が無数の新しい形態に変化する ●哺乳類の体に新しい性感帯が出現する ●哺乳類がアナルセックスを始める

六六〇〇万年前の小惑星の衝突によって、陸生動物の九〇パーセントと植物の五〇パーセントが消滅した。最も深刻な被害を受けたのは大型種だった。それは、鳥類の進化上の祖先を除く、大半の恐竜に別れを告げる事件でもあった。生き残った哺乳類はきわめて小さく、体長五〇センチ以上のものは存在せず、たいていは一〇センチ程度で、体重も一キロ未満のものがほとんどだった。白亜紀大絶滅後の最初の数年間、彼らは昆虫や生き残った植物を食べていた。三畳紀の始まり以来、一億八五〇〇万年間の大半でそうだったように、自然界の片隅で食物をあさった。

もっとも非鳥類型の大型恐竜がいなくなったおかげで、生態学的なニッチが数多く生まれ、そのニッチを埋められる立場にいるのは哺乳類だけだった。哺乳類はすぐに多様化し、肉体および

1億2500万年前	外性器の進化
6600万年前	白亜紀大絶滅、有胎盤類のオーガズム、クリトリスの複雑化
6000万年前	イヌ科、ネコ科、クマ科の最後の共通祖先誕生
5500万年前	有蹄類と最初の霊長類との最後の共通祖先誕生
4000万年前	新世界ザルとの最後の共通祖先誕生
2500万年前	大型類人猿との最後の共通祖先誕生

神経系の複雑さが増した。その結果、人類直系の祖先のセックスは、肉体的にも知的にも洗練され、新たな高みに達した。現代を生きる私たちには教養があり、「性的リテラシー」も持っているが、性の知識にはいまだに光を当てる価値のあるダークスポットがいくつか存在する。次にそれを見ていこう。

オーガズムの時代

進化の観点から言うと、セックスの最中に快楽物質が脳内にあふれ出るのは目新しいことではない。多細胞の脊椎動物が脳を持つのとほぼ同時に起きている。およそ五億三〇〇〇万年前にも、カンブリア紀の魚類が無事に精子を放出したり、卵塊を産み落としたりすると、ドーパミンがそれを肯定する反応を起こしていた。それは、自分のDNAの複製が良いことであるという認識を強めようと、自然が与えた手段と言える。もっともカンブリア紀の魚は意識が発達しておらず、刺激に対して単純かつ機械的に反応して行動するだけだった。さらに言えば、餌を食べ、老廃物を排出し、危険をうまく切り抜けたときにも、脳内で同様の快楽物質が放出される。これらはみな、DNAを複製し続けて生存するための基本的な行動だ。そんなわけで、脳内では化学反応が起きていても、当時もいまも、魚が体外受精の際にオーガズムらしきものを体験したという形跡はない。これは人類直系の祖先も同様で、最初の両生類や爬虫類でもドーパミンの急増が見られている。

ところがジュラ紀や白亜紀、さらには一億二五〇〇万年前まで下って、すべての有胎盤類と有袋類の最後の共通祖先が生息していた時代になると、性的な風景が変わり始めたのがわかる。オスの外性器が徐々に進化し、メスのクリトリスが「オープンエア型の」突起になったことで、より多くの快楽を得られるようになった。脈動する性器が休む暇を与えてくれないことを知った哺乳類は、その恩に報いることにした。六六〇〇万年前に、恐竜の絶滅と哺乳類の台頭によって白亜紀が終わると、オーガズムは過去二億年のどの時点よりも急速に多様化し、人類の祖先の系統でますます強烈になった。

六六〇〇万年~三一万五〇〇〇年前のあいだに、性的刺激は非常に強くなり、単に「快楽」という言葉で言い表せないほど、肉体の生理に重大な影響を及ぼすようになった。オスの哺乳類はズキズキする筋肉の収縮を立て続けに経験し、ペニスの先端から硬直した陰茎、体の奥の前立腺、体の反対側の肛門に至るまで、稲妻のような速さで震えが走った。まるで股間に地震が起きたかのようだった。いや、噴火と表現するほうがいいかもしれない。体全体が硬直すると同時に、頭が真っ白になり、脳活動が衰え、恐怖と不安が消え失せた。

メスの哺乳類は長時間にわたって、苦痛を伴うほど強さを増す脈動を感じた。衝撃波が骨盤全体や膣口（ちつこう）を通り、子宮に向かう膣管を上り、ふくれ上がったクリトリスの奥深くに伝わる。皮膚は熱くなり、小陰唇を含む全身がはっきりと紅潮する。皮膚一面に鳥肌が立ち、乳首の先端（数世前から進化してきた乳腺）がさらに敏感になって勃起する。メスの哺乳類はオーガズムの際にまったく恐怖や不安がない状態を経験する。それはオスの比ではなく、頭が真っ白になり、多幸感の絶頂に達する。

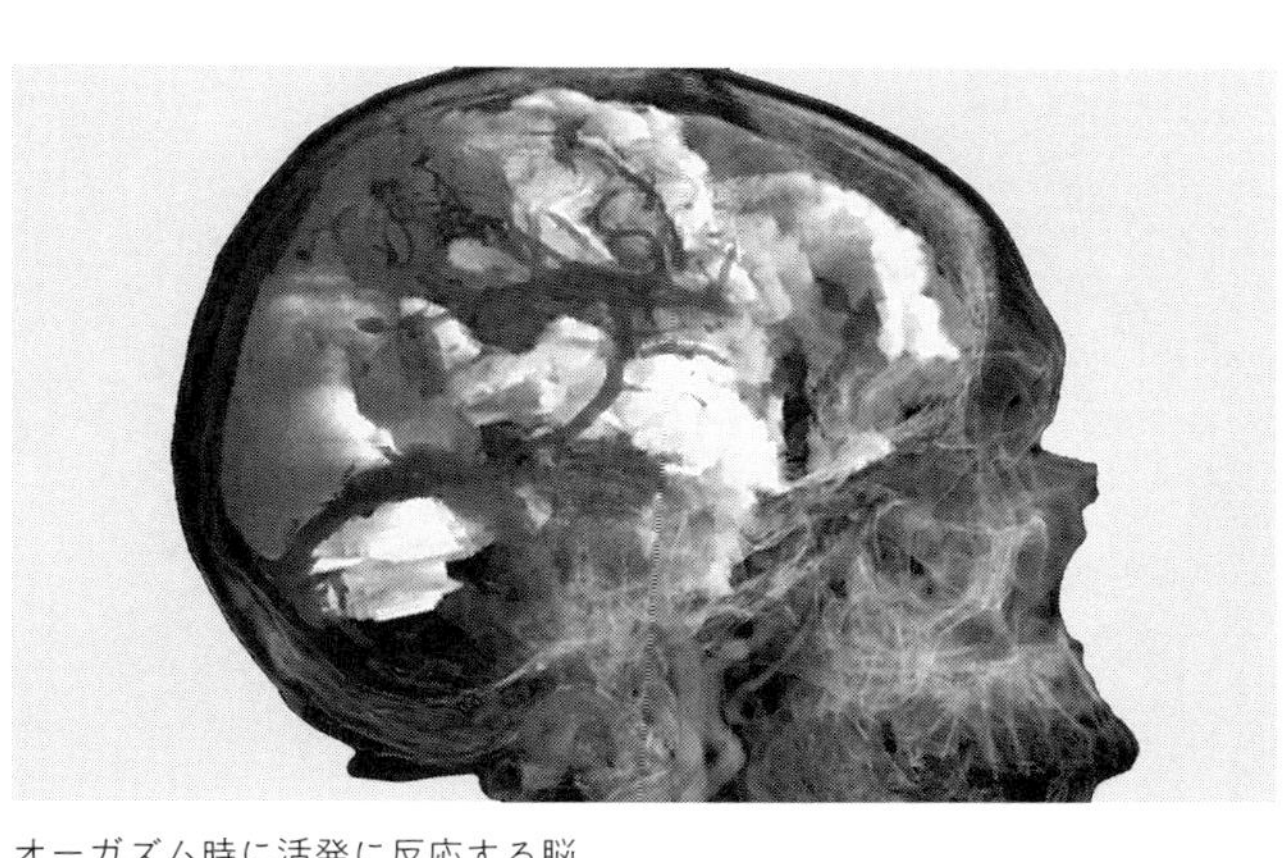

オーガズム時に活発に反応する脳

　数秒間であれ、数分間であれ、この状態が続いたあとに生じる哺乳類両性の虚脱状態は、精子を移動させ卵子を受精させよ――つまり、DNAを複製し、地球の誕生とさほど変わらないほど古い機械的な化学反応を継続せよという自然の強力な命令によって、あらかじめ仕組まれたものである。すなわち、フランス語で言うところの「小さな死（ラ・プティト・モール）」だ。六六〇〇万年前の共通祖先までさかのぼるすべての有胎盤類が多かれ少なかれこの現象を経験し、生物が大小様々に多様化するに伴い、その経験が以後の性行為と性的心理の形成に多大な影響を与えたという証拠が残っている。読者諸氏よ、オーガズムの時代は白亜紀の小惑星の衝突とともに始まったのだ。

外部ペニス

一億七五〇〇万年前、単孔哺乳類から有胎盤類と有袋類の祖先が分岐したとき、私たちはまだ性行為の際にオスの総排出腔から飛び出す内部ペニスを使用していた。排便で使うのと同じ穴だ。単孔類（monotreme）という名称がギリシャ語の「一つの穴」に由来しているのはそのせいだ。一億二五〇〇万年前に有袋類から有胎盤類の祖先が枝分かれするまでに、オスの性器は徐々に外部へと進化していった。一般に有袋類のオスは、ペニスの上に睾丸がぶら下がっており（かなり離れている場合もある）、その逆ではない。有袋類のメスは、複数の膣を持っていることが多い。カンガルーの膣は三つだ。二つは精子を受け入れ、残りの一つで子供を身籠（みご）もる。それに対してオスのカンガルーは、二つの膣に精子を送り込むための二股のペニスを持っている。一方、人類直系の祖先である有胎盤類は普通、ペニスと睾丸が逆の位置にあって、人間に近い。ただし、オスの性器の形状、色、外見は種ごとに大きく異なる。

とはいえ、外部ペニスの進化は依然として謎に包まれている。人類直系の祖先が三億三〇〇〇年くらい前から内部ペニスを使っていたのなら、どうしてこの時期に変える必要があったのだろう。特に、性器を無防備に外にぶら下げていれば損傷を受けやすくなるので、進化論的観点から見れば矛盾しているように思える。一億二五〇〇万年～六六〇〇万年前の人類の祖先系統に外性器が出現した原因については、いくつかの仮説がある。ただし、体外にある睾丸が精子を最適な温度に保つからという通説はそのなかに入っていない。体内に睾丸があっても、数億年ものあいだ問題なくやってきたのだから。

一つ目の仮説は、外部ペニスのほうが体内受精に有利になったからではないかというものだ。オスの総排出腔からペニスを出す手間を省けるし、精子を未受精卵にぎりぎりまで近づけられるので、競争相手に先んじることができる。セックスの際にメスの生殖器官の奥深くまで挿入できるから、妊娠の確率の高い交尾を可能にする。これは素人目にも納得のいく説だ。もっとも、現代の哺乳類がみんな、体に比例したペニスを持っているわけではない。むしろ、平均的な人間と比べると、体の大きさの割にペニスが小さい哺乳類が多い（自信のない読者はきっと安心することだろう）。たとえば、ゴリラは体が大きいが、ペニスの平均的な長さは四・六センチ。それに対して、いまだに内部ペニスを使っている種のなかには、びっくりするほど長いペニスを突き出すものもいる（たとえばカモのペニスは恐ろしいほどの長さだ）。そう考えると、体内受精のために外部ペニスを進化させるメリットはさほどないようにも思える。

だが、適切な歴史的背景に基づいて外部ペニスについて考えるとどうなるだろう。白亜紀の人類の祖先は齧歯類に似た非常に小さい生物で、体長はわずか数センチだった。ところが、ペニスは一センチ弱あった可能性が高い。バランスを考えると、これはとてつもない大きさと言える。

同程度の大きさのメスに体内受精を行う場合、ほかより立派なモノを持つ哺乳類は、妊娠の成功という観点から言えば、かなり有利な立場にあるはずだ。そういう意味で、突然変異で出現した外部ペニスが哺乳類の系統樹で選択された可能性がある。

二つ目の仮説はそれほど無味乾燥でも、独創性に乏しいものでもない。哺乳類のメスによる性淘汰が大きな役割を果たしたという説だ。前にも述べたように、性淘汰は、明らかに生存に直接役立つ形質(牙、爪、俊足)より、パートナー候補者に自分の性的価値を伝える形質(色とりどりの羽毛、誘惑的な肋骨(ろっこつ)やハスキーボイス、実用に向かないほど大きな枝角(えだつの)など)を進化させる。そうした場合、外部ペニスはセックスに同意する前に、メスがオスの健康状態や精力をチェックできるように進化したのではないか、という説である。

ペニスが体内にあれば、そうした確認は容易ではない。だが、小型の齧歯類のような有胎盤類がペニスと睾丸を少し見えるようにしていたら、メスはちらっとそれを見て、より良いパートナーを選び、妊娠に結びつかない交尾を――ペニスや睾丸に何らかの変形や変異や損傷があるオスを――回避できるだろう。メスは、相手がどれぐらい強健か、ペニスがちゃんと勃起するかどうかを確かめられる。その兆しが見えなければ、相手は勃起不全などの性的能力の問題を抱えている可能性がある。言うまでもなく脳の小さな哺乳類は、医師が検診するように、じっくり相手の特性を評価するわけではない。オスの性器に対する興味(あるいは嫌悪)は本能的かつ直感的なものなのだ。その痕跡は、今日の人間にもかなり残っている。

三つ目の仮説は、おそらくあったであろう哺乳類におけるクリトリスとメスの性的快感の共進化*と関係がある。外部ペニスは前戯を生み出し、メスは挿入前のセックスの初期段階で、興奮を少しずつ高めるようになったという説だ。そうした興奮のせいで、オーガズムや疑似オーガズム、あるいは性的快感のさざなみが生じて、セックスが終わるとメスは普段より不活発な状態になる。セックス直後に動きまわらないほうが、精子がターゲットへ無事に到達して、卵子を受精させる確率が高まる。もしかしたら、オーガズムはメスの不活発な状態を自然に発生させるために進化したのかもしれない。セックスが終わるやいなや、メスがまだ息を切らすパートナーを押しのけ、起き上がってすぐに立ち去ったり、白亜紀版のタバコに火をつけたりするようなことがないように。

進化を引き起こした原因が何にせよ、外部ペニスは意気揚々と自然史のなかに登場した。ほぼ同時期に、人類直系の祖先はペニスを下支えする「陰茎骨」という細長い骨を進化させた。この骨は、人間が通常ペニスと聞いて連想する軟部組織に包まれている。陰茎骨の進化の目的は、急に血流が止まり、勃起が萎(な)えても、交尾中はペニスを「目標に」向けておけるようにすることだ。これで、そんな気まずい状況になってもペニスはヴァギナ内に留まり、性的興奮が戻ったオスは射精を完了できる。こうして、当の哺乳類は俗に言う「ロープでビリヤードをする」危険を避けられるわけだ。

陰茎骨は、六六〇〇万年前以前にすべての有胎盤類に共通する特徴として進化したと考えられ

訳注＊　一つの生物学的要因の変化が引き金となり、関連する別の生物学的要因が変化すること

る。あるいは、別の様々な系統でも進化していたかもしれないが、おそらく有胎盤類では一〇回は進化を繰り返したようで、バイアグラの誕生より何百万年も前の世界でその有効性を証明してきた。もっとも、ウマやゾウ、ウサギ、少数の水中哺乳類などの祖先は、いったん役目を果たし終えたあとは、陰茎骨を捨てている。それらの種を除く大半の哺乳類は、いまだにペニスの内部に骨を持つ。人類は陰茎骨を持っていないが、直系の祖先が持っていたのは間違いない。

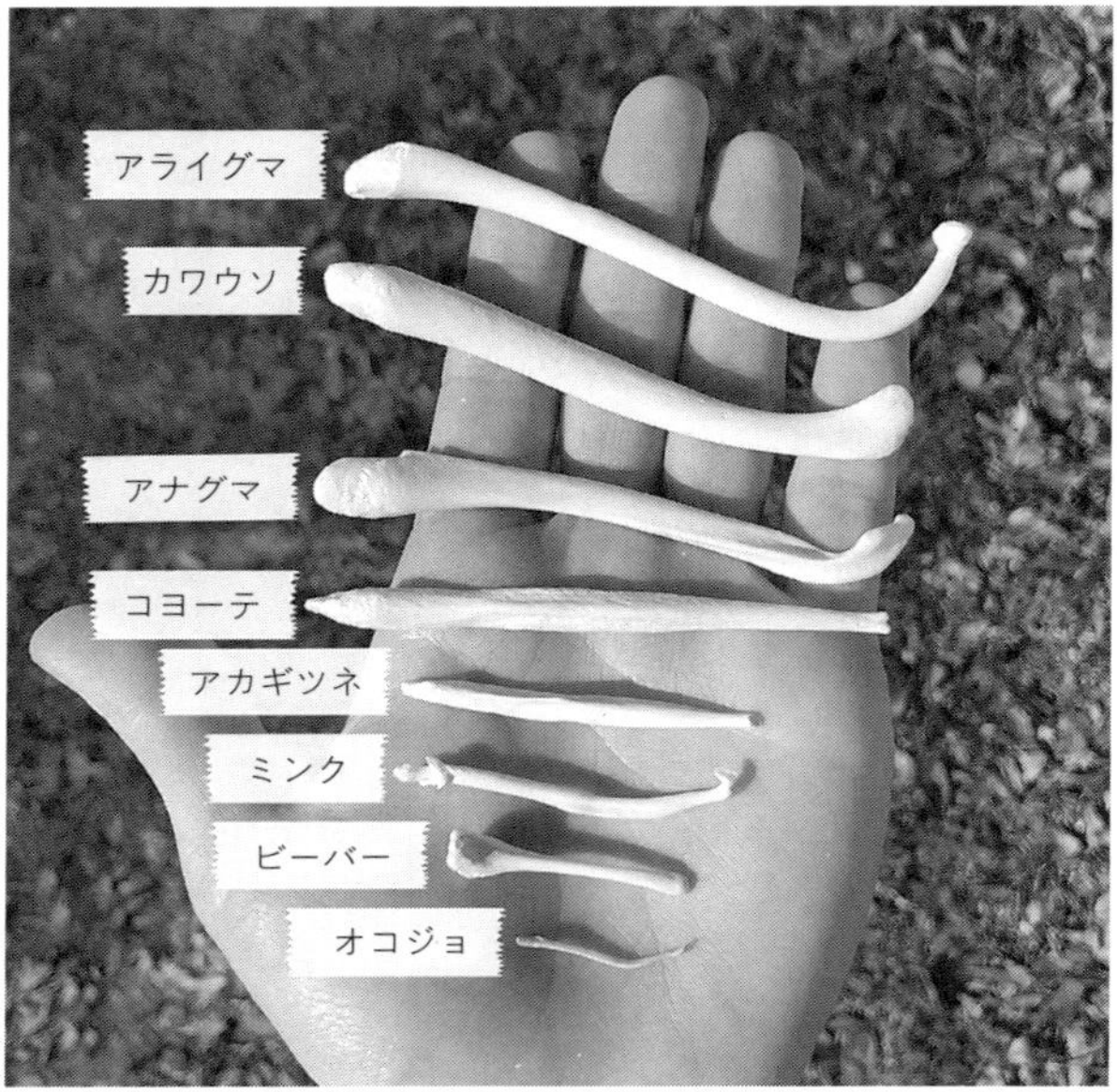

様々な種の陰茎骨

　物語を少し先に進めると、五五〇〇万年前に初めての霊長類に進化したとき、人類の祖先は陰茎骨を持っていた。四〇〇〇万年前、アフロ・ユーラシア大陸の旧世界ザルと南北アメリカ大陸の新世界ザルが分岐したとき、私たちはまだ陰茎骨を持っていた。さらに、すべての「大型類人猿」（ゴリラ、チンパンジー、ヒトなど）の祖先が二五〇〇万年～三〇〇〇万年前のアフリカで進化したときも、陰茎骨は存在した。

もっとも、大型類人猿の陰茎骨は、ペニスの肉質部分と比較してサイズが大幅に縮小した。この変化についても仮説がいくつか存在する。一つはまたしても性淘汰説で、大型類人猿のメスは健康と精力を選別の基準とし、勃起状態を維持できるオスとだけセックスしたために、陰茎骨がすたれたと考える。別の仮説は、オス同士の争いの際、ライバルを遺伝子プールから排除するために、陰茎骨を破壊することが主目的になり、陰茎骨が進化上の障害になったというものだ。三つ目の仮説は、陰茎骨が様々な体位を試みる類人猿の能力を阻害し、メスの性的快感が減少したのではないかというもの。ここでもまた、人類のペニスはもっぱらメスの欲望に沿うように進化した可能性がある。進化がときに紳士的な振る舞いをするのを見ると新鮮な気分になる。

クリトリスの年代記

クリトリスの原型は、早くて三億三〇〇〇万年前、爬虫類の体内にあるペニスの派生物として進化した。ペニスと同じく、性的興奮時に血液でふくれ上がる勃起組織で構成されている。初期のクリトリスが生まれたのは、卵子内または子宮内の胚が、妊娠期間のおよそ二〇パーセントを過ぎるまでメスとオスの性的特徴の違いを持たないためだった。人間の場合は受胎後八～九週目に相当する。そのときまでに、ペニスまたはクリトリスのもとになる小さな管が発達する。ペニスは挿入と受精を促進させ、その際に快感刺激を経験するが、クリトリスは性的快感の領域に限定されている。もっとも初期のクリトリスがそれ以前の時代の「退化したペニス」にすぎなかったら、その後も存続することはなかっただろう。クリトリスは、複雑化して生々しい官能的な力を増すにつれ、進化上、独自の重要性を持つようになった。

大半の爬虫類と哺乳類では、クリトリスは(内部ペニスと同じく)体内に収まっているため、外部からの刺激を受ける機会がなかった。単孔哺乳類(私たちは一億七五〇〇万年前にそこから分岐した)は体内にクリトリスを持ち続けている。だが、一億二五〇〇万年~六六〇〇万年前に有胎盤類で外部ペニスが進化すると、クリトリスも外に顔をのぞかせ、初めて外部に刺激の機会を求めるようになった。人類直系の祖先におけるペニスとクリトリスの共進化はまた、なぜどちらの内部にも骨(陰茎骨と陰核骨)があるのかという疑問の説明にもなる。これまでペニスに骨が存在する理由に関する仮説をいくつか紹介したが、これらはどれもクリトリスには当てはまらない。クリトリスは子宮内で性分化が起きる前に骨を獲得するが、原始的なペニスまたはクリトリスはその後もただの肉厚の管にすぎない。

やがて六六〇〇万年前になると、クリトリスは独自の進化の旅に出発した。クリトリスは外には小さな突起として現れるだけだが(一部の不幸な男性には見つけるのが容易ではない)、内部ではかなり大きく成長した。クリトリスの九〇パーセントは体内にあって、ヴァギナを優しく包み、膣管と陰唇の両方に神経終末の複雑なパッチワークで接続している。クリトリスにはそうした神経終末が八〇〇〇~九〇〇〇個ほど存在し、その数はペニスのおよそ二~三倍だ。メスの性的快感が生殖行為と無関係であれば、ペニスをしのぐ数の神経終末が進化する意味はなかったはずだ。それでもなお、クリトリスはさらに複雑化していった。

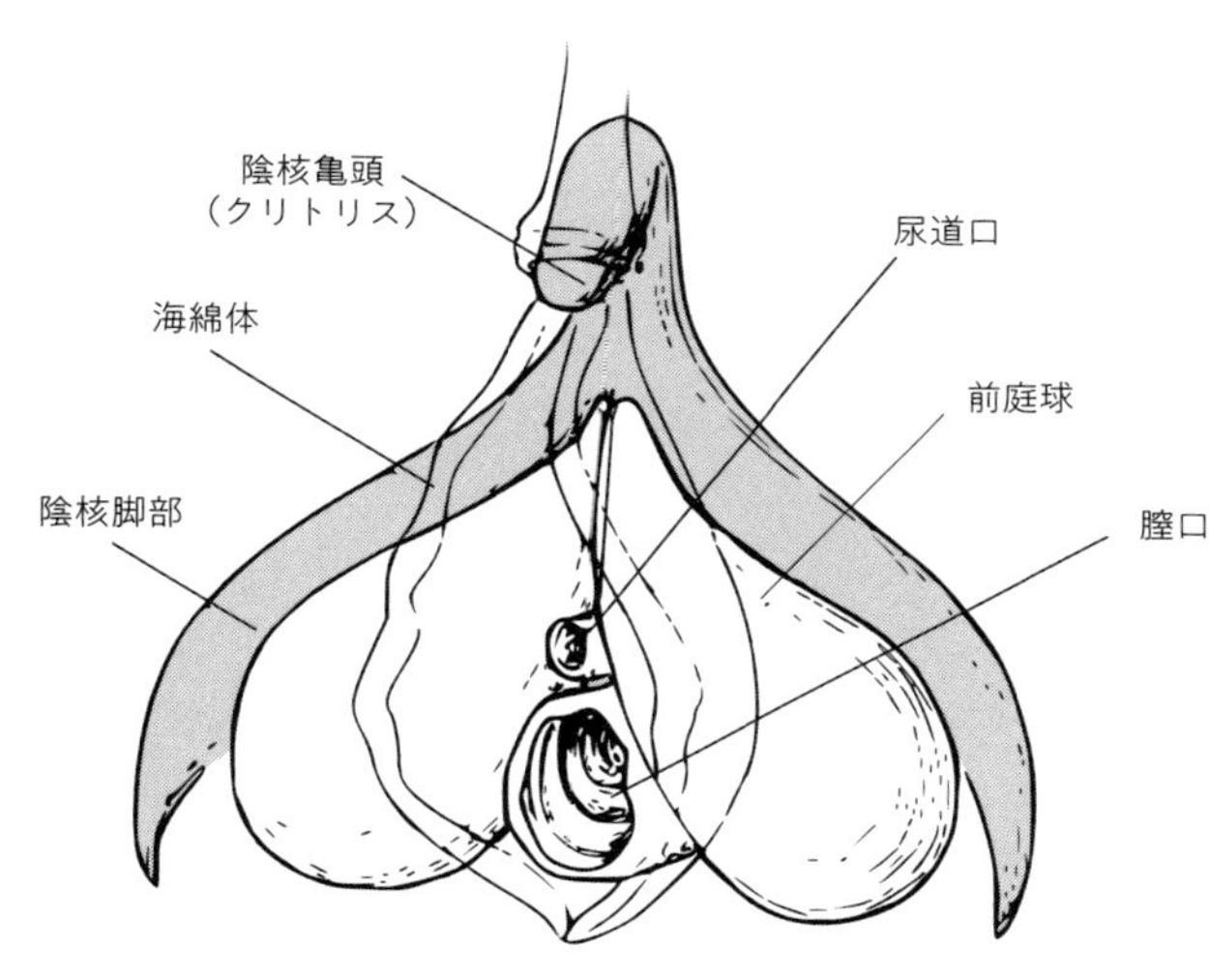

クリトリスは想像よりはるかに大きい

クリトリスが刺激を受けると、神経終末は性器のほかの部分にシグナルを送り、同様の性的興奮状態を引き起こして膣管の潤滑を誘発し、挿入を容易にする。クリトリスはメスの性的興奮に不可欠の存在だ。女性の推定八〇パーセントは、クリトリスの刺激なしでオーガズムを経験できない。進化の観点から言えば、クリトリスが存続したことは理にかなっている。

メスの哺乳類が歓迎すべき相手とのセックスで一度快感を味わうと、一カ所に留まって、そわそわしたり、オスのそばを離れようとしなくなったりする傾向がある。また、哺乳類のメスが性的快感を得るおかげで、メスのほうから積極的にセックスを求める傾向が強まり、種に関係なく平均交尾回数が増加する。

そのうえ、セックス中にメスの脳内でドーパミンその他の快楽物質が急激に放出され、性行為が終わったあとしばらくは動けなくなるので、精子が目標に達して、卵子を受精させる確率が高まる。また、セックス中にメスがオーガズムに達すると、膣の筋肉が収縮し、ペニスを強く締めつけて、オスの早い射精を促し、精液を卵子のほうへと引き寄せる。一夫一婦制の種では、オーガズムによってパートナーに対するメスの愛情が強まると考えられ、多夫多妻制の種では、同じオスとの交尾を受け入れる傾向が強くなるという。多くの哺乳類では、パートナーが魅力的になればなるほどオーガズムが起こりやすくなるので、メスが最適の配偶者を選択する助けになる。また六六〇〇万年前頃の哺乳類の祖先では、メスのオーガズムが予定外の排卵を引き起こし、そのおかげで受精と生殖の確率が高まったという比較的新しい仮説もある。人類直系の祖先はその後、自発的な排卵を誘発するオーガズムの能力を失ったが、メスのオーガズムはそのプロセスの名残として残る一方で、別の進化上の目的を見いだした可能性がある。

ただし、このことにはまだいくつか謎がある。まず、哺乳類のメスの性的興奮は必ずしも妊娠の実現には必要ない。欲求不満気味のガールフレンドや妻に訊けばそう答えるだろう。二〇一五年の調査では、決まったパートナーのいる女性がオーガズムに達する割合は六三パーセント止まりで、一〇〇〇人の女性を対象にした二〇一七年の調査では、八〇パーセントが挿入と同時に何らかの形でクリトリスを刺激しないと、オーガズムに達しないことがわかった。交尾を短時間で強制的に終わらせる必要のある自然界の危険な場所では、哺乳類の受精の基本的要素はオスの挿入と射精である。哺乳類の多くの種で、強制または強引なセックスの際にメスがほとんど快感を得られないばかりか、恐怖や痛みしか感じないケースが数多く見られる。

メスの性的快感が必ずしも受精の成功に必要ないのなら、なぜ進化したのだろう。その答えは、メスの快感が哺乳類の妊娠の必要条件ではないにしても、生殖の成功率を高める点にあるようだ。六六〇〇万年かけた進化の過程で、メスの快感が一部の交尾において妊娠実現の確率を高めたとすれば、それだけでメスの快感が定着し、複雑な発達をしたことの十分な理由になる。それに、人類の哺乳類の系統からメスの快感をなくさなければならない明らかなデメリットも見当たらない。メスがセックスを存分に楽しんだせいで絶滅した種はないのだから。つまり、外部ペニスとの共進化で生まれたクリトリスは、定着するのに十分な生殖上のメリットを提供しているように見え、消滅すべき理由は一つもないと言えそうだ。

二つ目の謎はもう少し無味乾燥だ。すべての体位がクリトリスに刺激を与えるわけではなく、クリトリスを「使わない」哺乳類の種も少なくないのに、なぜクリトリスはあれほど多くの敏感な神経終末を進化させたのだろうか。言うまでもなく、人間と一部の霊長類は正常位と、女性が上になる様々な体位で交わる際に、ピストン運動による骨盤のすり合わせでクリトリスをある程度刺激できる（クンニリングスの素晴らしさにはとうてい及ばないが）。だが、大半の哺乳類が交尾する際に取る体位、「後背位（バック）」はクリトリスにほとんど刺激を与えない。

とはいえ繰り返しになるが、クリトリスについても妥当な歴史的背景に基づいて考えるべきだろう。六六〇〇万年前、小型の齧歯類に似た人類の祖先は、オスがメスの背中に乗る後背位で、あっという間の交尾を行っていた。しかし、短足で胴が地面すれすれという齧歯類に似た体形のせいで、マウンティング中にクリトリスが地面に触れ、摩擦でさざなみのような刺激が生じたとも考えられる。交尾の時間は短かったが、クリトリスのような敏感な場所への刺激は瞬間的でごく軽くても、メスを性行為が終わるまでじっとさせておくのに十分だったようだ。それどころか、性行為の最中に機会あらば刺激を得ようと、ペニスとは比べものにならないほどクリトリスの感度が高まった可能性がある。もう一つ考えられるのは、あくまでクリトリスは快感の中心ではあるが、このあとすぐに検討するGスポットなるものが、後背位のセックスの際に十分な刺激を受ける点である。

　哺乳類が進化するにつれて、クリトリスも別の使われ方をするようになった。たとえば、およそ三五〇万年前にチンパンジーとの共通祖先から分かれたボノボでは、性器と性器をこすり合わせるトリバディズム（「貝合わせ（シザリング）」）が、メス同士の社会的な絆を形成するのに有効な手段になった。この行為は、いささか常軌を逸した頻度で行われる。それがボノボにとって特に有益だったのは、ボノボはメスが主導的立場にあり、メスを中心とするヒエラルキーで暮らしているからだ。同じくメスが主導的立場にある、およそ六〇〇〇万年前に人類の祖先と分かれたハイエナの場合、メスのクリトリスはオスのペニスに近い長さまで成長した。メスのハイエナは別のメスのクリトリスを舐（な）める。これはメス同士の絆を深め、上下関係を確立する行動だ。オスは服従の姿勢を示すため、立場に関係なくメスのクリトリスを舐めるが、だからといっていつでもお返しにペニスを舐めてもらえるわけではない。ハイエナの長く伸びたクリトリスには膣管が含まれ、腹部の高い位置にあるために届きにくく、オスはメスの下に滑り込まなければ交尾できない。さらに言えば、オスがメスをレイプすることはほぼ不可能だ。一般的にメスはオスよりも強く、生殖において優位な立場にあるからだ。

このように、初めは「退化したペニス」だった可能性のあるクリトリスだが、数億年前に外性器が出現するやいなや、状況が一変した。以降、クリトリスの様々な優れた用途とメスのオーガズムが選択されていったのだろう。そして、クリトリスが本格的に進化し始めると、消滅するだけの正当な理由がなかったので存続した。六六〇〇万年前の白亜紀大絶滅以後の人類につながる哺乳類系統において、クリトリスは急速に多様化する種のなかでさらに多くの用途を見いだしていった。この流れは、人類が出現するまでずっと変わらずに続き、クリトリスは有益な生殖機能の役割を果たすばかりか、すべての関係者にとって素晴らしい娯楽の源になった。

オスのオナニー、メスのオナニー

六〇〇〇万年前までに、世界は白亜紀大絶滅から回復した。ペニスやクリトリスを持つ人類の哺乳類の祖先は、もはやラットのような小型の生物ではなくなっていた。ゾウ、オオカミ、キツネ、ライオン、トラ、クマの祖先が（当時はどれも、イヌほどの大きさもなかった）、人類直系の祖先の系統から分岐していった。さらに、イヌ科とネコ科の境界線は四二〇〇万年前に引かれた。五五〇〇万年前までに、ネコと同程度の大きさの哺乳類がデボン紀後初めて海に戻り、その後一五〇〇万年かけてクジラとイルカの祖先に似た形になった。また、およそ五五〇〇万年前、人類直系の祖先から小型でおとなしい森の生物が分岐して、シカ、ヘラジカ、レイヨウに進化し、さらに森を離れて広く開けた平原に移動したあとに、ウマの最初期の種が出現した。そしてついに五五〇〇万年前の人類直系の祖先系統に、最初の霊長類が出現した。小型でキツネザルほどの大きさのこの霊長類は、しっかり物をつかめる手と正面を向いた目を持ち、森で暮らした。彼らは立体的な三次元ビジョンを持ち、枝から枝へとジャンプできるように進化した。この能力を得るには、脳のサイズがわずかに大きくなる必要があった。

有袋類が優勢だったオーストラリアという孤立した大地を別にすれば、地球上では有胎盤類が繁栄した。この驚くほど多様性に富んだ種には、自慰の習慣が備わっていた。人類の爬虫類の祖先は、様々な物で総排出腔の表面を擦ることが知られていたが、外部ペニスと、あまり目立たない場所にあるクリトリスのせいで、哺乳類はそれまで以上に陰部をいじるようになった。オスとメスの両方がオーガズムを経験したあとは、マスターベーションへの誘惑は抗い難いほど強くなった。

イヌ、ネコ、クマ、ヤギ、ヒツジ、多くの齧歯類、一部のサル、カワウソ、セイウチの祖先はみな、自分の股間を舐めてフェラチオをする習慣を持った。オスは勃起したペニスを、メスは広げたヴァギナを舐めるようになった。ゾクゾクする感覚は間違いなくあったが、通常、フェラチオは射精やオーガズムに達するまでは続かず、たいていは自分を身ぎれいにする行為から自然に発したものだった。多くの哺乳類はまた、様々な物体に性器を擦りつけて自慰を行った。特にイヌ科の祖先は頻繁に行い、有蹄類（ウマ、キリン、イノシシ、ヤギ、サイ）のすべての科にも共通して見られる。ライオンとトラは前脚で自慰をすることで知られている。一部のサルは自分の尻尾で快楽にふける。齧歯類には、自分の脚でマスターベーションするものが少なくない。齧歯類の変わり者はヤマアラシで、見た目同様、ちょっと風変わりな性生活を楽しんでいるようで、木の樹皮、低木のイバラ、粗い石といったザラザラした物に性器を前後に擦りつける。ほかにめずらしい例を挙げれば、ゾウは二頭で鼻を使ってたがいをイカせることで知られている。それ以外にも、オスのチンパンジーとヒヒは、自分の手に射精して、精液を通りがかりのものに投げつけるのが大好きだ。

一般的に、哺乳類のマスターベーションはストレス、不安、攻撃性を和らげる効果がある。二匹の哺乳類のあいだで行われる相互マスターベーションのなかには、社会的な結びつきとして機能するものもある。数こそ多くないが、オスが射精することで生殖管を浄化し、精子の生産力を高めている例もある。にわかには信じ難いかもしれないが、多くの哺乳類にとって、本格的なオーガズムに達することが最終目標ではない。マスターベーションの主要な用途は、副腎によって引き起こされる闘争・逃走反応の一時的な軽減なのだ。人間の場合とは異なり、多くの生物種は、マスターベーションを途中でやめても明らかな欲求不満を引き起こすことは少ないようだ。

セックスのための再利用

哺乳類が小型の齧歯類に似た大きさから進化し、体の構造が複雑になるに伴い、性感帯の数も多様化した。セックスは、自分や相手の性器を愛撫（あいぶ）するだけのことではなくなった。そうした性感帯の多くはすでに、同じ種の攻撃的な仲間や捕食者に触れられたり、ダニや毒グモなどの小さな寄生生物にのろのろ這われたりしただけで恐怖反応を引き起こすくらい、きわめて敏感になっていった。特に敏感な部分を一つ挙げれば、吸血性の寄生生物の生息に適した脇（わき）の下である。危険を察知する敏感な場所に性感帯があるのは、性欲をかき立てる接触と、本能の警鐘を鳴らし、人間（と一部の哺乳類）を不快にさせる不適切な接触が紙一重であることの説明になる。哺乳類の性感帯は通常、セックスの最中に相手に触れられるだけの場所だ。社会的な結びつきを構築したり、子供を抱いて運んだりする場合を除けば、同じ哺乳類の仲間がそこに触れる理由はほとんどない。

性感帯の多くは性器のすぐ近くにあって、直接的な性的接触が間近に迫っていることを知らせる性的な引き金（トリガー）を持っている。たとえば、太ももの内側、哺乳類の後半身、下腹部などは、性器の周囲に軌道を描き、性的重力の中心に向いているものが多い。指、つま先、手、足などの性感帯は、進化して、接触に対して高い感度を持つようになった霊長類ならではのものである。こうした感度の高さは、愛撫する、舐める、しゃぶるなどの性的な刺激に適している。

哺乳類のメスの乳首への性的刺激は、過去二億六〇〇〇万年のあいだ、乳腺をしゃぶられたり、撫でられたりして、プロラクチン（生殖過程で母乳を分泌する）やオキシトシン（母子の絆を結ぶとともに、ほとんどの脊椎動物のオスとメスが性的に惹かれ合う段階で分泌される化学物質）が生成された結果である。そうしたいくつかの機能がまとまって、乳首への刺激に対応するようになったため、少数とはいえ、乳首の刺激だけでオーガズムに達する女性もいる。男性にも妊娠初期の子宮内にいたときの痕跡として乳首があり（ペニスとクリトリスの性分化によく似ている）、ある程度感度もあるが、その感度は大幅に低下しており、刺激によってオーガズムが生じるのはごくわずかの例に留まっている。

首や耳も性感帯であるため、有胎盤類の多くはマウンティングの際に手足で触れたり、歯で軽く咬んだりする。耳や喉も体の重要なパーツであり、セックスとは無関係の状況でも、傷を負う脅威を察知するために大変敏感になっている。もう一つ、唇もヒト、チンパンジー、ボノボといったごく少数の霊長類では性感帯になっている。これらの種は、唇を重ね合わせることによって性フェロモンの交換ができるように進化したと考えられる稀有な哺乳類である。

メスの哺乳類のクリトリスに加えて、ヴァギナの前方三分の一の前壁にはおびただしい数の神経終末が備わっている。ここにGスポットがある。刺激を受けるとオーガズムを促す特に敏感な神経の集合体だが、その存在についてはいまでも生物学者のあいだで盛んに議論されている。Gスポットが独特なものなのか、あるいは広い意味で、クリトリスの支配する神経系の延長部分なのかは定かでない。一部の生物学者は、Gスポットが「前立腺の痕跡」（前立腺液はオスの精液の一部となる）であると考えている。だが、この領域とメスの射精*の一因となるスキーン腺とのあいだには弱い関連性しかないようだ。メスの射精自体は痕跡的なプロセスと考えられ、性的行為

訳注＊　女性の射出する液体も乳白色の濃厚なもので、前立腺酸性フォスファターゼや果糖など男性の精液にあるものを含んでいる

中に尿道から透明な液体を放出する「潮吹き現象」とは別物である。

すべての女性がヴァギナの前壁にGスポットに分類できる場所を持っているのかどうかは、いまもわかっていない。一部の女性にはそういった敏感な場所があるらしいが、ない女性もいるようだ。足をくすぐったく感じる人もいれば、そうでない人もいるように、前壁の性的感度には個人差があるらしい。挿入を伴うセックスの際、正常位ではペニスがGスポットには容易に届かないが、多くの哺乳類が行っている後背位を取れば効果的に刺激できる。そのため、女性のオーガズムと様々な生殖上の利点の活用を促すために、ヴァギナの入り口から三分の一ほど入った場所に、人によって程度に差のある性感が生じている可能性がある。

男女に共通する器官ではないが、男性の前立腺の感度が女性のGスポットに相当するものであることは広く認識されている。手、あるいは挿入を伴うセックスで前立腺を刺激したり、マッサージしたりすると、一部の男性はオ

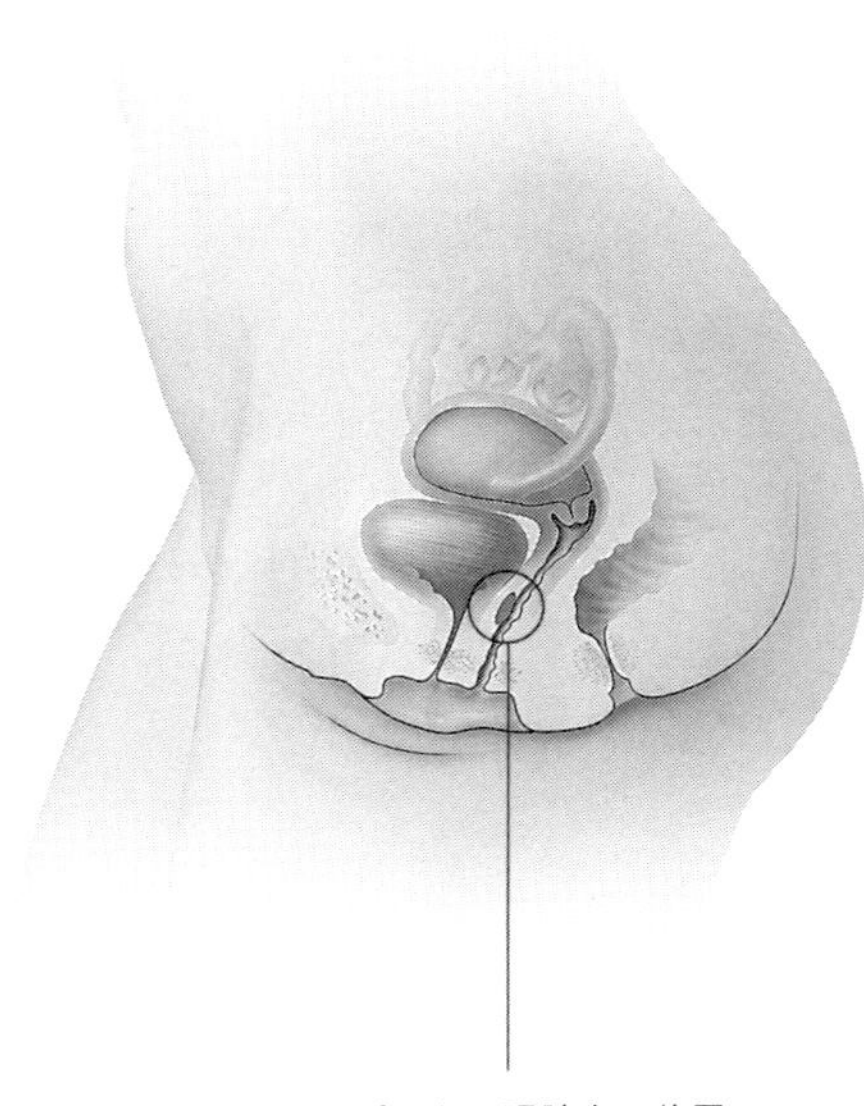

Gスポットの理論上の位置

ーガズムに達する。もっとも、ほとんどの男性はペニスを後ろから刺激されるなどもうひと手間かけなければ快感を得られない。同様に女性の場合、肛門から三分の二ほど入った場所にクリトリスにつながる多数の神経終末があり、ここを刺激するとごく稀にオーガズムに達する場合もある。

両性愛や同性愛の行為は何億年もの歴史があるが、人類以外の哺乳類ではアナルセックスはほとんど見られない。アナルセックスは大型類人猿の多くで行われることが知られており、次章で紹介する新世界ザルおよび旧世界ザルの一部でも確認されている。哺乳綱というもっと広い分類では、キリンなどの有蹄動物や、鯨類などの水中動物の一部でも行われていると主張する研究者もいる。もっとも、全体的に見ればごく稀少な例である。

複数の恋人を持つ霊長類

哺乳類の多様化が進むにつれ、感じやすい場所と好みも多様化した。人類も属している霊長類はまず五五〇〇万年前に進化し、性的習性はそこから分岐して増えた種の数と同じくらい多様になった。霊長類の交尾行動は、一夫多妻制（一頭のオスと複数のメス）、一妻多夫制（一頭のメスと複数のオス）、乱婚（無秩序な交尾のお祭り騒ぎ）、一夫一婦制（一頭のオスと一頭のメス）と多岐にわたる。

人類のなかにも、こういった遺産の多くが交じり合って存在する。それが本能の進化で「混線状態」を生み出し、ときには性的欲望の深刻な対立を引き起こした。そうした本能のもつれのなかに、人間の愛情、不倫、フリーセックス、フェチの片鱗が垣間見える。なぜセックスはごく単純な暮らしのなかにさえ混乱を引き起こすのか、それを理解するためには、人類の進化の歴史全体に目を配って考える必要がある。とはいえ、そういう本能がセックスを素晴らしいものにする美点を持っていることもまた事実なのだ。

5　モンキー・ビジネス

5500万年～1000万年前

●霊長類は四〇〇〇万年前に新世界ザルと旧世界ザルに分岐した　●新世界ザルは一夫一婦制を発展させる　●旧世界ザルは一夫多妻制と乱婚を発展させる　●二五〇〇万年前に旧世界ザルから大型類人猿が分岐する　●テナガザルは一夫一婦制で生活する　●疑似的な一夫多妻制を採用したオランウータンは連続強姦魔のようになる　●ゴリラは交尾を妨害し合い、ハーレムで生活する

全霊長類（サルや類人猿、それに分類上、類人猿の一種であるヒト）の最後の共通祖先は、およそ五五〇〇万年前にアフリカで進化した。当初は樹上生活をする体長およそ一五センチの哺乳類で、小型のサルに似ていた。その多くは、数千万年前の白亜紀に生息したネズミ似の臆病な祖先と同じく、捕食者を避けるために夜行性の暮らしをしていた。また、カブトムシやゴキブリなどを食べていた食虫動物が、のちに根や果実などの植物を食べるようになったものと考えられる。その一部はモロッコから北に向かい、スペインへ、ヨーロッパの広い地域へ、さらにアジアへと移動した。三〇〇〇万年前までに、プレートテクトニクス（地殻変動）によりアジアとアフリカ

が接近して広大な海が消滅し、深海からアラビア半島が隆起したため、霊長類がアフリカからアジアに直接移動できるようになり、その二つの大陸で旧世界ザルの祖先になった。その後、アフリカからまっすぐ向かったのか、あるいは北欧、グリーンランド、北米という迂回ルートを取ったのかはわからないが、四〇〇〇万年前には南米に霊長類が現れ、人類直系の祖先から分岐して新世界ザルというぴったりの名称を与えられた。

新世界の一夫一婦制か……

新世界ザルは様々な性習慣を進化させた。一部は「一妻多夫制」を採用しており、メスは複数のオスと交尾し、群れで常に活発な性活動をするメスは一匹に限定され、生まれた子供は共同で育てられる。別の新世界ザルには、乱婚する集団を作り、オスがメスをめぐって激しい争いを頻繁に繰り返す種があった。これをさらに推し進め、一夫多妻制の形式を取って、一匹の有力なオスがメス全員の性奉仕を独占し、残りのオスは蚊帳の外に置かれる種も生まれた。

だが、新世界ザルで最も興味深いのは、多くの種で一夫一婦制の関係を確認できる点だ。たとえばティティモンキーもヨザルもつがいとなって、オスはほかのオスが自分のメスと交尾するのをなんとか阻止しようとする。一夫一婦制を採用している哺乳類は三～五パーセント程度だから、この慣習が新世界ザルの多くの種で発展したことは注目に値する。さらに驚くのは、一夫一婦制の種では、オスが赤ん坊を運んだり、食べ物を与えたりと、子育てに多くの時間を割く姿が見ら

一夫一婦の絆で結ばれたティティモンキー

れることだ。オスが子育てする姿もまた、霊長類では滅多に見られない。大半の霊長類は母親が子育てをするか、メス同士が協力して行うのが普通である。

……旧世界のイチかバチか

人類直系の祖先である旧世界ザルに話を戻すと、どこを見わたしても新世界ザル並みの一夫一婦制は存在しない。それどころか性の野放し状態がひどくなるにつれて、近親交配を防ぐ必要性が高まった。そこで採用されたのが、雌雄どちらかの性が出生集団を離れる「配偶者分散」という形式だ。一夫一婦制を取らない新世界ザルの大部分がこれを採用し、旧世界ザルの最後の共通祖先（彼らも間違いなく一夫一婦制ではなかった）もみな同様で、それがすべての子孫種に受け継がれた。

余談になるが、血縁者とのセックスについて少し述べておこう。母なる自然は、私たちが新参者とセックスして、遺伝的変異の機会を拡大し、進化的変化が加速するのを望んでいる。自然は兄弟姉妹、父と娘、母と息子の情事をさほど好んでいない。いとこ同士もおおむね勧められない。ほぼ同じ二本のDNA鎖を持てば、通常は抑制される潜性遺伝子が家系に定着する可能性が高くなり、深刻な身体的奇形や知的障害が生じる恐れがある。そのため、多くの種に近親交配を回避する本能が組み込まれている。あなたは、きょうだいとのセックスを思い浮かべて嫌な気分にならないだろうか(できればなってほしいが)。進化が訴えているのはそういうことなのだ。

だからこそ、人類の最後の共通祖先は四〇〇〇万年前に「妻方居住婚(つまかた)」を採用し、メスは自分の生まれた集団に留まり、一方オスは本能に従い、セックスできる新しい集団を探しに群れを出た。その結果、メスのサルが自分の母親や姉妹と穏やかに暮らすあいだ、欲情したオスはセックスの相手を求めてうろつくことになった。こうして、セックスをめぐるオス同士の激しい競争が頻発し、力のあるオスは一夫一婦的な関係を構築せずに、複数のメスと交尾した。

たとえば、ヒヒの種の多くはオスとメスが入り交じった集団生活をしており、そこに新しいオスがやって来る仕組みになっている。オス同士の激しい競争が起こり、その結果、厳格な序列ができあがり、メスとの交尾頻度が決定される。序列が高いオスほど交尾回数が多くなる。場合によっては、ベータオス*がメスに近づき、毛繕い(グルーミング)をしたり、世話を焼いたりして上下関係の縛りをすり抜けようとすることもある(ほかのオスに見つかって追い払われなければだが)。とはいえ、この「一途さ」は一夫一婦制とはまったく関係がない。ご機嫌取りに成功したオスは、「身を固める」つもりなどさらさらなく、別のメスにも同じやり方を試そうとする。一方メスヒヒのほうも、オスであれば相手かまわずふくらんだ尻を顔の前に突き出し、自分は発情していて、交尾の準備もできていると宣言する。その動きはどこかトゥワーク†を思わせる。複数のオスと複数のメスが同じ群れで暮らし、オス同士の競争が激しい旧世界ザルには、ほかにコロブスモンキー、ベルベットモンキー、マンドリルなどがいる。

なかでもマンドリルは興味深い。旧世界ザルの大半は五、六頭から数十頭の群れで生活しているが、マンドリルは数百単位の「大群」で生活する。マンドリルの大群のおよそ八五パーセントは、メスと最近生まれた子供で構成される。残りの一五パーセントのオスは群れに定住せず、交尾期が始まるまで荒野で単独行動をする。その後、群れに急いで戻り、多くのメスと交尾できるものを決めるために、オス同士で激しい争いを繰り広げる。優位に立つマンドリルは、体の大きさ、脇腹の太さ、顔と尻の赤さ、睾丸の青さ（比喩ではない）によって決まる。七〇〇頭の群れであれば、そのなかのおよそ三〇〇頭が成熟したメスである。そのメスと交尾できる力と性的魅力を持つオスは平均で三五頭程度に限られる。つまり、有力なオス一頭につき、一〇頭程度のメスが相手をすることになる。残りのオス七〇頭ほどは、なりたくもない禁欲主義者になるしかな

訳注＊　アルファオス〔ボス〕に追従するオスのこと
訳注†　しゃがんだ姿勢で前後に腰を振るダンス

い。繁殖期が過ぎるとオスは去り、残ったメスが子育てを行う。このように、人類の進化史では、父親としての責任を果たさない肉食系のオス（アルファチャド）があちこちで見かけられる。

オス同士が、セックスする権利を持つ「勝ち組」になろうと競い合うだけに留まることなく、本格的な一夫多妻制を確立するためにさらに一歩前進する旧世界ザルの種もいる。その群れでは、最終決戦に勝利したアルファオス一頭のみが、競争に負けたオスたちの嫉妬交じりの視線を浴びながら成熟したメスたちに近づき、手当たり次第に交尾を行う。たとえばゲラダヒヒのオスは、性的に成熟するとすぐに生まれた群れを去り、「独身者（バチェラー）」の集団でうろつきまわり、乗っ取れそうなメスのハーレムを丹念に探しまわる。だが、条件にかなったメスの群れが見つかったとたん、オスたちは袂（たもと）を分かつ。一頭のオスだけがメスの群れを支配し、ライバルのオスは全員排除される。その後、勝者のオスは数年にわたって群れのメス全員と交尾を続ける。

ヒヒ、マンドリル、ゲラダヒヒでは、メスも非常に攻撃的な方法でほかのメスと性的な競争を展開する。最も魅力的なアルファオスの性的関心を独占するために、自分の姉妹ですら遠ざけようとする。メス同士で威嚇（いかく）し合い、暴力沙汰になることさえある。旧世界ザルのオスが一つ場所に留まらず、子育てをほとんど行わないことを考えると、メス同士の競争の原因が恋愛がらみの嫉妬心でも、強いオスの扶養者と一夫一婦の関係を作りたいがためでもないのは明らかだ。旧世界ザルのメスの競争は、たくましい体つきの最もセクシーなオスと、ほかのオスより勝っているはずの彼の遺伝子を独り占めすることだけが目的なのだ。そのまま放っておけば、優れたオスの遺伝子が複数のメスに薄く分散されてしまうし、一部のメスは交尾の機会を逸する危険性もある。

だが、自然は常に例外を好む。旧世界ザルのなかでは、マカクがその例外である。彼らはメス主導の社会で暮らしている。死ぬまで生まれた群れに留まり、大変強い絆で結ばれているメスは、オスに対して攻撃的な姿勢を取れるし、求愛者のオスの大半を拒絶することも少なくない。ほかの旧世界ザルと違って、マカクのオスの性的な成功は、オス同士の牽制(けんせい)や競争の結果ではなく、もっぱらメスの承諾と駆け引きや策略などを駆使した「霊長類の政治(プライメイト・ポリティクス)」によってもたらされる。ただし、オスはいったん新しい群れに受け入れられると、複数のメスと交尾する特典を得られる。受け入れられなかったオスは、愛もセックスも無縁の孤独な境遇で、死ぬまで森のなかで過ごすことになる。結局のところ、マカクのオスの行く末はほかの旧世界ザルと変わらない。たくさんのメスとセックスできるか、まったくできないかのどちらかなのだ。

僕ら二人をそっとしておいて

そうこうしているうちに、二五〇〇万年～三〇〇〇万年前、大型類人猿が旧世界ザルとの最後の共通祖先から分岐した。類人猿は尻尾を失ったことでサルと区別しやすい。また大型で、胸幅が広く、体格の割に脳が大きい。最初期の大型類人猿は多くの旧世界ザルと同様、それほど社会的な動物ではなく、どちらかと言えば単独行動しがちな生き物だったらしい。数十頭、数百頭からなる群れはなかった。森のなかで一頭だけで暮らし、ときおり、配偶者候補のメスやライバルのオスと遭遇するだけだった。

進化上、私たちの最初の類縁で現存するのがテナガザルで、人類直系の祖先から分岐したのはおよそ一七〇〇万年前だった。テナガザルは約九六パーセントのＤＮＡを人類と共有している。樹上生活をして、果実や葉、花、ときには昆虫を餌にする。おもに東南アジアに生息しており（祖先はアフリカから移住してきた）、しばしば「小型類人猿（レッサー・エイプス）」と呼ばれる。体格がゴリラやチンパンジー、ヒトなどと比べて小さいからだ。単独行動を取ることが多く、縄張り意識がきわめて強い。荒々しい叫び声と威嚇的な「力」の誇示で、ほかのテナガザルが自分の採餌領域に侵入するのを阻止する。

　単独行動を好む性格からか、テナガザルのオスとメスは、一キロほど間隔を置いて、たがいに叫び声を上げて相手にアピールする。近頃、独身者が増えている人類がマッチングアプリで求愛行動をするのに似ているかもしれない。オスとメスが出会い、おたがいの容姿を気に入ったら、普通は一生のちぎりを結ぶ。旧世界ザルと違って、テナガザルは一夫一婦制を採用している。現在、ヒトとテナガザル以外に一夫一婦制の類人猿は存在しない。

　テナガザルで一夫一婦制が進化したのは、彼らのような社会組織では、一夫多妻制や乱婚に伴う激しいオス同士の競争が悲惨な結果を生むからだ。特に、ライバル同士のオスの嬰児殺しは痛ましい。ほかの霊長類では、オスはライバルの子供を殺したあと、嘆き悲しむメスと交尾して自分のＤＮＡが確実に複製されるようにするケースが多い。

　問題は、テナガザルが非群居性の動物で、性欲もさほど強くなく、相手を見つけてつがいになっても、それほど頻繁に交尾しない点だ。テナガザルはメスが妊娠可能な発情期にのみ交尾する。

その時期は臀部のふくらみでわかる。排卵期であるのを隠そうとはしない。それ以外の期間も夫婦は一緒に過ごすが、寄り添っても交尾はせず、もっぱらほかの仲間から距離を置いて暮らす。テナガザルがオス同士の競争や嬰児殺しをしないのは余裕がないからで、そんなことを繰り返していればこの種は絶滅していただろう。

その代わりに、テナガザルは一夫一婦の関係を結び、オスとメスは力を合わせて我が子を守る。父親は子供に危険をもたらす恐れのあるライバルのオスを追い払う役だから、妻以外のメスの鳴き声に誘われて森をうろついていては役に立たない。母親のほうも、複数のオスを誘惑して交尾すれば、交尾相手の誰かが嫉妬して我が子を殺すリスクが高まることを理解している。そこで、夫婦がたがいに気を配り、この悪意に満ちた世界で穏やかな生活を送れるように自分たちだけの小さなシェルターを作る。

もっとも、二五〇〇万年前に分岐したからといって、テナガザルから乱婚や一夫多妻制といった旧世界ザルの特徴がすぐに消えたわけではない。実際、テナガザルも浮気をして、パートナー以外の異性と交尾することがある。ただしそれは滅多にないことだし、浮気をしたテナガザルは嫉妬した配偶者から罰を与えられる。また、ごく稀にではあるが、けんかばかりするテナガザルの夫婦が永遠に袂を分かち（つまり「離婚」して）、新しい相手を見つけてふたたび一夫一婦の絆を結ぶこともある。ただし、テナガザルには繁殖を促す進化の圧力があるせいで「離婚」は比較的少なく、たいていの夫婦は生涯、寄り添って生き、離婚率は人間よりもかなり低い。それでも、結婚したもののおたがいに妥協できず、浮気したり別れたりする点では、人間とテナガザルは似ていると言えよう。

オランウータンの暴力的性生活

次に現れた進化上の類縁は、およそ一五〇〇万年前に人類直系の祖先から分かれたオランウータンだ。人類と約九七パーセントのDNAを共有し、東南アジアのボルネオ島やスマトラ島のジャングルに生息している（彼らの祖先もアフリカから渡ってきた）。六万年前には南アジアの本土にもいたのだが、気候の影響か人間の狩猟採集民のせいで絶滅に追い込まれた。テナガザルと同じくもっぱら樹上生活を送り、果実や葉、風変わりな昆虫を餌にする。そして、こちらもテナガザル同様、孤独な生き物だ。

両者の違いは、オランウータンが一夫一婦制ではない点だ。代わりに疑似一夫多妻制ともいえるライフスタイルを採用しており、オスはほかのオスに犠牲を強いて、複数のメスと交尾しようとする。オランウータンがそれほど孤独を好む動物でなければ、きっと完璧な一夫多妻制を確立しただろうが、そうはならずに森の周囲一キロほどの範囲内で、メスとの交尾を独占しようとするオス同士の競争が頻発する。優位に立ったオスは〝フランジ〟と呼ばれる顔の両側にある大きな（そして、やや滑稽な）肉ひだをふくらませて、男らしさを誇示する。フランジのあるオスは、その肉ひだを持つ紳士を好むメスを惹きつけるために、独特な声を上げる。その鳴き声があまりにも強烈なせいで、怖じ気づいた若いオスのフランジの成長が止まってしまうこともあるという。

人間で言うなら、女の子に言い寄ろうとした思春期の少年が、相手がアメフト部の人気者にナンパされているのを見て、ショックのあまりタマが引っ込み、ヒゲも生えず、筋肉も発達せず、ペニスも成長しなくなるのに似ているかもしれない。
フランジのあるオスが年を取って性的能力が衰えると、肉ひだは失われ、別のフランジのある若者に地位を奪われる。

オスのオランウータンの顔にあるフランジは、メスの目には魅力的に映る

疑似一夫多妻制と激しいオス同士の競争が繰り広げられた結果、オランウータンの性的二形はかなり拡大した。オスの体重はメスの倍もある。メスは通常、フランジのあるオスとは喜んで交尾するが、フランジのないベータオスの求愛は頑(かたく)なに拒絶する場合が多い。

オランウータンの謎めいた特徴の一つは、メスが排卵を隠すことから生まれる。メスはいま妊娠可能かどうかをオスにはっきり示さない。つまり、常にメスにまたがりたがっているオスとは違い、メスは自分がいつ発情するかを本能的に心得ているのだ。それに、メスがフランジのないオスの誘いには容易に応じないせいで、オランウータンの世界ではレイプが当たり前のように横行している。排卵していないときは、メスもフランジのないオスの性的暴力にあまり抵抗しない。妊娠する危険がないからだ。だが、妊娠可能であるのがわかっている場合は、男らしさに欠けるオスに妊娠させられることを激しく拒絶する（そのために暴力を振るうこともある）。オランウータンの交尾の平均時間はおよそ一五分だから、レイプは見るも痛ましいもので、抵抗したメスは傷を負うことが多い。それも、メスがフランジのある最高権力者のそばを離れたがらない理由の一つである。交尾を強要するベータオスから守ってくれるからだ。こうして、最優位に立つオスは一夫多妻制を作り上げ、ハーレムをいくつか作って、メスをまわりにはべらせる。

オランウータンの性的暴力は、進化上で人間の卑劣な行為と直接つながるものではない。オランウータンの性的暴力の発生率は驚異的だ。個体数に基づいて調整すると、近代、あるいは近代以前の人間社会の二万五〇〇〇～二〇万倍に相当する。別の推定によると、オランウータンの全交尾の三分の一～二分の一がレイプだという。

オス同士の激しい競争を伴うオランウータンの疑似一夫多妻制には、ほかにもいくつか見逃せない点がある。まず、メスはオスの嬰児殺しの脅威に対抗するために、出産後に長い不妊期間を持つようになった。不妊期間は平均八年で、そのあいだはおおむね我が子の養育に専念する。これは哺乳類のなかでも一番長く、そのおかげで、オスはライバルの子供を殺して、メスをすぐに妊娠させられなくなった。こうして進化上の誘因がなくなったために、オス同士の激しい競争があっても、オランウータンの嬰児殺しはほとんど起きていない。

一夫多妻制の霊長類に共通するもう一つの特徴は、オスの両性愛と同性愛が高い頻度で見られることだ。第二章で見たように、脊椎動物における両性愛は、雌雄異体性（性差）が生まれたのとほぼ同時期の五億一〇〇〇万年〜五億二五〇〇万年前に進化し、同性愛のみのものがいたことを示す最初期の形跡は三億三〇〇〇万年前までさかのぼる（もっと前の時代にもいた可能性はあるが）。こうした行動パターンは、圧倒的多数の脊椎動物にも見られる。その一方で、少数のアルファオスが大半のメスと交尾し、残りの大半のオスが傍観者としてセックスレスの立場に置かれる一夫多妻制の種では、統計上、オス同士の同性愛行為がほかの種よりも常態化している。オランウータンでいえば、同性愛行為はフランジのないオスの性的不満を解消するために進化したと言っていい。彼らは（一生ではないにせよ）何年ものあいだセックスレス状態に陥る可能性があるからだ。その結果、オスは合意に基づいたアナルセックスをすることで知られている。たがいにフェラチオをすることもある。ただし、オランウータンの特徴である性的暴力性が発揮された場合は、オス同士の肛門レイプも発生する。

ゴリラの「闘争」

ゴリラは、一〇〇〇万年〜一二〇〇万年前に人類から分岐し、人類とはＤＮＡの約九八パーセントを共有する。オランウータンの一夫多妻制は、フランジを持つオスというメスの性的嗜好によって二次的に生まれたが、ゴリラの一夫多妻制は、本来備わっている配偶者を保護する行動のなかに組み込まれていた。典型的なゴリラの群れは、一頭のシルバーバック[*]とメスのハーレムで構成される。シルバーバックに対抗できない残りのオスは、オスだけで森で暮らす。そうしたベータオスは一生独身でいるか、ゲイ・セックスに明け暮れるかの二択を迫られることになる。これは霊長類では一般的な傾向だ。ほかの選択肢もないわけではないが、一夫多妻制のもとでは、ゲイ・セックスの頻度が高くなる。霊長類のほぼすべての種で見られる傾向だが、一夫多妻制ではない種ではその頻度は低い。

ゴリラより前の人類の祖先系統では妻方居住婚が主流だった。旧世界ザルのメスは家族のもとに留まり、オスは未知のフロンティアへと旅立つ。単独性のかなり強いオランウータンでさえ、母親は我が子が独り立ちして荒野で孤独な暮らしをするようになるまで、何年もかけて子育てをする。親元を離れても、成熟した子供は母親が生きているかぎり、母子の社会的絆を維持する。一方ゴリラは、明らかに妻方居住型の配偶者分散から転換を行っている。メスは家族のもとに留まらず、成熟すると身内と離れて荒野をさまよう。やがてシルバーバックのオスのハーレムに加わるが、新参のメスは全部、たがいに見知らぬ存在である。

そういう意味で、ゴリラは人類の系統樹において、妻方居住型の霊長類から夫方居住型霊長類への過渡期の分枝になっている。夫方居住型は、オスが死ぬまで親族集団に留まり、そこへメスが新たに加わる仕組みである。もっとも、ゴリラのオスのほぼ全員がハーレム内で唯一のオスになるのを目指しているわけだから、一頭以外は負け組になる可能性が高い。そうであっても、こ

メス（左）とオス（右）のゴリラの体格は大きく異なる

れから見ていくように、進化の道筋は夫方居住型へと傾いていく。

ハーレム支配をめぐるオス同士の競争は性的二形の拡大、すなわち雌雄の違いが広がる原因になった。オスのゴリラの体格は、メスの二～三倍ある。ところがその威圧的な外見とは裏腹に、オスがライバルに対して行う攻撃の大半は、暴力を伴わない威嚇である。いかにも強そうな姿を見せて、ほかのオスを追い払う。言うなれば、威力の誇示による戦いだ。ただ、勘違いしないでほしい。必要とあらば、オスはやすやすとライバルを殺してしまう。

通常、オスは群れに一頭だけだから、集団内に複数のオスがいるほかの類人猿ほど、セックスを素早く頻繁にすることに重きを置かない。そのせいか、体ははるかに大きいのに、ゴリラの睾丸は人間より四〇パーセントも小さい。そのうえペニスは二・五～七・五セ

訳注＊　背中の体毛が銀色になった成熟したオスのこと

ンチ程度で、平均およそ五センチだ。この拍子抜けする数値（少なくとも人間にはそう思える）と足並みをそろえるように、ゴリラの交尾は平均一分しか続かない。これはオランウータンよりはるかに短いが、ほかの類人猿と比べれば時間をかけている。後述するように、ほかの類人猿は一つの群れに複数のオスがいて、大規模な性的熱狂のなかで交尾を行う。

オランウータンとは違い、ゴリラは嬰児殺しの進化上のメリットを固く信じ込んでいる。ハーレムを乗っ取ったオスの最初の目標は、前のボスの子供を皆殺しにすることだ。古いアルファオスのDNAではなく、新しいアルファオスのDNAが受け継がれるのを確実にするためである。ライバルに子供を殺される脅威が絶えずあるので、シルバーバックは用心深くハーレムを見張り、自分の子供を守ろうとする。通常、ゴリラのオスは自分の子供に食物を与えないが、ほかの霊長類の父親が行う子育てに比べて、ゴリラのオスは親らしい保護行動を取る。そのために、子供を守れないシルバーバックは、メスに拒絶される可能性がある。またライバルへの威力誇示に敗北した場合も、ハーレムを乗っ取られる恐れが出てくる。一方、侵入者のオスのほうが魅力的だと感じたメスは、ひそかにハーレムを抜け出し、そのオスが作った新しい群れに加わることもある。

血のつながりのないメスは、メス同士の結びつきよりシルバーバックとの絆のほうが強い傾向がある。メス同士のつながりはきわめて弱い。これは夫方居住型の配偶者分散への移行の影響である。その結果、群れのなかでオスの影響力がさらに強まり、ゴリラ社会はシルバーバックを中心に回っている。逆に、ライバル関係にあるシルバーバック以外のオス同士はかなり強い結びつきを持っている。野生のベータオスは友好的で社交性が高く、メスのグループが現れそうにないと見ると、アナルセックスに手を出すこともある。また、シルバーバックはときに、成熟期に達した自分の息子がハーレムに留まるのを許す場合もある。もっともそれにはいくつかの条件がある。シルバーバックは通常、ハーレム内での交尾の独占に強いこだわりを持っているから、息子がメスの一頭に手を出せば、ハーレムから追放される危険が生じる。

一方メスは、シルバーバックの気を引こうと激烈な競争を繰り広げる。我が子を守ることで「遺伝子の投資」を無駄にせず、自分のDNAを伝えていけるかどうかは、ひとえにシルバーバックの好意にかかっているからだ（ほかのメスは誰も助けてくれない）。その結果、ハーレムの淑女たちはアルファメスとベータメスの厳格なヒエラルキーのなかで競い合い、別のメスを従属的な地位に留めるために同盟関係を結んだり、威嚇戦術を用いたりする。言うなれば、高校の人気者の「スクールカースト」のようなもので、少々毛深い女子高校生グループを想像すれば、実情からそう遠くないはずだ。シルバ

5500 万年前	最初の霊長類の誕生
4000 万年前	新世界ザルと旧世界ザルが分岐
2500 万年前	最初の大型類人猿の誕生
1700 万年前	テナガザルが分岐
1500 万年前	オランウータンが分岐
1000 万年前	ゴリラが分岐

ーバックはこうしたメスのヒエラルキーに気を配っているらしく、交尾の相手は生殖能力ではなく、階級を基準にして選んでいる節（ふし）がある。

ゴリラのメスは、シルバーバックとの社会的な絆を維持し、機嫌を取るために、妊娠しているときも交尾を求める。シルバーバックがハーレムの一頭と交尾をすると、愛情獲得競争に負けないように、ほかのメスもこぞって交尾しようとする。逆に、シルバーバックが誰とも交尾していないときは、どのメスもまったく焦（あせ）りを見せない。要するに、ゴリラのセックスは単に繁殖目的だけでなく、集団内の権力闘争における戦略的な目的としての役割も果たしているらしい。

快楽の問題に触れておけば、ゴリラのメスはクリトリスへの刺激を楽しみ、オーガズムを得ることができるのだが、大半の交尾はそういった快感とは無縁に進行する。ハーレムでは、オスは比喩的にも文字どおりの意味でも「先にイッて」しまう。メスに不公平なシステムだと思う人もいるかもしれないが、これはまだほんの序の口にすぎない。事態はさらに悪くなるのだから。進化の過程が一歩ずつ人類に近づくにつれ、祖先に根づいたこうした本能が、人間の抱える矛盾した性的性質に大きな影を落とすことになる。

６　火星から来たチンパンジー、金星から来たボノボ

1000万年～400万年前

●チンパンジーは六〇〇万年～八〇〇万年前に人類最後の共通祖先から分岐した　●ゴリラの一夫多妻制は多夫多妻の乱婚に進化する　●チンパンジーはオス同士の競争が頻発する大規模な夫方居住型の群れで生活する　●チンパンジーは徐々に進化していた人類の戦争への衝動の前兆になる　●チンパンジーのメスは、オスが支配する残酷な社会で、不幸な服従生活を送る　●ボノボは二〇〇万年前にチンパンジーから分岐した　●ボノボはメス同士の同盟と頻繁なセックスでオスの攻撃性を抑制する　●クンニリングスとメス同士の競争によって厳格な母系社会が出現する　●ボノボの母親は息子を溺愛し、ときにライバルのメスの子供を殺すことがある

チンパンジーは六〇〇万年～八〇〇万年前に人類の直系から分岐した。人類とＤＮＡの約九八・七パーセントを共有している。ホモ・エレクトゥス（一一万年前に絶滅）やアウストラロピテクス・アファレンシス（二九〇万年前に絶滅）などホモ・サピエンスの先駆的存在が絶滅した

ため、チンパンジーは現存する人類に最も近い進化上の類縁である。したがって、いくつかの顕著な違いはあるものの、その本能と行動には私たちとの類似点が数多く存在する。重要なのは、こうした点を誇張も軽視もしないことだ。六〇〇万年から八〇〇万年もあればたくさんの変化があったはずなのに、自然淘汰の歩みが遅いせいで奇妙なくらい類似点がそのまま残ってしまう。

ゴリラの社会組織はテナガザルやオランウータンより大規模なものに進化したが、その流れを六〇〇万年〜八〇〇万年前のチンパンジーが受け継いだ。チンパンジーの群れは通常、二〇〜五〇頭の個体で構成される。稀にだが、一五〇頭もの大きくて統制のゆるい連合体も存在する。四〜一二頭のオスからなる小規模な採餌チームは、しばしば中心となる群れを離れて食物を探したり、縄張りをパトロールしたりし、それが終わるとふたたび大きなコミュニティに合流する。このように人類の祖先系統の社会の複雑さは着実に増していき、それが次第に細くなる人類の遺伝子系統樹の枝における性の問題に直接影響を与えるようになる。

毛深い家父長制

ゴリラのハーレムとは違い、チンパンジーの群れでは複数のオスとメスが複雑なヒエラルキーと同盟関係のパッチワークのなかで共生している。そのため、チンパンジーは多くの霊長類で見られる一夫多妻制（一頭のオスと複数のメス）をやめて、乱婚（オスとメスの非一夫一婦的なカップリング）へと移行した。チンパンジーのオスは群れに複数のオスがいることを許容するので、一頭のオスがほかのオスを追い出してハーレムを独占するゴリラより競争がいくらか少ない。その結果、チンパンジーにはゴリラほどの極端な性的二形は見られない。平均的なオスのチンパンジーはメスより二五パーセント大きいが、オスとメスに二倍から三倍の体格差のあるゴリラとは大違いだ。もっとも、群れのなかでセックスをめぐる暴力や威嚇行為が絶えないために、チンパンジーの体は頑丈にできている。人間には身長も体重も劣るのに、オス同士の競争が激しいせいで、チンパンジーの平均的なオスは成人男性よりも二倍から四倍の力がある。人間が怒ったオスのチンパンジーに顔を引っかかれた話はよく聞くが、それが力の差を物語っている。

オスの集団には明確なヒエラルキーがあり、彼らの社会的な絆はたちまち攻撃性に変化する。オスのヒエラルキーは、食物や交尾相手をより多く得られる複数の幹部を中心に構成されている。アルファオスは交尾の機会に恵まれているが、ベータオスは機会も相手も限定される。オスの世界には性的な嫉妬が満ちあふれている。彼らはライバルの遺伝子を排除するために嬰児殺しを頻繁に行う。上位のオスは自分の子供を殺されるのを阻止できる可能性が高いが、その一方でみずから嬰児殺しを犯すこともある。

力が暴力的対立の要因であるのは間違いないが、支配的なオスが常に乱暴者とは限らない。チンパンジー社会が複雑さを増すと、支配者も残りのオスと取り決めをして、強固な同盟を維持しなければならなくなった。要するに、手練手管に長(た)けた政治家になる必要があるのだ。チンパンジー界のマキャベリのように。そのせいで、下位のオスは高いレベルの男性ホルモン(テストステロン)濃度と攻撃性を持つようになる。出世の階段を上るためには不可欠だからだ。ところが、序列のトップに到

チンパンジーのパトロールは激しい暴力沙汰に発展することがある

達したとたん、オスのテストステロン濃度は低下する。むき出しの攻撃性は、丹念にパッチワークされた同盟関係の維持にはさほど役立たない。ほかのオスも同様に悪知恵を働かせるかもしれない。彼らは徒党を組み、支配的なオスを倒して、チンパンジーの世界に政変を起こすことで知られている。権力闘争の究極の目標は食物とメスだ。こうした彼らの行動に、人類の初期段階の政治や社会組織を重ね合わせてみるのは、まったくの的外れとは言えないだろう。

オス同士の対立や敵対行為が中断するのは、外部のオスが採餌領域に侵入したときだけだった。遺伝子プールのことを考えれば、外部のオスは内部抗争よりもはるかに危険だ。配偶者と採餌領域を両方盗まれる可能性がある。これもまた、ほかの部族や国家との戦争に兵士を駆り出す際は内輪もめをいったん棚上げする人間との明らかな共通点だ。

サイコパスだらけのセックス

チンパンジーは厳格な夫方居住型を採用しており、オスの親族は生涯にわたって一緒に暮らすが、メスは性的に成熟すると生まれた群れを離れて新しい群れに加わる。メスはたがいに血縁がないので、オスと比べるとメス同士の社会的な絆は一般的に弱い。また採餌の際は、集団で移動するのではなく単独行動する。メス同士に強い同盟が存在しないため、メスのチンパンジーは群れのなかで大人のオス全員から支配を受けている場合が多い。成長した若いオスが、すべてのメスに対して自分の優位性を示して威嚇してから、ほかのオスに挑戦する場面はよく見られる。

よそ者のメスが群れに加わろうとすると、元のメンバーのメスから敵意を向けられることが少なくない。新たな性的競争の火種になるからだ。そこで、新メンバーはメスのヒエラルキーの最下層からのスタートを余儀なくされる。一方オスは、新しいメスがいても、相手が発情期になければ受け入れることはない（繁殖力のあるメスの臀部は、風船のようにふくらんで赤くなる）。メスに交尾と生殖の準備ができている場合、オスは彼女を受け入れて、ほかのメスの不興を買うことになる。だが、繁殖力のないメスが群れに加わろうとすると、オスは暴力を振るってでも追い払う。ごく稀に、メスを死に至らせることさえある。オスがそういう行動に出るのは、繁殖力のないメスがいると、採餌領域内の食料資源が無駄になる恐れがあるからだ。

メスには独自のヒエラルキーと同盟関係があり、総じて古株のメスが従順な新参者を支配する。

メスは縁故主義で、上位のメスの子供や孫は、母親と同じ同盟に入れるし、保護も受けられる。下位のメスが上位のメスの幼い娘をいじめると無事ではいられない。オスも縁故主義であるのは同じで、自分のきょうだいや母親とは食物を分け合うが、血縁関係にないメスには交尾と引き換えに食物を与える（売春は「世界最古の専門職」と言われる所以である）。オスはライバルのオスとは食物を共有せず、親族も遠縁であれば冷遇する傾向にある。その理由は、DNAの複製が何にもまして大切な世界では、自分の血筋から離れれば離れるほど、親切心や利他心を抱けなくなるからだ。この現象は血縁淘汰と呼ばれており、動物はおおむね、少しの犠牲（食物など）を払うのと引き換えに、自分のDNAコードのほぼ正確なコピーである血縁者を手助けする。こうしたことはみな、前近代の人間社会（部族長、専制君主、皇帝、王、公爵、侯爵など）にあった世襲原則に通じるもので、縁故主義は現代の金持ちや権力者のあいだでいまだに根強く残っている。現実から目をそらさないでおこう。

たがいに孤立し、オスに従属していても、メスはできるだけ上位の有力者とつながいたがる性的嗜好が強い。それが実現すれば、自分の子供を嬰児殺しから守り、食物を分けてもらえる可能性も高まる。チンパンジーの性体験の約三五パーセントはメス主導である。有力なオスと交尾すればメスのヒエラルキーの上位に上れるかもしれないし（メスが新しいメンバーである場合には特に効果的だ）、オスは交尾した相手のメスを独占したくなり、ほかの有望なオスを追い払うようになる場合が多い。メスが上昇婚を指向し、我が子のために上位のオスとの関係を優先し、下位のオスとの交尾に消極的になるのはそのためである。この交配戦略も、ホモ・サピエンスとまったく無縁とは言い難い。

チンパンジーの性体験の残りの六五パーセントは、オス主導だ。オスは群れのメス全員と交尾しようとする傾向があるが、どちらかと言えば出産経験があって、妊娠して子供を産む能力があることをすでに証明したメスを好む。それも、出産という偉業を複数回経験したことのあるメスを優先する（もちろん、あまり高齢でないのが条件だが）。これは処女性や性体験のない女性を尊重する、人類の前近代文化でよく見られた傾向とは対照的だ。当時の人間は、経験豊富な女性や性欲の強すぎる女性は「尻軽女」と思っていたが、チンパンジーは逆に、実証ずみの性体験の持ち主であるメスを高く評価する。性欲が強く、誰とでもセックスし、ライバルの子供を排除するためにしばしば嬰児殺しを行う種では、メスの貞操は優先度がかなり低いらしい。

チンパンジーがセックスをするのは、メスが発情期のときだけである。そうなると、どうしても特定の時期にセックスが集中する。「さかり群発」には、一日に八回も挿入されるメスもいる。その期間、オスは群れのライバルに出し抜かれて、メスを妊娠させられないように、素早く行動しなければならない。こうした局地的な「精子競争」の結果、チンパンジーはゴリラよりも大きな睾丸を持ち、多くの精子を運べるようになった。ペニスも大きくなるように――勃起時の平均は一四センチだが、八～一八センチとばらつきがある――進化した。体長が九〇～一二〇センチしかないことを考えると、ペニスの長さが人間の平均に近いのは驚きだ。また、一夫多妻制のゴリラの交尾は平均一分程度しかかからないが（疑似一夫多妻制のオランウータンははるかに長くて一五分）、チンパンジーの平均時間はライバルに邪魔されないように、なんと七秒にまで短縮された。

そんなに短い交尾では、メスは快感をほとんど味わえないと思うかもしれない。その考えは、ある程度当たっている。メスがオーガズムを感じることは滅多にない。しかし、挿入に先立って別の刺激が組み合わされると、通常オーガズムが発生する。メスのオーガズムは、快感の反映であるだけでなく、社会的な目的も持っている。メスは上位のオスと交尾するときに、自分の感じているオーガズムを頻繁に大声で「表現する」。相手が上位のオスであることが性的興奮の一因かもしれないが、それだけでなく、近くにいるメスたちにセックスの最中であることを知らせ、有力なオスが自分を受け入れたことをメスのヒエラルキーに誇示するためでもある。

進化の闇の旅人

レイプはチンパンジーの世界では日常茶飯事だ。彼らは攻撃的な乱婚社会で暮らしている。メスは、社会的に地位の低いオスや、年老いたオス、病弱なオスとの交尾を拒むが、それだけでなく、単に食物探しに忙しいだけのときも交尾に消極的になる。拒絶されたオスは、すぐに交尾を強制しようとする。最初は、威嚇や嫌がらせの形を取る。オスは叫び声を上げ、木の枝を揺らし、物を投げ、メスに向かって突進し、追いまわす。それでもメスが言うことを聞かないと、オスはたちまちあからさまな性的暴力に訴える。

普通、メスは背後から襲われて後頭部を負傷することが多い。オスが背後からマウンティングすることが多いからだ。オスはメスを平手打ちし（拳で殴ることはできない）、嚙みつき、蹴りつけ、頭や体毛や手足をつかんで引きずりまわす。メスを追い詰めたオスは、体を使って逃げられないようにする。それでも、こうしたレイプでメスが重傷を負うことは滅多にない。メスの抵抗が長続きしないからだ。オランウータンとは違い、チンパンジーの交尾時間はごく短いし、オスとメスには力の差があるので、逃げられる見込みがないのに激しく抵抗するのは危険なだけだ。膣管の炎症や裂傷、その他の損傷を避けるための標準的な生理反応は、望まない相手から精神的・感情的な苦痛を受けることに変わりはなくても、ヴァギナを潤滑な状態にすることだ。この生理現象が起きたからといって、快感はもとより、同意したとか、相手に惹かれたというわけでは決してない。当然ながら、下位のオスからこのようなレイプを受けているあいだ、メスがオーガズムの声を上げることはまずない。

メスを不安にさせるのは、行為そのものよりもその結果だろう。下位のオスにレイプされたメスは、自分と交尾しようとしていた上位のオスから罰せられる可能性がある。レイプで生まれた子供が上位のオスに殺される確率はかなり高い。だが、見る者をひどく当惑させるのは、被害者のメスがレイプ犯のオスに寄り添うようになる場合があることだろう。メスにとっては、自分の子供が下位のオスにでも保護されるほうが、まったく保護されないよりもましだからだ。

メスは採餌領域の境界には近づかず、パトロールするオスに囲まれて、群れの中心に留まることが多い。メスが群れの外のオスと交尾したと少しでも疑われると、間違いなく嬰児殺しが起きるからだ。逆に、アウトサイダーがパトロール隊の警戒網をすり抜けてメスに近づいた場合、メスはあまり抵抗しない。場合によっては群れの上位のオスを相手にしたときと同じく、交尾中に声を上げることさえある。それはメスが、敵の縄張りの奥深くに侵入してきたそのアウトサイダーの技術と能力を高く評価したか、あるいはこのアウトサイダーが縄張りの乗っ取り計画を進行している証しと考えたからだ。メスは、侵略者を受け入れることが最高の戦略と考えているらしい。これほどたびたび忍従を強いられてきたのだ、群れのオスに対する忠誠心に限界があるのを責めることなどできないだろう。

セックス三昧のボノボ

およそ二〇〇万年前、人類の祖先であるホモ・エレクトゥスが東アフリカの開けたサバンナで進化する一方、西部ではチンパンジーの祖先の二つのグループが次第に川幅の広くなるコンゴ川のそばで分岐した。南部のチンパンジーは、チンパンジーとはまったく異なる習性を持つボノボに進化した。ボノボはメス主導の平和的な種で、暴力を使わず、セックスを用いて対立を解消することが多い。

ボノボは人類の直系ではなく、チンパンジーから分岐した。チンパンジーが人類に最も近い進化上のいとこだとすれば、ボノボは「またいとこ」に当たる。人類とはDNAの約九八・四パーセントを共有しており、チンパンジーをわずかに下まわるだけである。また、人類とボノボは大型類人猿ではかなりめずらしい性行動も多く共有している。それはどれも、過去二〇〇万年のあいだに収斂進化*したもので、人類とボノボが最後の共通祖先から受け継いだわけではなく、違う理由で別々に進化した結果だった。

人類とボノボが共有する性行動には以下のようなものがある。正常位（人間よりも頻度が低くせいぜい一五パーセント程度だ。ボノボのセックスの大半は依然として後背位で行われる）、フレンチ・キス（舌を絡ませるキス）、前戯の重視（これまで取り上げてきた霊長類より重きを置いている）、セックス後の抱擁、頻繁にフェラチオをして精液を飲む、相互オナニー、シックスナイン、メス同士の「貝合わせ」、オスとメス両方の舌を使った執拗なクンニリングス。平均すると、ボノボは一、二時間に一回自慰行為をし、九〇分ごとにパートナーと性的に接触する。もっとも、性的接触の多くは挿入を伴わず、射精やオーガズムには至らない。挿入があった場合、平均の交尾時間は一五秒で、チンパンジーの約二倍だ。チンパンジーと比較すると、ボノボのオスの精子競争は著しく減退している。ボノボの性的持久力を、交尾に一五分かける一夫多妻制のオランウータンの水準まで高めるのに、二〇〇〇万年ではとうてい足りなかったのだ。

チンパンジーとは違い、ボノボはオランウータンや人類と同じく排卵を隠すので、オスにはメスの妊娠可能な時期がわからない。排卵を隠すように進化したのは、明らかに子孫の父系を曖昧にするためだ。メスは様々なオスと、様々な時期にセックスする。そのため、どのオスもメスが誰の精子で妊娠したのかわからない。そうやって、オスがほかのオスの子供を殺害するのを防い

訳注＊　系統の異なる生物が似た環境の影響によって同じような形へ進化すること

ボノボと人類は多くの性的習慣を共有している

でいる。確かに、野生のボノボの群れでは、オスによる嬰児殺しの発生が確認されていない。

ボノボもチンパンジーも、単独生活者がおらず、社会集団で暮らしているために、オランウータンの六〇倍の頻度でセックスをする。ゴリラの頻度のおよそ二〇倍なのも、ボノボとチンパンジーが複数のオス、複数のメスの乱婚的な集団で暮らしているせいである。

ボノボとチンパンジーの頻度はほぼ同じだが、チンパンジーのメスは妊娠可能な時期を教えるので、セックスのおよそ二五パーセントを一頭の攻撃的なオスが独占する場合がある。一方、ボノボのセックスは同じ頻度でも広い範囲で行われるので、オスは長い禁欲期間に不満を募らせることがない。そのおかげで、暴力と緊張が充満することがない。

ボノボは通常、チンパンジーと同様、二〇～五〇頭の雑多な集団で生活している。社交の際によく見られる挨拶に、一頭が別の一頭の性器に触れる「ボノボ握手（ボノボ・ハンドシェイク）」がある。ボノボは勃起したペニスや充血したクリトリスを外へ突き出して、握手が行われるのを待つ。これは緊張を和らげる効果がある。その後にクンニリングスや毛繕いが続く場合があるが、どちらも社会的な絆の存在を示す行為である。

オスはチンパンジーのように採餌領域をパトロールすることはない。ボノボの採餌チームは必ず雌雄混合で構成され、オスだけのチームは存在しない。そのため、ボノボの「部族（トライブ）」同士が森で遭遇すると、オスはよそ者のオスを見て最初少し緊張するが（チンパンジーの本能がしぶとく生き残っているのだ）、攻撃したり暴力を振るったりすることはなく、両方の部族のメスが歩み寄って、メス同士、あるいは相手の部族のオスとセックスを始める。言うなれば、国連の安全保障理事会の会議が乱交パーティに様変わりするようなものである。セックスはあらゆる緊張を和げる。昔、この話にぴったりの有名なスローガンがあった――「戦争ではなく、セックスしよう」*

ただし、こういったセックス外交によって、双方のオスのあいだに友好関係が生まれるわけではないことは忘れないほうがいい。メスがセックスしているあいだ、オスたちはたがいに間隔を置き、近づかないようにしている。自然は、どんな形であれ緊張状態にあるオス同士を交流させないほうがいいと考えているらしい。さすがのボノボの「愛と平和」にも限界があるようだ。それでも、オスのボノボが暴力を振るってほかのボノボを殺したという話は、ほとんど耳にしない。

比較的最近チンパンジーと分岐したこともあって、平均すれば、ボノボのオスもまたメスより体が大きく、力もいくぶん勝っている。だが、たまにオスがメスに対して攻撃的になると、メス

訳注＊　一九六〇年代～七〇年代の反戦スローガン

の同盟がそのオスに制裁を加える。オスを追いかけまわし、叫んだりわめいたりし、ときには平手打ちや蹴りを入れて、指を一、二本骨折させることもある。もっとも、そこまでしなくてはならない機会はあまりない。オスが立場をわきまえているからだ。ボノボのオスはオス同士で強い絆や同盟を結ぶことはなく、採餌中は単独で静かに行動する場合が多い。これは、少し前に触れたチンパンジーの行動とは対照的だ。

意外に思えるのは、ボノボがチンパンジーと同様に夫方居住型である点だ。オスの親族はおおむね死ぬまで一緒に暮らすが、メスは自分の生まれた群れを離れて新しい群れに加わる。そのため、強力な同盟を築くメスたちにはまったく血縁がない。普通は血縁があるほうがよそ者同士より同盟を結びやすいように思えるから、この形態は実に興味深い。血縁関係にないオスたちの社会的な絆が比較的弱く、たがいに競争意識や敵対意識の強いチンパンジーやゴリラのことを考えるとなおさらそう思うが、ボノボはその点がまったく違う。

メスがそれまでとは別の群れに入ろうとするときは、受け入れてもらうためにメスのヒエラルキーに働きかける。入会資格を得るために、新しい群れの有力者の毛繕いをしたり、先輩たちとクンニリングスや貝合わせをしたりする。メスが群れに入るのに、オスの了解を得る必要はない。ボノボの場合は、メスたちと強い社会的な絆を結べるかどうかにすべてがかかっている。

不完全な家母長制

　とはいえ、ボノボのメスは平等主義とはまったく無縁である。メスには、支配と服従の厳格なヒエラルキーがある。それに、オス同士の対立があまりないのに対して、メスのあいだでは社会的緊張がよく見られる。メスのヒエラルキーは、もっぱら食物の優先権をめぐって展開する。下位のメスは、上位のメスとのセックスを通して食物に近づき、ときには群れのほかのメスに対抗する同盟を結ぶこともある。つまり、メスはセックスを通じて気に入られ、自分の低い地位をはね返そうとするのだ。上位のメスは下位のメスほどセックスに夢中ではなく、上位同士のセックスはきわめて稀だ。両性愛は雌雄どちらにもよく見られるが、ゲイまたはレズビアンだけの個体はあまりいない。メスが主導するボノボの乱婚は、ゴリラやオランウータンなどオスの率いる一夫多妻制の霊長類で見られるような、排他的な同性愛が頻繁に見られるという反動を引き起こす性格のものではなさそうだ。

　メスのヒエラルキーのもう一つの目的は、繁殖の成功だ。といっても、メスを手に入れる優先権を管理するチンパンジーのオスのヒエラルキーとは異なり、メスのボノボはもう少し用心深い。ボノボのメスは自分の息子の性生活を細かく管理することで、繁殖を成功させる。ボノボは夫方居住制であるため、息子と母親は密接な関係にある。その一方で、母親は自分の娘に関心がないように見える。それは、性的に成熟した娘はまもなく群れを出ていくからだ。一般に信じられているのとは違い、ボノボの群れの交尾は野放しというわけではない。オーガズムを伴わないボノボ・ハンドシェイク、メスの同性愛行為、その他緊張を和らげる行為は確かに存在する。だが実際の生殖と受胎となると、マザコン息子のセックスの頻度は母親の地位によって決まる。息子が下位のメスと挿入を伴うセックスをしようとすると、母親は息子が挿入する前に交尾を中断させ、相手のメスを追い払うことがある。その後、母親は息子に、上位のメスとセックスするよう促す。嫁姑の関係はそう生やさしいものではないのだ。

セックスそのものに関して言えば、メスが支配的な社会であるにもかかわらず、異性愛の体験の約九五パーセントはオスがきっかけを作る。ボノボでも、先に行動を起こす責任はオスが負っているのだ。その証拠に、ボノボのメスから進んで交尾を求める頻度はチンパンジーよりはるかに低く、主導するのは三五パーセント程度に留まる。それどころか、メスはオスとのセックスに大変消極的だ。オスからのラブコールの多くを無視し、自分を妊娠させる相手を慎重に選別する。メスのヒエラルキー内での自分と子供の地位に影響を及ぼすからだ。それにチンパンジーとは違い、メスの拒絶がレイプにつながる危険はない。というより、ボノボの世界にはレイプや性的脅迫は存在しないに等しい。メスの同盟が、そういった攻撃的行動をたちまち阻止してしまうからだ。

ボノボのコミュニティが、一九六〇年代のヒッピーのコミューンのような理想郷であると早合点されるといけないので、いくつか考慮すべき点を挙げておこう。まず、性欲の強いボノボは近親相姦や小児性愛(ペドフィリア)を行うことがある。メスは生まれた群れを去る前に、姉妹で貝合わせを行う。

オスも兄弟で相互オナニーを行う。母親はときおり息子の性器を愛撫したり、手コキやフェラチオをしたりすることもある。それらは緊張を和らげるために行われるもので、近親交配に関する進化上の禁止事項には該当しないらしい。母親と息子の近親交配によって、母親が妊娠することは滅多にない。

5500 万年前	最初の霊長類の誕生
4000 万年前	新世界ザルと旧世界ザルが分岐
2500 万年前	最初の大型類人猿の誕生
1700 万年前	テナガザルが分岐
1500 万年前	オランウータンが分岐
1000 万年前	ゴリラが分岐
600 万年前	チンパンジーが分岐
200 万年前	チンパンジーとボノボが分岐

もう一つ、考慮すべき点を挙げれば、ボノボは相手が死ぬほどの暴力を振るうことは稀で、オスがメスに暴力を振るうことはほとんどないが、オスに対するメスの暴力やメス同士の暴力については その原則が通用しない。家母長制を維持するために、メスがたがいに嚙みつく、平手打ちする、蹴る、突く、引っ張る、押さえつける、体当たりすることはよく知られている。メスが中心の社会構造は大型類人猿ではめずらしいだけでなく、

ここでは厳格に執行されている。人間の目には牧歌的に映る風景であっても、ダーウィン的進化がお行儀良くしていることはまずあり得ないのだ。

そのうえ、オスの嬰児殺しはほとんど見られないが、メスが嬰児殺しを犯すことはめずらしくない。上位のメスは、下位のメスの赤ちゃんを盗み、森に連れていき、投げ捨て、我が子を取り戻そうとする母親を追い払い、赤ちゃんを餓死させることがある。これらはみな、優良なオスとセックスをしたライバルのメスの遺伝子を排除するためである。したがって、ボノボの社会は人間が思い描くようなユートピアではない。むしろ、チンパンジーの権力争いが舞台を変えただけとも言える。歴史は繰り返すのだ。

ある意味、六〇〇万年前の人類の祖先は、ボノボよりもチンパンジーに近かった。そしてその系統の直接の結果として、運命は一連の劇的な変化を用意していた。

７ 直立(エレクトゥス)を始める

400万年～31万5000年前

●人類の祖先が二足歩行になる　●柔軟なペニスによって様々な体位が容易になる　●乳房をはじめとする女性的な身体的特徴が形づくられる　●誘惑したりいちゃついたりするようになる　●一夫一婦制が性生活に衝撃をもたらす　●ペニスと睾丸のサイズが変化する　●進化のお荷物[*]が不倫や非一夫一婦制を存続させる　●恋愛が進化する　●ヒトは加工や発明、文化の創造が巧みになる

テナガザルやオランウータンと人類の最後の共通祖先は、生涯の大半を森で過ごした。ゴリラやチンパンジーと人類の最後の共通祖先は、比較的多くの時間を大地で過ごしたが、生理的に長距離を歩くよりも木に登るほうが向いていたため、相変わらずアフリカの森のなかで生活していた。およそ六〇〇万年前、人類の祖先はがに股で、バランスを取るために長い腕を地面について歩いた。およそ四〇〇万年前、地球の気候が乾燥期に移行した。森が減少し、人類の祖先はまば

訳注＊　ある集団のゲノムのうち、過去の個体では有利だったが、現在では不利になっている部分のこと

600万年前	チンパンジーが分岐
400万年前	二足歩行、大きな乳房、柔軟なペニス
230万年前	ホモ・ハビリスの出現と言語による絆の形成
190万年前	ホモ・エレクトゥスの出現と一夫一婦制
31万5000年前	ホモ・サピエンスの出現

らな森林や開けたアフリカのサバンナで暮らさざるを得なかった。そうした類人猿が木に登る進化上の動機は低下し、食料を探すために長い距離を移動できるほうが重要になった。彼らは、腕を必要としない直立歩行で移動を始めた。この動きは二足歩行(バイペダリズム)と呼ばれるものだった。二足歩行の先駆者はアウストラロピテクス属の人類の祖先であり、彼らは四〇〇万年~二〇〇万年前まで生存していた。

アウストラロピテクス属の身長は〇・九~一・二メートル。チンパンジーによく似ており、六〇〇万年前にチンパンジーから分岐したばかりだった。脳はチンパンジーとさほど変わらず、道具を使用する能力はほぼ同じだった。その大半はベジタリアンだったが、動物の死体の生肉をあさることもあった(料理のために火を使うことはできなかった)。祖先と同じく夫方居住制を採用しており、チンパンジーと同様、オスの血族は生涯一緒に暮らし、メスは成熟すると群れを離れた。

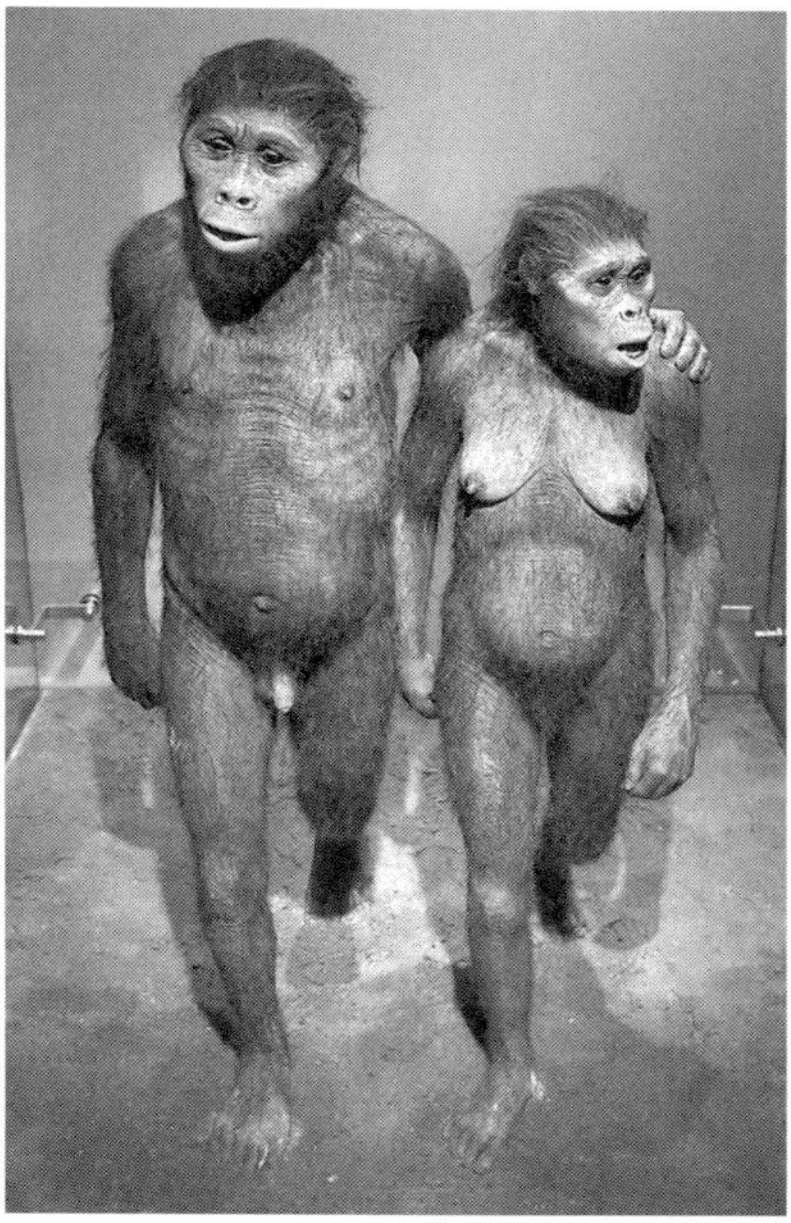

アウストラロピテクス属の オスは、メスと比較してかなり大きい

アウストラロピテクス属とチンパンジーの違いは、性的二形に表れている。平均的なオスのチンパンジーはメスより二五パーセント大きい程度だったが、アウストラロピテクス属のオスとメスの差はさらに大きい。遺伝子解析によって、メスの大半がごく少数のオスによって妊娠させられたことがわかっているから、チンパンジーよりもオス同士の競争が深刻だったと考えていいようだ。アフリカのサバンナでは、アウストラロピテクス属は乱婚ではなく、ゴリラの一夫多妻制に近く、アルファオスとほぼセックスレスのベータオスとの競争という点でもゴリラに回帰している。ただし、本格的な一夫多妻制の復活ではなかったらしい。アウストラロピテクス属は一人のオスのハーレムではなく、平均して二〇～五〇人の多夫多妻的な大規模集団で生活していた。アウストラロピテクス属の部族には少数のオスと、そのオスに無理やり守られている多数のメスがいて、嫉妬と緊張が高まっていた。そのせいで、チンパンジーに似た性的暴力、群れのオス同士の敵対意識、群れの外のオスに対するあからさまな敵意が生まれた。アウストラロピテクス属の乱婚は、「自由恋愛（フリーラブ）」の

一種では決してなかった。

サバンナのセックスと二足歩行のバスト

その間に、メスのアウストラロピテクス属のヴァギナと子宮頸部は二足歩行への移行によって、四足歩行のチンパンジーのように「尻のほう」ではなく、もっと前方の腰部のあいだに押し出された。生理学的には、このせいで正常位のセックスが多くなったとも言える。チンパンジーの正常位は一般的ではなく、ボノボでさえセックス全体の一五パーセントを占めていただけだったが、これ以降、すべてのセックスで正常位の割合が高くなった。そのうえ、対向位の摩擦によってクリトリスが刺激される可能性が高まるという付加価値が生じた。少なくとも、それはひと筋の光明だった。

前方へ移動したヴァギナに対応するように、ペニスにも変化が起きた。陰茎骨（霊長類をはじめとする多くの哺乳類のペニスを支える骨）がさらに縮小して、後背位を取る場合もペニスの自由度が増した。これは、豊富な体位の扉を開けることでもあった。生理学的な見地で言うと、二足歩行動物のペニスは、騎乗位、座位、膝立位、さらに――アフリカのサバンナで果てしない距離を移動する種に欠かせない――立位も楽に行うことができる。そのため、集団内で行われるセックスにはまだ有害な面もあったが、少なくともセックスの多様性は高まった。ただ残念なことに、オス同士の激しい競争が続いていたせいで、セックスの平均時間は相変わらず数分ではなく、数秒程度であったと考えられる。もっとも、強制的なセックスがどれだけの数、行われていたかを考えれば、これは災いではなく恵みだったのかもしれない。

二足歩行はメスの胸の平均サイズを上昇させる効果もあった。それ以前の霊長類の乳腺は控えめな大きさで、性的魅力よりも、もっぱら子供に乳を飲ませることが目的だった。たとえば、一般にチンパンジーの乳房は、かなり平らで垂れ下がっており、人間の女性の胸と比較すると脂肪が非常に少ない。性的魅力という点で言えば、チンパンジーのオスはほぼ例外なく「尻フェチ」であり、メスが発情期であるのを物語る尻のふくらみを追い求めた。

胸が豊かになった原因に関する最も有力な説は、食物を求めて東アフリカを二足歩行で長距離移動する際に、大量の脂肪を蓄（たくわ）える必要があったからというものだ。こうした脂肪の蓄えは、移動時の授乳で消費されたのだろう。数日間食べ物が手に入らない場合でも、採餌チームのメスは蓄えた脂肪を燃焼させて我が子に乳を与えた。その場合、母親はしばらくのあいだ空腹に耐えなければならなかった。予備の脂肪は、もっぱら胸、腰、尻、太ももに蓄えられるようになった。

結果として、脂肪をたくさん蓄積している大きな胸が性淘汰の対象となった。それに伴い、胸は丸みを帯び、平均サイズも大きくなった。オスは長距離移動の最中も子供に授乳できそうなメスに性的興奮を覚えた。といっても、肥満型（全身に脂肪がついている状態）が選択されたわけではない。胸、腰、尻、太ももに戦略的に脂肪を貯蔵することで、しっかりと長距離移動できるようになったメスが対象だった。ただし、脂肪が付きすぎて、心臓と呼吸器系の弱いメスは遊牧民的生活を続けるのが難しい。群れからの脱落は、自分ばかりか、子供の生存も脅（おびや）かすことを意味した（とりわけ、父親があまり育児をしない乱婚型のアウストラロピテクス属がそうだった）。

　要するに、どちらかと言うとほっそりした体つきで、くびれたウエスト、豊かな胸、いくらか脂肪の付いた臀部が、授乳しながら、あるいは妊娠中にも、毎日徒歩で移動する過酷な生活に耐えるのに理想的な体形だった。プロポーションは子供の生存確率にも直接の影響があったわけだ。それに、「スリムで胸が大きい」体形は若さの証明でもあり、生殖能力の高さを物語っている。人類はもはや放浪生活をしておらず、また体格に対する乳房や尻の理想的な比率は長い年月をかけて文化のなかで様々に変化してきたとはいえ、こうしたプロポーションは、いまなお大半の男性の本能を刺激し彼らの精力を意のままにする力を持っている――身体的コンプレックス、精神的不安、有害な食生活といった問題を伴いながらではあるが。

　ところが、後述するように、霊長類のオスができるだけ広範囲のメスと交尾しようとする傾向（そうしないと遺伝子が失われ、子孫を持てなくなる恐れがある）を考えれば、過去四〇〇万年間の性淘汰におけるプロポーションの重要性をあまり誇張すべきでないだろう。より大きな胸への進化は、チンパンジーより人類にもっと近い祖先で見られた一般的な傾向にすぎなかった。比較的貧乳のやせ形も、筋肉質のアスリートタイプも、ふくよか体形（ルーベネスク）も、程度の差こそあれ、性的魅力を備えていることに変わりはない。体形の善し悪（あ）しを取り沙汰する以上に大切なのは、健康状態や生殖能力、さらには食物を探すために何キロもの長距離を歩く（妊娠中や子供を抱えながらの）過酷な旅を生き延びられる能力を示す指標だった。自然淘汰というダーウィン的な仕組みが女性の体形に対してちょっと手厳しすぎるのではと思えるかもしれないが、どうか安心してほしい。身長が低い、髪が薄い、シワの寄った小さなペニスといった男性の心の奥深くに根を張る不安も、やがて順番が来て俎上（そじょう）に載せられるのだから。

何でも屋（ハンディマン）に誘惑される

ようやくここまでたどり着いた。そう、私たち人類の属するヒト属だ。およそ二三〇万年前、ホモ・ハビリス（ラテン語で「器用な人」）が東アフリカで進化した。身長はチンパンジーやアウストラロピテクス属とさほど変わらず、直立して一〜一・二メートル。脳はほんの少し大きかった。ただし、ホモ・ハビリスは知力と独創性を増したことで知られている。大変有能な道具の作り手であり、石を叩いて細片を剝ぎ取ることを覚え、その鋭い刃で切断を行った最初の種の一つだった。そういったものを作るのは簡単ではなく、近代人でさえ苦労する。とはいえ、七〇万年に生きていたホモ・ハビリスが修繕をしたり、技術の改良を行ったりした形跡は残っていない。チンパンジーの道具の利用と同じく、能力は凍結されていたようだ。一つの種のなかで何世代にもわたって行われる修繕や技術の改良——集団的学習や技術蓄積と呼ばれるプロセス——はその後に現れる。

ホモ・ハビリスはチンパンジーやアウストラロピテクス属よりも少し大きい集団で生活した。平均して三〇〜八〇人の規模で、ゆるく結ばれた大きな同盟を組むこともあった。最初は、チンパンジーやアウストラロピテクス属といった祖先と同じく夫方居住型で、相手かまわず交尾し、オスの競争の発生率が高く、一夫多妻制に近かった。これがまもなく変化する。
ホモ・ハビリスの道具を作る才能は、進化上の成功につながり、東アフリカで人口が急増した。集団の規模が大きく、メンバー同士の交流も多かったことが圧力となって、ハビリスの社会化が進んだ。メンバーの結びつきが強まり、霊長類の祖先よりも巧みに同盟を維持するようになった。それ以前の大型類人猿や旧世界ザルは、もっぱらたがいに毛繕いをすることでこれを実現していた。だが、群れが大きくなってそれではすまなくなると、人類の祖先は連帯を維持するために別の方法を探さなければならなくなった。そして見つけたのが、会話と噂話という方法だった。ホモ・ハビリスは人類よりも高い位置に喉頭があったため、音域はきわめて制限されていた。それでも、うなる、吠えると身ぶり手ぶりを組み合わせた日常会話を使って他者との関係を築く人類の手法は、次第に形を整えていった。食物やパートナーを得るために競合する霊長類の同盟の舵取りを行う重要性を考えれば、こうした会話能力をさらに高めろと促す淘汰圧があったのは間違いないところだ。

人類の祖先がコミュニケーション能力を高めるうえで重要な役割を果たしたのが性淘汰だった。ホモ・ハビリスのメスは、短い会話で自分たちを魅了できるオスをパートナーに選ぶようになった。口説き文句や睦言の萌芽がついに現れたのだ。もっとも現在の人間の耳を通せば、最初期の口説き文句は一連のうなり声と卑猥な指示程度にすぎなかったろうが。

口達者を相手に選ぶという性淘汰は、それほど突飛なものではなかった。何百万年ものあいだ、大型類人猿は同盟を築く能力を駆使してヒエラルキー内の地歩を固めてきた。ホモ・ハビリスが出現すると、たちまち原始的な会話が同盟構築に決定的な役割を果たすようになった。オスは地位が高ければ高いほど、自分の子孫の将来に期待を持てる。だから、オスの「口のうまさ」が数々の誘惑を成功させるのに欠かせない要素となった。それが今日まで変わりなく続いているのは、決して意外ではない。メスの会話スキルはいっそう重要だった。我が子を嬰児殺しから守るために上位のオスと良好な関係を維持するだけでなく、メスのヒエラルキー内の同盟も維持しなければならなかったからだ。会話がそれほど重要であったからこそ、四〇万年後に人類直系の祖先で認知上の大革命が始まった。もしオスとメスの原始的恋愛遊戯がまったくなかったら、ホモ・サピエンスは存在しなかったかもしれない。

直立（エレクタイル）／勃起革命

ここまで語ってきたところで、驚くべきことが起ころうとしていた。一九〇万年前に、ホモ・エレクトゥスが出現したのである。その進化的変化はおびただしい数にのぼり、化石記録において文字どおりの爆発的増加を示した。まず、チンパンジーやアウストラロピテクス属、ホモ・ハビリスよりも背が高く、ほぼ人間に匹敵（ひってき）する身長だった点が挙げられる。このときまでに人類の祖先は二足歩行をマスターしており、長く強い脚と十分なスタミナを持ち、サバンナの捕食者から逃げられるスピードで長距離を移動できた。

身長の伸びには、どうやらメスによる性淘汰が大きく関与しているらしい。もちろん長い脚は、果てしない食物探索で長い距離を移動する際には役立ったが、身長は体重、すなわち平均体力とも相関関係にある。そのことがオス同士の競争、採餌領域をめぐるグループ間の対立、捕食者や自然災害がもたらす様々な危険への対処に役立った。様々な個体群の平均身長は食事によっても変化し、飢餓や栄養不良の時期は平均値がかなり落ち込んだ。ホモ・エレクトゥスのオスに身長のばらつきがあったことはまた、オスのヒエラルキーでまずまずの地位を維持したり、メスに良いパートナーとして選ばれたりする要因が身長だけではなかった（同盟関係、コミュニケーション能力、子育ても要因だった）ことを示している。身長が高く、筋骨隆々であっても、愚か者や除け者、臆病者は無価値だった。それを聞いて、世の小柄な男性はほっと胸を撫でおろすことだろう。ある意味、繁殖の成功という点で身長は女性の胸の大きさとよく似ている。現代において、その二つの違いを挙げれば、マッチングアプリで身長の下限を設定して相手を探すのは許されても、カップサイズの下限を設定して相手を探すのは社会的に受け入れられないことぐらいかもしれない。

40センチ

ホモ・エレクトゥス

ホモ・エレクトゥスはまた、アフリカ西部や中部の湿った森で肌寒い夜から身を守ってくれた濃い体毛を失った。体毛はアフリカ東部のサバンナの猛烈な暑さでは役に立たなかったからだ。こうして私たちは体毛の大半を失ったが、代わりに汗腺が少し多くなり、太陽光から身を守るためにに肌のメラニン色素がかなり増えた（この傾向は、六万四〇〇〇年〜一万二〇〇〇年前にホモ・サピエンスの一部が寒冷地域に移動したときだけ弱まったが）。頭のてっぺんに残った体毛の集まりは、二足歩行する体の上部を太陽のまぶしさから守った。この体毛の塊には、体から発せられ、相手の性欲を刺激するフェロモンが付着していた。同様に、脇の下や性器のまわりにも濃い体毛の塊を残した。体の残りの部分には、遺伝やホルモンの影響で量に個人差はあるが、薄い体毛がまばらに残った。

オスは顔にも体毛が残り、ふさふさになった。それが男らしさのしるしとして性淘汰されたからだ。一方、遺伝や代謝、テストステロン濃度、年齢が複雑に絡み合い、幅広い年代のオスと少数のメスの禿頭（とくとう）の原因になった。性淘汰の観点から見て、禿げ頭（はげあたま）は老化や不健康のサインであり、男性の精力や女性の妊娠力の減退をほのめかしていると直感的に早合点しがちで、今日でもいまだに不安の種として私たちにつきまとっている。もっと正確に言えば、この本能的な反応を引き出すのは、禿げた頭皮そのものではなく、薄くなり、まだらで、乱れた髪という見た目である。多くの人がスキンヘッドを選ぶのはそのためだ。それだけでなく、禿げ頭が男女のパートナー選びに及ぼす影響力も大げさすぎる場合が多い。遺伝学の観点から言えば、二〇〇万年後のいまでも禿げ頭がめずらしくもなんともないのは、禿げ頭の男性が元気にセックスをしているからだ。

ホモ・エレクトゥスは平均五〇～一五〇人の集団で暮らしたが、数百人あるいは数千人規模の広範なネットワークを持っていた可能性がある。複雑化する社会に対処するため、脳がかなり大きくなった。ホモ・ハビリスのおよそ二倍である。わずか四〇万年のあいだに脳が巨大化したことは、自然淘汰が知性を好んだことを示している。メスのパートナー選択もこの継続的な進化の一因になった可能性が高い。社会的な同盟を維持できる知的で優秀なオスが性的に選択されたということだ。性淘汰は発話能力の進化にも影響を与え、ホモ・エレクトゥスは広域の音を発する能力を持ち、祖語、原始文法、口語文での意見交換のために必要なすべての資質を備えていた。おかげで旧石器時代の「口説き文句」はより巧みにはなったが、その分きっと鼻持ちならないものだったろう。

脳の大きさを維持するために、ホモ・エレクトゥスは祖先より多くの肉を食べていたらしく、野営地でゾウやサイなどアフリカの大型動物の残骸が発見されている。動物の肉を調理していたのかどうかはまだわかっていない。火の利用は管理していたというより、偶発的であったように見えるからだ。だが、高カロリーの肉はホモ・エレクトゥスの大きくて貪欲な脳に爆発的なエネルギーを注ぎ込んだ。同じ量のエネルギーを植物から摂取するには、はるかに多くの量を食べ、多くの時間を採餌活動に費やさなければならなかったはずだ。

脳の巨大化（それにはセックスがきわめて重要で強力な役割を果たした）によって、高い適応性と創造性を備えた種が生まれた。ホモ・エレクトゥスは、アフリカを皮切りに、西ヨーロッパ、地中海沿岸、中東、南アジア、東アジアの広い範囲に定住した最初のヒト属だ。しかし、本書のテーマに沿って考えれば、さらに驚くべきは彼らの性行動だった。

頭でっかちのロマンス

一九〇万年前のホモ・エレクトゥスの進化によって、性の世界全体がその中心から激しく揺さぶられ、性が人間にどんな意味を持つかという広い土台まで揺れ動いた。セックスをめぐる私たちの壮大な物語のなかで、人類の性行動の重要な要素が落ち着くべきところに落ち着いたのがこの時期だった。すなわち、人類直系の祖先が一夫一婦制に回帰したのである。

ホモ・エレクトゥスの脳はわずか数十万年で急激に増大した結果、新生児の頭部も飛躍的に大きくなった。ところが、メスの産道の幅はそれに伴って進化しなかった。赤ん坊の頭があまりに大きく成長したため、出産はそれまでよりはるかに危険で過酷なものになり、ホモ・エレクトゥスのメスは外部の援助に頼る度合いが大きくなった。そうした援助には、そのメスを妊娠させたオスからのものも含まれていた。

オスには、我が子の生存を確実にするために、出産後、食物を供給し保護する役割が与えられた。オスがこれぐらいの子育てを分担しなければ、子孫はほとんど生き残れず、種全体が絶滅の危機に瀕（ひん）しただろう。そのため、オスは過去の霊長類ではほとんど見られないくらい熱心に子育てを行うようになった。霊長類には自分の子供を保護するものが少なくないが、オスが赤ちゃんに継続的に食物を与えるのは大変めずらしい。

そのうえ、生まれた赤ん坊が成熟するには長い時間がかかる。赤ん坊は自力で頭を持ち上げることができず、かろうじてあちこちに向けるだけの状態で、長期間母親に依存する。成長して動きまわれるようになっても、野生で自活できるようになるまでにはかなりの年月が必要だった。また、配偶者のオスは繁殖成功のチャンスを最大化するために子育てで埋め合わせをしなければならず、我が子に食物を与えて守るために、母親と父親は綿密な共同作業を行う必要があった。

こうして、大きな頭を持つ子供に生き延びるチャンスを与えるために、ホモ・エレクトゥスは一夫一婦制を進化させた。これは、約一七〇〇万年前のテナガザル以来、人類の系統で初めて発生した一夫一婦制だった。テナガザル以後は、一夫多妻制または乱婚のなかでオス同士が競い合い、少数のオスが繁殖に成功するのが普通だった。だが、ホモ・エレクトゥスの個体の大半は、DNAを残す可能性を最大化するために、オスとメスでペアを作った。

ホモ・エレクトゥスにおける一夫一婦制の進化は、すぐに思わぬ結果をもたらした。グループ内のオス同士の競争は、一夫多妻制や乱婚のコミュニティと比べて、悪質さや冷酷さが薄れたものになった。それに伴い、種の性的二形も減少した。ゴリラやチンパンジー、アウストラロピテクス属とは違い、ホモ・エレクトゥスのオスはメスより平均一五パーセント程度しか大きくなかった。

むろんパートナーをめぐるオス同士の競争がなくなったわけではなく、一夫一婦関係の現状を守ろうとしたオスは特に攻撃的になった。それでも一夫一婦制の確立は、すべてのオスが、ほぼすべてのメスと性的関係を持つために競い合いをしていたわけではないことを意味し、（実力か同盟のどちらかで）群れを支配するオスは最も多く争いに勝利しても、王位簒奪（さんだつ）者から自分の地位を守るために常に警戒を怠れなかった。その一方で、オスの嫉妬はもっぱら一夫一婦関係の構築と維持のために限定された（あとで述べるように、大変多くの不貞行為も行われたが）。そして、ひとたび一夫一婦関係を築くと、普通オスはテストステロン濃度が低下した。高い攻撃性はパートナーを獲得するまでは役立つが、攻撃性を持たないことがメスとの社会的な絆を維持して、子育てを行う際に有利に働くからだ。

一方でメスの性的嫉妬は、一夫多妻制のゴリラや乱婚のチンパンジーでは、少数の魅力的で有力なオスから頻繁に注目されたいと願うメス同士の競争から生じたものだったのに対して、今度はヒエラルキー内でのオスの地位に関係なく、夫婦になったパートナーとの性行為を維持するための配偶者防衛（メイト・ガーディング）から生じるものに進化した。そのためオスはメスとの繁殖の成功を確保するためにヒエラルキー内でがむしゃらに出世する必要がなくなり、ここでも攻撃性が薄れた。地位の低いオスでもすでに相手が決まっているので、ちゃんと生きていけた。

ある意味、メスの嫉妬は、それ以前の一二〇〇万年間にメスが持っていたものよりはるかに多くの性的な作用を人類の女性の祖先に授けたとも言える。配偶者防衛はおもにオスの役目であり、メスのグループは少数の乱暴なオスによって争われるゲームの賞品のような受け身の存在だったが、メスの嫉妬によってその攻撃性の重荷は種全体に均等に分配されるようになった。よそ者のメスが誰かの恋人に近づいたら、そのメスは追い払われる。オスがほかの若いメスに目移りすると、怒りと攻撃で迎えられる。霊長類ではめずらしく、ホモ・エレクトゥスのメスはパートナーのオスを制御しようとしたらしい。そして、嫉妬という重荷を背負うことで、オスの攻撃の必要性を減らしただけでなく、ホモ・エレクトゥスの集団全体の攻撃性まで薄めたのだ。こうして群れの社会的な絆が強まり、コミュニケーションが発達し、さらに洗練された同盟を構築できるようになったのだろう。それがすべて相まって集団内の緊張が弱まり、知性の進化にとって良い状態が生まれた。

とはいっても、集団同士の敵意は依然として高かった。限られた食物しかないサバンナの採餌領域は、ホモ・エレクトゥスの外部集団に奪われる恐れがあった。侵略者に、いつ部族のメスを誘拐され、子供を殺されるかわからなかった。そこで、きわめて現実的な進化上の理由から、集団同士の敵意の強さは六〇〇万年前のチンパンジーとの最後の共通祖先のときと少しも変わらなかった。いやむしろ、ホモ・エレクトゥスの知能と道具利用の能力が上がった分、採餌領域の境界で発生する小競り合いは以前以上に残忍で凶暴だったかもしれない。

こうした集団同士の敵意が緩和されるのは、別々の集団に属するオスとメスを意図的に連れ添わせた場合だけだった。この原始的な「政略結婚」は二つのコミュニティのDNAをつなぐことになるから、平和的な交流を深める十分な要因になった。遺伝子解析によれば、チンパンジーの夫方居住制を部分的に引き継いだらしく、メスが配偶者の集団に移り、オスは出生集団に留まることが多かった。もっとも、現生人類に近づくにつれて、チンパンジーほどにはこの原則を厳格に適用しなくなったようだ。

また、ホモ・エレクトゥスは排卵時期を隠す隠蔽排卵を進化させたので、オスはメスが妊娠可能かどうかはっきり把握できなかった。それもあって、一夫一婦制の配偶者間の絆を深めるためにセックスの頻度が増加した。チンパンジーやボノボのように乱婚に手を出したりはしなかったが、頻度では劣らなかった。

その結果、挿入からオーガズムに達するまでの平均交尾時間は、数秒から八分ほどに延びた。一夫一婦制の夫婦がたがいの腕のなかで過ごす時間が長くなればなるほど愛情は強まる。オーガズムに達するとメスがあえぎ声を上げるのは祖先と変わりなかったものの、特定のオスとセックスしていることを群れの仲間に伝える意味はなくなっていた。メスが誰かとつがえば、ほかのメスはその相手が誰かすでに知っていた。その前に、こうした情報を伝え合う言語のようなものを持っていた。セックスは二人だけの秘め事に近くなった（おそらく、プライバシーの欲求さえ芽生えたのだろう）。オーガズムは、相手かまわず交尾するチンパンジーにはもっぱら社会的なステータスを誇示する手段だったが、ホモ・エレクトゥスでは男女双方がセックスの喜びを感じているときに、オスの愛情をさらにかき立てるために用いられた（もしそれがフェイクのオーガズムであるなら、片方だけの喜びになる。二〇一一年の米国の調査によると、女性の約六〇パーセントがオーガズムを感じているふりをして声を出した経験があり、パートナーとの普段のセックスでは、なんと一五パーセントがイッたふりをしているという）。

性的快感がカップルの絆を強めるのに有効であることから、一夫一婦制のカップルは挿入以外の様々な性行為にも取り組むようになった。先輩であるボノボとよく似ているが、取り組んだ理由は別だった。唇へのキスでフェロモンを交換し、前戯の種類が増え、セックス後の抱擁が普通になり、フェラチオやクンニリングスが行われ、カップルの絆はよりいっそう強まった。これはチンパンジーがやっていた、何の工夫もない背後からの七秒間のマウンティングとは大違いだった。

一方、一夫一婦制のおかげで、地位が低く、魅力にも欠けるオスが、旧世界ザルの進化以後の四〇〇〇万年間で一番数多くセックスするようになった。もしかしたら、霊長類が進化して以来の五五〇〇万年間で一番だったかもしれない。彼らはもはや、セックスレスの傍観者に甘んじなくてすむようになった。逆に、ホモ・エレクトゥスの有力なオスは乱婚や一夫多妻制の祖先よりもいくらかセックスの回数が少なくなったかもしれない。もっとも、（後述するように）一夫一婦制違反があると、有力なオスはそのほとんどで恩恵を受ける側になった。そのため、一夫一婦制が隆盛になっても、アルファオスが被る損失は比較的小さかった。一方、健康で繁殖力のあるメスは、祖先とほぼ同じ回数のセックスをした。ただ一つの違いは、なかにはそれほど魅力的ではないオスともセックスをするようになったメスがいたことだ。一〇点満点中「六点」の精彩を欠いた夫婦生活と、「八〜一〇点」のハーレム生活のどちらが望ましいかは、読者それぞれの判断におまかせしよう。

一夫一婦制が僕を屹立させる

ホモ・エレクトゥスの一夫一婦制への進化は、オスの性器に（善くも悪しくも）深刻かつ永続

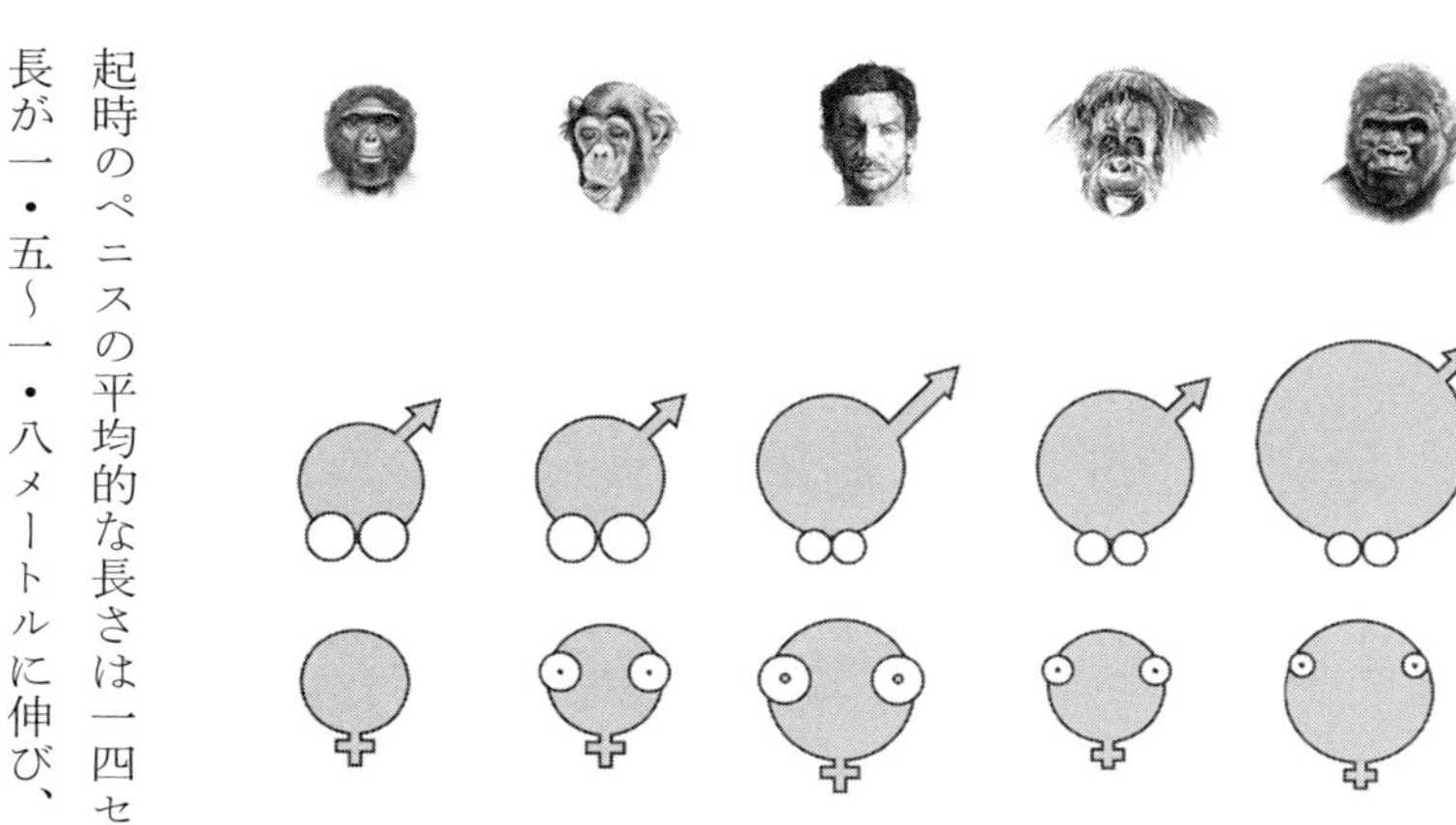

霊長類の「やんちゃなパーツ」の比較図

的な影響を与えた。チンパンジー（それに、おそらくアウストラロピテクス属も）の場合、熱に浮かされた交尾の儀式期間のために、短い交尾時間と大量の精子を収容できる睾丸が必要だった。その目的は、できるだけ多くの相手と、できるだけ短時間にセックスすることだ。そのため、チンパンジーの睾丸はかなり大きく、その重さは平均して一〇〇〜一五〇グラムある。一夫一婦制の出現によって、人類直系の祖先の睾丸の平均的な重量は三四〜五一グラムと、三分の一に減少し、以来相対的減少から回復することはなかった。それどころか、ホモ・サピエンスの平均値は二〇グラムにまで落ち込んでいる。

睾丸は縮小したが、ペニスは違った。人類とチンパンジー（とおそらくアウストラロピテクス属とホモ・ハビリス）の最後の共通祖先は低身長だったが、かなり長いペニスを持っていた。チンパンジーの勃起時のペニスの平均的な長さは一四センチであり、七・五〜一八センチと幅があった。人類の身長が一・五〜一・八メートルに伸び、睾丸は縮小したにもかかわらず、ペニスの平均的な長さは変化しなかった。おそらく、性淘汰のせいだと思われる。ホモ・エレクトゥスのような二足歩行の類人猿は、四足類よりも堂々とペニスをあらわにした。それが立派で、なおかつ勃起状態を維持できることは、健康で精力的なオスである証拠だった。同時に、メスが性的快感を得られる行為の一つに、過去六〇〇万年間、チンパンジーと同程度の大きさを保っている膣管への挿入がある。一夫一婦制によって長く継続する強い結びつきができると、メスに性的快感を与えることはさらに重要になった。ホモ・エレクトゥスの身長が急激に伸びても、ペニスの長さが縮まらなかったのはそのためである。

そして私たち、ホモ・サピエンスはチンパンジーによく似ており、ペニスの平均的な長さは一三〜一四センチだ。一〇〜一三センチが約二五パーセント、一〇センチ未満が一・七五パーセント。その一方で、約五五パーセントの男性が一三〜一五センチの「標準装備」を持ち歩いている。そのうえは、収穫逓減（ていげん）の法則が適用されたのか、一五センチ以上の男性は一八・二五パーセント、そのなかで一六・五センチ未満が一五パーセントを占める。一九センチ未満が三パーセントで、それ以上のモノを持っている人はわずか〇・二五パーセントに限られる。天然ペニスの世界記録は三四センチだが、かなり痛みを伴う改造を施し、実用性の疑わしいモノとしては四八センチの記録が残っている。

男性の七〇パーセントは、インターネットなどで「旦那のアレ（ハズバンド・ディック）」（一三〜一六・五センチ）と呼ばれる道具の持ち主で、長年にわたって女性を幸せにできるとされている。ところがカリフォルニア大学ロサンゼルス校が行った二〇一五年の研究によると、女性がセックスで好むペニスの長さは平均一五～一六・五センチで、これだと八五パーセントの男性は（それより大きい場合も、小さい場合も）運に恵まれないことになる。さらに言えば、挿入型のアダルトグッズで好まれる平均サイズは一八～二〇センチ。八〇パーセント以上が一五センチ未満であることを考えると、ペニスの大きさに対する不安は、女性が自分の体重や胸の大きさ、プロポーションに自信を持てないのと同じく、ほとんどの人に共通するものであると言えよう。

もっとも、大きな脳はもう一つ別の結果ももたらした。男性の場合も女性の場合も、性的快感を得て絶頂に達するのに、心理状態の果たす役割が大きくなった点だ。実際のところ、セックスは九割方、頭のなかで行っていると言っても過言ではない。たとえば、付き合い始めたばかりのパートナーがあなたといることで感じる興奮や、決まったパートナー同士がおたがいに思い浮かべる魅力的なセックスの筋書きが、ペニスの大きさやプロポーションに関係なく、男と女が良いセックスをできるかどうかの決め手になる。だから、自分のモノの大きさを心配するのをやめて、のびのびと自由に振る舞えばいいのだ。

それに、一般的な見方とは違い、数多くの研究によってペニスの平均的な大きさと身長や民族性のあいだには相関関係がなく、あったとしても集団間の平均値の差はごくわずかであることがわかっている。要するに、人種差別的なポルノに出てくるステレオタイプは、現実世界ではまったくと言っていいほど根拠がないのである。立派なペニスを期待して、高身長で浅黒い男性をお持ち帰りしても失望する可能性がきわめて高いことは統計にも表れている。

その一方で、一九〇万年前のホモ・エレクトゥスでは、赤ちゃんの脳が大きくなったために、それまでの種と比べてヴァギナの平均的な幅が広がった。それに応じて、オスのペニスも太くなった。これも、カップルの絆を強化するために、メスの性的快感を優先する性淘汰によって引き起こされたものだ。その結果、人間はほかの霊長類よりもはるかに太く、肉厚のペニスを持つようになった。それに対してチンパンジーのペニスは、長さは同程度だが非常に細く、もともと細い根元から先端に向かって先細になっている。平均的外周も、五センチ程度しかない。ちなみに人間の平均は一一・七センチで、ほとんどの男性のモノがこの平均値に近く、太さについては「合格」または「ほぼ合格」の割合が比較的高いことが、大半の男性のペニス・コンプレックスが外周ではなく長さに集中する理由の説明になっていそうだ。

母なる自然の性的な重荷

人類直系の祖先は一九〇〇万年前に一夫一婦制に移行したようだが、現生人類を観察すると、この移行がそれほど型どおりのものではなかったのがわかる。六〇〇万年前のチンパンジーとの最後の共通祖先、四〇〇万年前のアウストラロピテクス属の祖先、二三〇〇万年前のホモ・ハビリスの近縁は、いずれも乱婚で頻繁にセックスをしていた。つまり私たちは、比較的新しい一夫一婦制の衝動と、根深く残る乱婚の衝動という相反する性本能を共存させているのだ。人類は、テナガザルやティティモンキーのような安定した一夫一婦制の種と比べて性欲が強く、浮気をしやすく、非一夫一婦的な関係を築こうとすることが多い。一夫一婦制はルールになったが、そのルールには抜け穴と例外が数多く存在する。

まず、人類の進化系統の遺伝子解析を行うと、人類の系譜にはY染色体の多様性が不足していることがわかる。一九〇万年～三一万五〇〇〇年前まで、母親の多様性は父親を約三〇パーセント上まわった。純粋な一夫一婦制だったらほぼ半々のはずだ。つまり、一九〇万年ほど前に一夫一婦制が始まったあとも、繁殖力のあるメスの集団は依然として少数のオスに妊娠させられていたことになる。乱婚のチンパンジーや一夫多妻制のゴリラほど極端な度合いではなかったにせよ。

このことは、次のいずれかであったことを物語っている。（一）夫婦関係以外に相当数の不貞行為が行われており、夫は気づかぬまま「もっとセクシーなオス」の子供を育てていた。（二）少数のオスが、夫婦になる気もなく、一晩だけの関係か性行為の強制によってメスを妊娠させていた。（三）一夫多妻制が一部で続いており、選択するか、あるいは強制されるかして、何頭ものメスが単独行動を取るオスのパートナーになった。最も可能性がある答えは、これら三つが組み合わさったもの、ということになる。要は完璧な一夫一婦制が、ほかの性行動と完全には置き換わらなかったわけだ。乱婚の進化の歴史はそう簡単に消えなかったらしい。

厳格な一夫一婦制を採用する霊長類の集団でさえ、メスは一対一の絆を結ぼうと、まずは最も魅力的なオスのまわりに集まり、魅力に欠けるオスを排除しようとする。こうしたグループのできるきっかけがセックスではない場合もあると考えるのは愚かである。魅力的なオスがほかのメスの候補者を追い払って一頭のメスとペアになった場合のみ、残りのメスは魅力に欠けるオスの集団のなかに分散する。

一夫一婦制によって配偶者の分配は平等になったが、だからといってメスに対するオスの平均的魅力が増すことはなかった。男性には申し訳ないが、それがダーウィニズムなのだ。本能的に多様な体形や体格のメスとセックスしたがるオスは、大半のメスの魅力を平均ないしは平均より上と評価するが、メスのほうは（数値と表現の矛盾はあるのだが）七〇～八五パーセントのオスを「平均以下」の魅力と評価する傾向がある。これは、過去数百万年にわたって、オス同士の激しい競争のせいで、群れの最上位のものだけが高い繁殖成功率を得たからだ。そうした好男子（アドニス）は、いくぶん精彩を欠いたその他大勢よりも目立っており、少なくとも過去一五〇〇万年間、メスの性的嗜好はそういう見栄えの良いオスを見つける鋭い目を発達させてきた。このかなり残酷な生物学的現実にひと筋の光明があるとすれば、一九〇万年前の一夫一婦制の進化に伴って、メスが肉体的な魅力や社会的地位以外の特徴を性淘汰の基準に採り入れるようになった点だ。メスは、よき人生のパートナーに、我が子を養い保護する父親の資質を持つオスを選ぶようになった。別の言い方をすれば、二〇〇万年にわたる一夫一婦制の歴史があるにもかかわらず、女性はいまでもほとんどの男性を醜いと思っているが、それでも幸いほかの多くの理由で、毛深くて、臭くて、汗っかきの相手でも愛することができるようになったのだ。

また、どちらかが不倫した場合、一夫一婦制のオスもメスも進化論的に見て負け組になり得るから、双方の激しい性的嫉妬がその防止に利用される。メスが不貞を働いた場合は、父子関係が曖昧になり、夫であるオスは自分の子供ではないかもしれないと疑い、世話をする気をなくしてしまう（サバンナには、ＤＮＡ鑑定という選択肢はなかった）。何の因果で、自分のＤＮＡの複製ではないものに限られたエネルギーを使わなければならないのか？　逆にオスが浮気をした場合は、オスが子育てに使う労力は二人の母親それぞれの子供のあいだで割かれ、どちらの子供も生存の危機にさらされかねない。自分のＤＮＡに対する父親の愛情が半分になるのを見て、喜ぶメスはいないはずだ。

不倫が暴力に発展した場合、寝取られたオスはしばしば「非嫡出子」とライバルのオスを殺し、母親（自分の妻）も手にかけることがある。そしてそのあと、別のメスとつがいになろうとする。チンパンジーの場合、オスはあっさり子供を殺し、それから悲嘆に暮れる母親と交尾する。逆に、寝取られたメスはしばしば「非嫡出子」を殺すし、可能であればライバルのメスや浮気したパートナーも殺して、新しいオスとつがいになろうとする。ちなみに乱婚のチンパンジーの群れにいるメスは、そういったことは一切しない。どのみち、オスの子育ては通り一遍のものなので、メスは自分の子供の怠け者の父親がほかのメスと交尾しても、失うものはほとんどないのだから。

だが、個体の嫉妬が抑圧されるか、存在しない場合、一夫一婦制ではなかったはるかに長い進化の歴史に促されて、非一夫一婦的な関係が可能になる。人のプライベートな性生活の割合を正確に把握するのは困難だが、こうした関係は少数派に留まる。多くの非一夫一婦的関係が、晩年には一夫一婦的関係に落ち着くケースが多いからだ。最もありふれた関係から最もめずらしい関係まで、頻度の順に並べると次のようになる。

一．乱婚——オスとメスどちらもペアになることを拒む。
二．「スワッピングをする人々（スウィンガー）」——婚外セックスを許容するペア。

三．「友だちゾーンに置く（フレンドゾーニング）」――メスは一頭のオスとペアになっているが、ペアの関係にないほかのオスも利用している。
四．一夫多妻制――一頭のオスと複数のメスの関係。
五．一妻多夫制――一頭のメスと複数のオスの関係。
六．多夫多妻制――親密な性的集団内における複数のオスと複数のメスの関係。

ホモ・エレクトゥスからホモ・サピエンスに至るまで、一夫一婦制とその他の関係の境界は実に曖昧であり、かなり流動的だった。だが、ホモ・サピエンスが部族内結婚の伝統を通じて一夫一婦制を社会的に強化するようになり、特にこの伝統が五五〇〇年前の農業国家の台頭で法制化されると、その境界ははるかに明確になった。非一夫一婦的な関係が生じる場合、それは生物学的な本能というより、文化的な発想の産物であることが少なくない。多くの思想が唱えられ、イデオロギーに基づいて正当化され、議論が行われた。非一夫一婦的な関係を維持するためにはそうした理由づけが不可欠だった。

愛情

人類直系の祖先をさかのぼると、メスの子育ては（程度の差はあるが）およそ三億年前――遅くとも、単弓類の原始哺乳類が子供に授乳するようになった約二億六〇〇〇万年前――から始まっていた。これだけ長い歴史があるのだから、母性愛なるものの存在は容易に受け入れられる。

我が子の生存を確実にするために、みずからのエネルギーと寿命を費やすようになると、母親の本能的な愛着はさらに強まった。母親の愛情は二億五〇〇〇万年間の進化の産物であり、それには疑問の余地がない。無数の種が生まれ、大量絶滅イベントが何度も繰り返されるなか、母親の愛情と思いやりがなければ、私たちが生き残ることはなかっただろう（言うまでもないが、これは生物学的な一般論だ。冷酷な母親や虐待する母親のもとで育った人たちには、これが広い視野に立った見方であるのを理解してほしい）。

それとは対照的に、人類の系統における父親の子育ての度合いは種によって異なるとはいえ、過去二億六〇〇〇万年間に生存したオスの大半はまったくと言っていいほど子育てをしなかった。これは、四〇〇〇万年前に旧世界ザルが進化してからもほとんど変わりはなかった。だがその後、ゆるやかに増加していった。オスのゴリラは、曲がりなりにもライバルから我が子を保護した。チンパンジーは自分のオスの血縁（父親も含む）とともに夫方居住型の群れで生活し、メス（と、その延長の子供）と食べ物を分け合うことがあった。もっとも、こうしたオスによる子育ては範囲が限定されるきらいがある。ところが、一九〇万年前の一夫一婦制の進化に伴い、父性愛が急速に増大した。これがなければ、人類の系統樹の分枝は枯れて、地上から消えていただろう。

ホモ・エレクトゥスが進化して、大きな脳を持つ子供はかなりの期間自立できず、母親が過酷な出産とその後の育児に苦労するようになると、オスの遺伝子投資は「繁殖を成功させる」ためだけのセックスをはるかに超えるものになった。少なくとも六年間、子育てに携わる必要があった（近代以前は、出産時の母親の死亡率が特に高かったこともある）。そうしなければ、子供が生き残れない確率は悲惨なほど高くなるからだ。それに、オスがメスと夫婦の感情的な絆を強めていたのと並行して、ホモ・エレクトゥスのオスは自分の子供にも強い絆を感じるようになっていた（これもまた、生物学的な一般論だが）。

子供は文字どおり、自分のDNAの複製が具現化されたものだから、我が子に注ぐ愛情が進化することは理解しやすい。DNAの複製は三八億年続いている単純な化学反応で、ありとあらゆる複雑な自然現象を生み出してきた。それには牙や翼だけでなく、強力な本能と感情も含まれる。私たちが自分の子供に強い思い入れがあるのは、それが私たちの存在に最も深く刻み込まれた特徴の一つだからだ。

血縁淘汰という進化現象についても同じことが言える。血縁淘汰では、個体は自分のDNAのほぼすべてを共有する存在（兄弟、姉妹、いとこ、おば、おじなど）に利益をもたらすために、自分自身の生存可能性を犠牲にすることが少なくない。こうした利他行動の傾向は、血縁が遠くなるにしたがって弱まる。必ずしも肉親同士がみんな愛し合っているわけではないだろうが、家族内で衝突があると、血縁のない人とのあいだで生じる対立より感情的に厄介なものになる傾向がある。家族の絆の構築は根源的な本能であるため、養子に対しても、あるいは養子のきょうだい同士、あるいは異母（異父）きょうだい同士でもうまくいく可能性が高い。同じ家族のなかにいると、次第に同じ神経科学反応が引き起こされるからだ。

これが、一九〇万年前から一夫一婦制になった種において、血縁関係のないオスとメスのあいだで愛情の深まりが進化したことの要因である。DNAの共有はなく、一緒に育ったわけでもなく、当然、血縁淘汰はない。それでも私たちが恋人に抱く愛情は、親戚や友人に抱く好意より何倍も強いのが普通だ。一見、ロマンチックな恋愛は不可解に思えるかもしれない。確かに、セックスのために相手に愛情を感じる必要はないし、その結果生まれた子供に対して本能的な愛情を抱く必要もない。では、どうして詩人やミュージシャンが表現せずにはいられない類いのロマンチックな恋愛が存在するのだろうか。

恋愛の存在に関する進化理論でいま最も広く受け入れられているのは、ある程度予想はつくが、愛情が夫婦の絆を深めて一緒にいさせることで、子供の生存可能性が高くなるというものだ（確かに、一九〇万年前の東アフリカのサバンナはいまよりずっとリスクが高かった）。この強い感情の絆は肉体的にも精神的にも強烈な体験で、脳内のドーパミンが急増するが、恋愛感情で結ばれた夫婦が永遠に別れることになると、個体の健康に深刻な影響を及ぼす可能性さえある。

恋愛の最も強力な効果が続くのは、一夫一婦制の人間では八年から一二年ほどらしい。子供を野生でもどうにか生きていけるように育て上げるのにかかる年月とほぼ一致する。これは生物学的に理にかなっている。恋愛は母親と父親それぞれの生存にとっては決定的に重要なものではないからだ（それどころか、恋愛がしばしば人間にやらせる愚かな行為は、生存を危うくする可能性がある）。その代わりに、恋愛の進化は子孫に焦点を絞る。欧米社会（一夫一婦制に対する社会的、宗教的、法律的強制はかなり弱まっている）における現代の結婚と事実婚が、八～一二年で破綻することが多いのは偶然ではないのかもしれない。

もっとも恋愛は均質で強固なものではなく、長く続けば続くほど、その現象の性格は変わっていく。子供が野生で自立するのに必要な最短期間が終わっても夫婦の愛が続くようなら、情熱的で激しい恋愛感情を通り越して、居心地のよい日常的な関係に変わる傾向がある。そのことについてひねくれた見方をする前に、現代の夫婦関係の五五パーセントほどがこの時期を越えても続いていることを思い出してほしい。情熱が薄れても残るのは、夫婦の人生の基本計画、目標、個人的な関心で結びついたパートナーシップで、その濃さたるや、相手のいない人生を想像するのが難しいほどだ。みんながみんなそうとは言えないが、おおむね常態化している。一人の人間が別の人間に心理的に依存する愛情関係は、本能というよりも学習によって得られるものらしい。生まれ(ネイチャー)か育ち(ナーチャー)かでいえば、育ちということになる。これは、最初に二人の人間を一夫一婦制へと引きずり込んだ強力な生物学的本能とはまったく別物だ。

本人たちの意思で子供を持とうと決めたかどうかに関係なく、強い愛情が生まれるのは生物学的指令があってのことだ。将来、子供を持つことがどちらの頭にも浮かばないような恋愛は、ホラー映画を観ることで副腎を刺激して逃走・闘争反応を引き起こすのとよく似ている。もともと意図された目的でなくても、まったく同じ原始的な反応を引き起こすこともある。愛情は、きわめて多様な目的で利用されるＤＮＡ駆動のメカニズムなのだ。

子育てのために夫婦を結びつける道具としての愛情は、実際に子供ができなくても生まれる。子供がいない夫婦（意図的であろうとなかろうと）も養子を迎えた夫婦も、実子のいる夫婦と同様、ロマンチックな感情が強まる時期を経て、より安定した関係へと変化する場合が多い。ゲイやレズビアンのカップルも、（子供がいるいないに関係なく）ロマンチックな愛情を抱き合う。要するに、ロマンチックな愛情は一九〇万年前に進化上のかなり実用的な目的でホモ・エレクトゥスのあいだに初めて生じたものかもしれないが、それは独り歩きする現象だった。だから、ウィリアム・シェイクスピアもバックストリート・ボーイズも、愛について黙っていることができなかったのだ。

文化の誕生

文化の種子は「集団的学習」——世代交代で失われたり忘れられたりすることなく、世代ごとにさらに刷新したものを蓄積していく能力——によって蒔かれてきた。そのおかげで、脳や知力の進化に多少遅滞が生じても、道具やアイデアや行動を発展させ改善していくことが可能になった。集団的学習の最初の光明は、一五〇万年前の東アフリカで、石の手斧を加工したり改良したりしたホモ・エレクトゥスに見ることができる。後続の種はこのスキルをさらに強化し、技術革新の滴はたちまち大洪水へと変わっていった。

ホモ・アンテセッサーが一二〇万年前に、ホモ・ハイデルベルゲンシスが七〇万年前に、ネアンデルタール人が四〇万年前に進化した。これらの種は、初めて火を使いこなし、最初の石刃石器や木製の槍を作った。石を木材に固定する複合工具を最初に使ったのも彼らだった。ホモ・ハイデルベルゲンシスは、ユーラシアの至るところにコロニーをつくった最初のヒト属になった。ホモ・ハネアンデルタール人は服を着て、断熱と防寒が必要な気候に適応した。彼らは加工した石核を使って複雑な道具を製造した。装具、尖頭器（せんとうき）、掻器（そうき）、手斧、木製の柄など多岐にわたるものを生み出した。良質な石材を計画的に使って少しずつ改良を加え、無数のバリエーションを作った。

　およそ三一万五〇〇〇年前にアフリカで最初のホモ・サピエンスが出現するまでに、集団的学習は頂点に達した。私たちは数十万年前に生きていたホモ・サピエンスと、知的および解剖学的な面でかなり似ている。石器を作っていた人類は、進化論的なタイムスケールで言えばほんの一瞬のあいだに、超高層ビルを建てられるまでになったが、それでも三一万五〇〇〇年前の人類の祖先も近代人と同じように工夫や発明を行うことができた。彼らはまた、複雑な言語を操り、抽象的にものを考える力があった。

　さらに、進化的本能をそのまま残しながら、ホモ・サピエンスには私たちの行動を方向づける伝統や儀式、法律、理想を考え出す力があった。要するに、人類は文化を発展させたのだ。私たちの本能的・生物学的な変化がとてもゆっくりしたペースだったのに、文化はほんの数十年あるいは数世紀という短期間で人間の行動を劇的に変えてしまった。人類が狩猟採集社会から農業国家、さらには近代国家へと移行する際に、セックスへの取り組み方に大きな影響を与えたのが文化の介入だった。性質（ネイチャー）と環境（ナーチャー）の、求愛のダンスが始まろうとしていた。

第3部

文化の残光

CULTURAL AFTERGLOW

31万5000年前～現在

8　森のフェチ

31万5000年～
1万2000年前

●ホモ・サピエンスは近親交配を回避するために厳格な夫方居住をやめる　●人類はあきれるほど若い年代で儀礼的な部族間結婚をするようになる　●一夫一婦制にもかかわらず、人類は好色な浮気者のままだった　●人類の進化的本能が先史時代のユートピアというチャンスを台無しにする　●抽象的思考からみだらな考えが生まれる　●サディズムとマゾヒズムが多くの成人のあいだで顕在化する　●台座効果によって人類の進化的利己心が刺激され、数多くの奇妙なフェチが生まれる

二〇億年にわたる進化の長旅ののち、約三一万五〇〇〇年前にホモ・サピエンスが出現したことによって、人類の性本能が私たちのシステムに組み込まれた。生殖に対する基本的な欲求から、ときおりマスターベーションをしたくなる衝動、さらには一夫一婦的な絆を求める一般的な傾向に至るまで、人類の本能は思想や伝統、文化の領域でその後に起きる性的な変化の基盤を作った。文化は、それまでの本能の進化よりもずっと速く人間の行動を変化させた。それでも、人類みずから考案した伝統、概念、ロマンチックな理想は、進化が張りめぐらせた配線の強力な拍動の前

にもろくも崩れ去ることが多かった。それは現在でもしばしば起きている。育ち（ナーチャー）は常に生まれ（ネイチャー）の現実的な縛りのなかで働くしかなく、逆もまたしかりだ。そして、ダンスが始まった。

セックスに対する考えは、それぞれの社会で、またそれぞれの世紀によって大きな違いがある。婚外性交渉は、どこかの狩猟採集部族では文化的に許容されるかもしれないが、ユダヤ・キリスト教社会では背信行為、ないし不名誉な行為と考えられている。幼児の包皮やクリトリスの切除は、宗教上、あるいは「衛生上」の目的のために一部の文化で奨励されるが、別の文化では傷害や児童虐待と見なされる。さらに、男性が結婚の見返りにブタやウシを贈ることは、一万一〇〇〇万年前の新石器時代なら当たり前だったかもしれないが、現代の男性がマッチングアプリで知り合った相手に持っていこうと考えるロマンチックな贈り物にはなり得ない。

三一万五〇〇〇年前の人類は、肉体的にも精神的にも今日の人類とさほど違わない。情緒的能力も、性的指向も、知性も持っていた。とはいえ、狩猟採集や過酷な環境で生き抜くことのエキスパートではあったが、スプレッドシートの操作や自動車の修理、成人向けソーシャルメディアでフォロワーを獲得することのエキスパートではなかった。また、数百万の他人が暮らす都市ではなく、数十人の男女で構成される流浪の狩猟採集集団で生涯を過ごした。ホモ・サピエンスはすでに様々な性本能を進化させていたが、狩猟採集の生活様式はそうした本能が文化として具現化される際に大きな影響を与えた。彼らの行動には馴染み深いものもあれば、そうでないものもある。それらはすべて私たちの性行為の祖先に当たり、その遺産は現代に生きる私たちがどのようにデートし、どのようにマスターベーションをし、どのようにセックスをするか、その価値観

31万5000年前	ホモ・サピエンスの進化
6万4000年前	人類がアフリカから大移動
6万年前	インド、東アジア、オーストラリアに 最初の人類が到達
4万年前	ヨーロッパに最初の人類が到達
1万2000年前	南北アメリカ大陸に最初の人類が到達

を形づくっている。

旧石器時代の固い絆

三一万五〇〇〇年～一万二〇〇〇年前、人類は旧石器時代の狩猟採集民として暮らした。その期間は、全人類史の九六パーセントを占める。三一万五〇〇〇年前にホモ・サピエンスが誕生して一万二〇〇〇年前に農業が始まるまで、推定二〇〇億から二五〇億の人々が地球上で狩猟採集生活を送り、セックスをし、子供を育て、死んでいった。狩猟採集の性格上――人間は野生の植物や動物を消費するだけで、みずから食物を育てることはせず、食物の補充は地域の自然にまかせる――どの時代でも、地球の全表面を使ってようやく八〇〇万ほどの人間が養えるだけだった。通常は、それよりもはるかに少なかった。

最小規模の狩猟採集集団は肉親単位（子供の世話をする父母）を中心としていたが、やがて狩猟採集民の政治体（ボディ・ポリティク）の中核を形成する、もっと広い血縁集団（親族）へと拡大した。多くの点で、現代のイタリアン・マフィアを連想させる血縁に基づく狩猟採集社会が機能していた。マフィアとの共通点は、これといった「国家的」権威が存在しないことだった。正義は一族によって施行され、忠誠はもっぱら一族に捧げられ、族内婚やほかのグループとの血の抗争もやはり一族が取りしきった。人類の進化史を考えれば、自分たちの子供（ＤＮＡ）をあくまで優先し、次にＤＮＡを多く共有する親族を重んじることに何ら不思議はない。

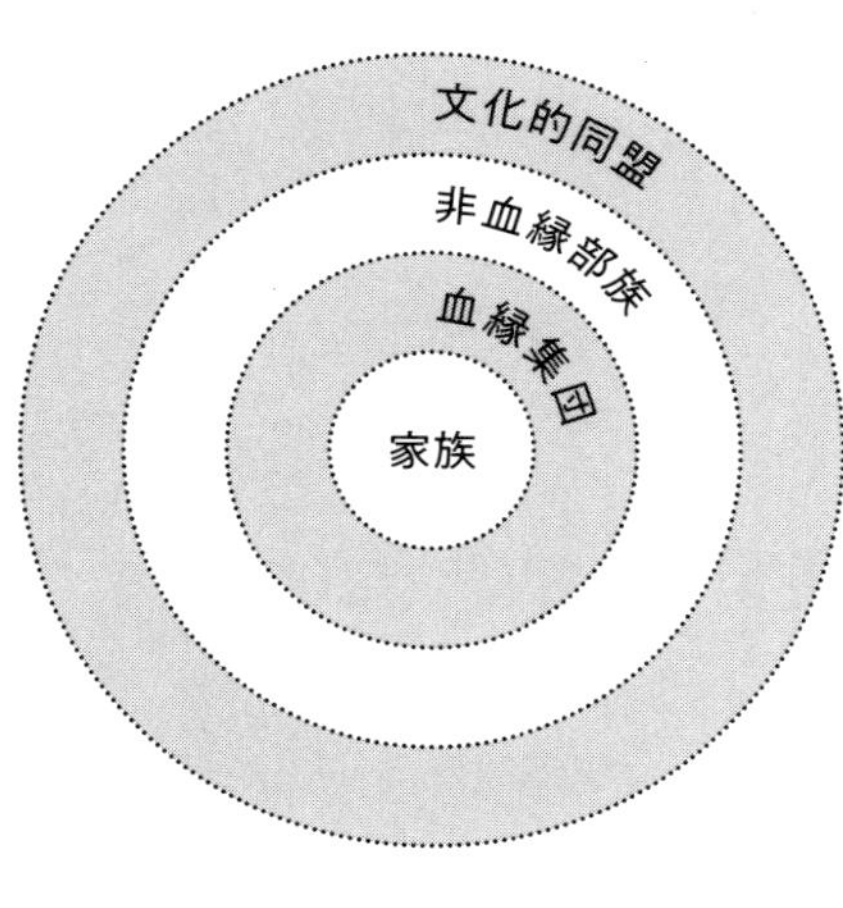

血縁のない人々のつくる多人数の部族集団は、様々な家族が集まって、全体で数十人から最大数百人にのぼるメンバーで構成される。こうした大きな部族は、族長（一九三一年以前のマフィアの「ボスのなかのボス」に相当）や長老会議（一九三一年にラッキー・ルチアーノが有力ファミリーのボスを集めて結成した「全国委員会（コミッション）」のようなもの）に統治されていたようだ。何キロにもわたる採食領域の周辺地域では、同じ部族文化を共有するさらに広い同盟が結成され、そのメンバーは数千人にのぼったと考えられる（地域にいるすべての人間に十分な食べ物があればの話だが）。こうして、比較的小規模なチンパンジーやアウストラロピテクスの集団から、高度に社会化され

た大規模なホモ・サピエンス集団が生み出された。

メールオーダーの結婚相手

過去六〇〇万年の大半の時期、人類の祖先は完全に夫方居住型を採用しており、オスの霊長類は自分が生まれた血縁集団に留まり、メスは近親交配を避けるために別の群れへと散っていった。やがて、一九〇万年前に一夫一婦制が進化し、乱婚が相対的に減少したことで、自分の姉妹とうっかりヤッてしまうリスクは減少した。知性や自己認識、言語能力の向上も助けになった（「ビリー、いとこをそんな目で見るのはやめなさい！」）。その結果、ホモ・サピエンスは厳格な夫方居住型にこだわる必要がなくなった。

代わりに、正式な部族間結婚が決まるまで、家族はそれまでより長く一緒に暮らすことが多くなった。さらに、パートナーを求めて出生集団を離れた男性が、新しいコミュニティに落ち着く場合もあった。近くの集団に送り出されるのは、依然として大半が女性だったが、それはチンパンジーやボノボのように性的に成熟した若いメスが荒野に旅立つのではなく、一夫一婦制の配偶者、すなわち夫が見つかったあとに行われるのが普通だった。出生集団を出て行くのが男性か女性かに関係なく、ホモ・サピエンスの場合は、こうした別れがきちんと儀式化された部族結婚という形式を取ることが多かった。目的は、同盟の強化と敵意の緩和だ。領土争奪戦の防止または終結のための外交術の萌芽とも言える。チンパンジーやボノボのオスは出生集団の外ではほとんど他者と交流しなかったが、人類はそうではなく、男性は血縁のない者と暴力の介入しない交流を行うことも少なくなかった。こうして、一夫一婦制の夫や妻がたえず集団を出入りすることで、狩猟採集民のあいだでは、意図せず遺伝子の多様性と文化的知識の交換が進んだ。

狩猟採集社会では、一三歳前後に思春期を迎えた少女はすぐに結婚してセックスをする（今日では、先進国の結婚同意年齢は早くて一六～一八歳で、女性が第一子を持つ年齢は平均二七～二九歳）。狩猟採集民の若い女性は一〇代の早いうちに第一子を身籠る。二〇歳までに、様々な成長段階の子供を二、三人持つ可能性が高いが、子供が六～八人いる大家族は滅多になかった。部族は食物を求めて長距離を移動したが、女性は一度に一人しか乳飲み子を連れて行けなかった。夫婦が協力することで子育ては楽になったが、たいていは間隔を空けて妊娠するようにしていた。予期せぬ妊娠や望まない妊娠で続けざまに子供が生まれた場合は、出産後の嬰児殺し（通常は置き去りにする）で対処された。嬰児殺しは全出産数の一〇～二五パーセントを占め、ごく当たり前のことだった。子供がまだ子宮にいるときに妊娠中絶すると、ほぼ間違いなく母親は死亡した。

一方、男性の結婚は少し遅く、たいていは一〇代後半だった。一七歳の少年が一三歳の少女と結婚するなど、新郎は新婦よりも三～四歳年上が多かった。男性は通過儀礼や部族の儀式で「一人前の男であること」（妻子を養う価値と能力があること）を証明して初めて結婚できた。現代における極端な事例としては、パプアニューギニアのエトロ族の例が挙げられる。太平洋の狩猟採集民であるエトロ族の少年が一人前の男として認められるためには、年長の男性の精液を飲まなければならないという。このように、ホモ・サピエンスの性行為に及ぼす文化の影響はきわめて大きい。もし文化がなかったら、普通の若者が男らしさを証明するために、本能的に（親戚など）年長男性の精液を飲みたいと思うはずもない。

もう一つ言えば、人類の狩猟採集集団のなかで地位の高い男性は、三〇代、四〇代になると二番目の妻（あるいは複数の妻）を迎えることがめずらしくなかった。また、健康でさえあれば、五〇代、六〇代になっても妻をめとった（狩猟採集民の平均寿命は二五歳。これは暴力や病気、乳児死亡などで若死にする者が多いせいである。生き残った者は、殺されたり病気にかかったりしなければ、二〇代を優に超えて生きられる可能性があった）。女性の結婚が妊娠可能な時期（一三〜四〇歳だと考えられていたが、若ければ若いほど良かった）に集中したのに対して、男性は一家の大黒柱としての役割を重視されたため、熟練し、見識があり、より高い社会的地位を獲得できる年齢まで結婚できた。そのため、女性が同年代か年上の男性（かなり高齢の場合もあった）と付き合うのが普通で、年下の男性との付き合いはきわめて稀だった（もっとも皆無というわけではなく、通常は前の結婚が解消されるか、子育てを終えたあとのことだった）。

狩猟採集民のペアリングに関するこの分析は、縁組みに家族や部族のしきたりが関与する部分が大きいせいで、冷淡で功利主義的に聞こえるかもしれない。確かに、狩猟採集民の結婚の多くには愛がなかった（それに強制的でさえあった）と思われる。だが、そうした結婚の一部には間違いなく存在した愛情への進化的衝動を無視することはできない。彼らもまた、私たちと同じ感情の振れ幅と傾向を持っていた。それに、狩猟採集民の結婚の多くはティーンエイジャーの少年少女同士で行われた。一三歳から一八歳は最も一途（いちず）になる年頃で、彼らの恋愛には相手についての知識も、批判的な思考も、将来の見通しも必要ないのだから。

むろん、現代の一〇代の若者と同じく、若い夫婦がたがいを知るようになると、そういった感情が長続きしないこともあっただろう。それでも現代とは違い、淡い恋が終わったあとも、夫婦関係が維持される場合がことのほか多かった。それは、家族同士の義理、結婚の儀礼的および宗教的意義、さらには遊牧民的で過酷な狩猟採集社会で生き残り、子育てをするためにたがいに頼り合う若い男女の厳しい現実があったからだ。社会的追放、宗教上の処罰、飢餓、死、子供の死が目の前にあれば、たとえ情熱が消えても、夫婦は結婚生活を続ける気になるはずだ。

シスヘテロ*ではない狩猟採集民

もちろん、旧石器時代の狩猟採集民全部が異性愛者だったわけではない。人口のおよそ八・五パーセントが両性愛者（女性の一五パーセント、男性の二パーセント）、一・五パーセントがゲイ（男性の約三パーセント）、〇・七五パーセントがレズビアン（女性の約一・五パーセント）、〇・五パーセントが無性愛者（アセクシュアル†）（女性の〇・八パーセント、男性の〇・二パーセント）で、残りの八

訳注＊　生まれたときに割り当てられた性別と性自認が一致すること（シスジェンダー）と異性愛者であること（ヘテロセクシュアル）を合成した言葉
訳注†　性別にかかわらず、他者に性的欲求や恋愛感情を抱かない人

八・七五パーセントが異性愛者だった（上記の統計値がいくらかずれているのではという議論の余地はもちろんある）。両性愛と同性愛の割合は、人類の系統樹の分枝ごとに若干変動があるようだ。同性愛者の男性の割合が女性よりいくらか多いのは、人類に近い祖先（オランウータン、ゴリラ、それにおそらくはアウストラロピテクス属）が一夫多妻制だったせいかもしれない。両性愛者の女性が多いのは、六〇〇万年前のチンパンジーとの最後の共通祖先と比べて、過去一九〇万年のあいだにメス（女性）同士の絆が進化して強化されたためだと考えられる。両性愛とメスの強い絆は、二〇〇万年前のボノボのあいだでそんなふうに進化したのだ。では、人口の八分の一近くが異性愛者ではないなら、三〇〇万年続いた狩猟採集社会でそういう人々はどんな性生活を営んでいたのだろうか。

旧石器時代に両性愛者や同性愛者がいたことを示す直接の証拠はほとんど残っておらず、彫刻や洞窟の壁画に男性同士のセックスが描かれているのをいくつか確認できる程度だ。北米やオセアニアの一部の狩猟採集文化では、幅広い非異性愛（ノンヘテロ）およびノンバイナリー＊的な行為を、第三の性（サード・ジェンダー＊）やそれに相当するものに当てはめていた。だが、中央アフリカのアカ族やンガンドゥ族など、かなりの数の狩猟採集文化では「同性愛的行為は（まったく）存在しない」と報告されている。おそらくこれは、部族が同性愛を嫌悪して拒絶したからではないだろう。一般に、狩猟採集民は同性愛を敵視せず、近親相姦とは違って禁止の対象にしていない。むしろ、出来事として、または概念としてほとんど認識されていないだけなのだ。これは家族や部族のなかに、それに該当する者が少ないせいかもしれない。狩猟採集民の最大の社会的ネットワークのメンバーが一五〇人

（ダンバー数――人間がたがいを認知し合い、安定的な社会関係を維持できる最大数として、人類学者ロビン・ダンバーが提唱した人数）であれば、そのうちの二人はゲイ、一人はレズビアン、一一人はバイセクシュアルの女性、一人はバイセクシュアルの男性である。もちろん、狩猟採集民の日常的な社会的ネットワークのほとんどは、ダンバー数の半分にも満たないが。人間は家族を中心にした数十人の人間と生涯一緒に暮らしても、よほどの詮索好きでもなければ、全部の人間の考えていることや性的欲望を知ることはない。

つまり、同性愛者は特に狩猟採集民のコミュニティにはめずらしく、いてもほかのメンバーにそうとは気づかれなかったのだ。なかには、同じバイセクシュアルの恋人を見つけられたゲイやレズビアンの人もいたかもしれない。そういった人々も、ほかのメンバーと同じく若い頃に結婚して、ゲイやレズビアンの恋人は表向き「親しい友人」として付き合っていただろう。それに、慣習的で、家族主義的で、儀礼的な部族結婚の性格上、ゲイやレズビアンの人々も異性と引き合わされ、おそらくは一〇代前半で結婚しただろうから、結婚後に自分の性的指向に気づくことも多かったのではないだろうか。だから、人類学者がこのテーマについての質問を標準的な狩猟採集民に投げかけても、ゲイやレズビアンがいたのを知っていたという答えが返ってくる確率は低いはずだ。

訳注＊　自分を男女のどちらでもないと認識している人
訳注†　自己認識に基づき、または社会的に男性でも女性でもないと分類される性別の概念そうはいっても、狩猟採集民の各集団には数多くの文化的な違いがある。アマゾンのワオラニ族のような好戦的な狩猟採集集団は、ゲイのセックスに嫌悪を示すが（レズビアンのセックスへの嫌悪感はさほどでもない）、その背景には、男性は戦士としての男らしさを見せるべきだという考えと、不貞行為を防止する意味がある。逆に、太平洋の一部の狩猟採集文化では、異性愛のメンバーも参加して儀式的な同性愛行為が行われてきた。これらの儀式では、「ゲイ」対「ストレート」の二項対立を行っていない。

トランスジェンダー、ノンバイナリー、インターセックス*についていえば、数十人単位の狩猟採集集団ではさらに稀な存在になる。まず、誕生時の見た目で（性器を直接観察することで）インターセックスであるのがわかる人がおよそ〇・〇二パーセント。さらに思春期に入るまでにホルモンの発達によって、もっと多くの人にインターセックスの何らかの特徴が現れる。それでいながら、少数とはいえ現代および過去の狩猟採集文化は、第三の性を表現する用語を持っている。もっともその多くにグレーゾーンがあって、第三の性の概念は人口のおよそ五〜一〇パーセントを占めるインターセックス、同性愛、両性愛、ノンバイナリー、性別違和（ジェンダー・ディスフォリア）、さらには柔弱なヘテロ男性、たくましいヘテロ女性、容姿や行動が男女両性の特徴を持つ人までを包括するものとされる場合が多い。もともと人口が少ないため、北米や太平洋の一部の狩猟採集集団にいる五〜一〇パーセントの人々は、上記のような具体的なカテゴリーに分けられることなく、第三の性を意味する表現でくくられてきた。ところが、一万二〇〇〇年前の農業革命と二五〇年前の産業革命をきっかけに人口爆発が起きると、世界は数億、数十億の人間を抱えるようになり、こうした概念とコミュニティが明確に定義されるようになった。

トランスジェンダーとノンバイナリーの人々については、この長い物語のどの時点で進化的に出現したのかを見きわめるのは容易ではない。私たちは、人類の系統樹にいる霊長類や、進化上のもっと遠い類縁といったほかの種が、性別違和を感じていたのかどうかを知るすべがないからだ。この問題は、五億年以上前に起きた性分化以来の興味深い疑問をいくつも提起してくれる。とはいえ、三一万五〇〇〇年前にホモ・サピエンスは現在の人間とほぼ同じ生き物になり、トランスジェンダー（と、それに近い人々）やノンバイナリーは旧石器時代の狩猟採集集団にもいた可能性が高い。また、人類の系統をどれくらいさかのぼる必要があるのかわからないが、そうした性的な違和感が進化上の遺産であることはまず間違いない。統計を見ると、自分の性別に違和感を持つ人は〇・〇四～〇・六パーセントと推定値に大きなばらつきがあり、現代ではさらに人口の最大一パーセントが個人的、文化的、イデオロギー的理由からトランスジェンダーまたはノンバイナリーであると特定されている。旧石器時代の狩猟採集文化には外科技術がなかったから身体的な性転換を施すのは不可能だったが、文化的な意味合いで男性、女性、第三の性という部族ごとの分類に位置づけられた可能性はある。そして、ゲイやレズビアンと同様、トランスジェンダーやノンバイナリーの人々もやはり、慣習的で、儀式的で、異性愛が標準の部族結婚の流れに吸い込まれていた可能性が高い。

訳注＊　解剖学的に男女両方の特徴を持っていて、性別の特定が困難である人

乱婚と一夫多妻制はなくならない

ホモ・サピエンスを一夫一婦制に向かわせた本能は、四〇〇〇万年〜五五〇〇万年の進化という重荷がなかったら生まれなかった。ご想像のとおり、乱交と不倫は人間の狩猟採集集団でも当たり前のものだった。シカゴ大学が二〇〇〇年〜二〇一六年に実施した大規模な調査によると、先進国では現在も男性の約二〇パーセント、女性の約一五パーセントが浮気をしているという。現在ある狩猟採集集団の多くが乱婚（特に不倫）に難色を示す一方で、一部の狩猟採集文化はある程度の乱婚を許容している。といっても、その実態は自由恋愛（フリー・ラブ）や一夜かぎりの関係（フックアップ・カルチャー）といった現代的なイメージとはかけ離れたものだが。アマゾンのクリパコ族は婚外性交渉を認めているが、夫の同意がない妊娠やセックスは罰せられる場合が多い。同じくカヤポ族は、贈り物と引き換えに乱交的なセックスをすることを認めているが、お返しをしないで女性とセックスした男性は「泥棒」と見なされるし、報酬を得てセックスをすることに消極的な女性は上品ぶっていると嫌われ、懲罰的なレイプの対象になることがある。マティス族では、兄弟と父親が同じ女性を共有することを認めているのは、DNAを血縁淘汰の範囲内に保つためだ。カネラ族では、まだ一一歳の少女が、儀式的な饗宴で最大二〇人の男性と続けざまにセックスをし、少女が拒絶すると、罰として集団レイプされることがある。

ごく限られた狩猟採集文化では乱婚を社会的に容認しているが、それでも多くの場合、女性が不利益を被るという但し書きだ。そういう文化はどれも、夫婦の絆や結婚がすでに存在する環境から生まれたものだからだ。また、どんな形態の乱婚も許容しない狩猟採集集団も数多く存在する。

人類の狩猟採集集団では、一夫一婦制のほうが社会的に容認された乱婚よりはるかに一般的だ。一夫一婦制の結婚こそ狩猟採集民の普遍的特性ともいえそうだが、その一方で、一人の男性が複数の妻を持つことを認めている狩猟採集文化も少なくない。多岐にわたる人類学研究によると、過去に存在した全人類文化のおよそ八五パーセントが非一夫一婦制的な関係を認めており、そのほとんどが一夫多妻を選択したことがわかっている（一夫多妻制を公式に採用しているのは一～五パーセントと少数だが、宗教で一夫多妻が義務づけられている場合はもっと広がることもある）。狩猟採集集団で複数の妻を持つ男性は地位が高く、部族のリーダーか宗教指導者であることが多い。一般の構成員のあいだでは、ほぼ一夫一婦制がそのまま保たれている。それは、男女比がほぼ半々なのに一夫一婦制でないと、多くの男性が独り身になって不満を抱くようになるからだ。そうした性的嫉妬が蔓延すれば、部族の結束は壊れる。したがって、男性が複数の妻を持つことは、一夫多妻制にかなり強力な宗教上の正当化がなされないかぎり、あらゆる文化（狩猟採集文化かどうかに関係なく）で支配的な慣習にはなり得ない。

それでも、どうやら旧石器時代の男性のあいだには、繁殖の成功率にある程度の格差があったようだ。Y染色体解析を見ると、一万二〇〇〇年前に農業が始まる前は、少数の男性が大半の受精を担っていたことがわかる。規模はいくらか小さいが、同じ現象がホモ・エレクトゥスでも起きている。この件については、次のような説明が考えられる。

・寝取られの不倫がとても多かった。
・女性が魅力ある少数の男性に惹かれ、婚前に禁制の乱交を行っていた。
・最高位の男性が多くの妻をめとっていたことの影響が子孫に伝わった。
・戦争における男性の大量死と、敵対する部族による女性の拉致と性奴隷化が頻発した。
・右記のことが全部、組み合わさって起きた。

この結果、社会が一夫一婦制を強制し、子供の父親が誰か、周囲が目を光らせる動きがたびたびあったにもかかわらず、狩猟採集民の男性の多くが遺伝子プールから締め出されることになった。

たとえば、クリパコ族は乱婚を部分的に容認しているのに、子供が夫の血を引いていないのがわかった場合には嬰児殺しが行われることが、考古学者の観察によって何度か明らかにされている。イェクワナ族の男性は、妻がほかの男と寝ているのを発見すると妻子を捨てることがある。ピアロア族の男性は、実子かどうか疑わしい子供を殺すか見捨てることがある。セコヤ族は、セックスをしないように女性を閉じ込めたり、誰彼かまわず手を出す男性を村八分にしたり部族から追放したりする。ワラオ族の父親のなかには、子供が自分に似ていないのを見ると、即座に子育てを拒絶する者もいる。

アチェ族は、妊娠は二、三人の男性による複数回の受精によって起こると考えているのに（原則的に「水槽が満たされる」までは赤ん坊は出てこないという考え方だ）、なかには自分の妻が二人目か三人目の男に強い愛着を持つと、妻を殴る夫がいることが人類学者によって確認されている。また、明らかな不貞行為（夫が関与しないセックスや妊娠）が起きた場合、寝取られたアチェ族の夫は相手の男を殺したうえに、実子ではない子供を男の死体と一緒に生き埋めにすることがある。一方、子供はいても集団狩猟に参加できる夫のいない女性は、部族から一切食料を与えられず、自活しなければならない。

東アフリカのハヅァ族では、八〇パーセントの結婚生活が離婚で終わる。その理由のほとんどを占めるのが不倫だ。そういう離婚の三五パーセントは一方の男性がもう一方を殺害して、また二五パーセントは女性が夫の不倫相手を襲って終わりを迎える。暴力のない離婚は四〇パーセントしかない。中央アフリカのアカ族は、現在、世界で一、二を争う平等主義的な狩猟採集文化を築いており、男性だけでなく女性も狩猟を行い、父親は子供の面倒をよくみる。夫は四五パーセントの時間、赤ん坊を連れて行動し、母親とほぼ均等に育児を担当する。それでも離婚は非常に多く、原因の三分の二は不倫だ。男性はしばしば妻の不倫相手を殺し、男性も女性も配偶者の非嫡出子を殺すことがあると知られている。

なお、二〇〇五年のリヴァプール・ジョン・ムーア大学の研究によると、二一世紀のポスト工業化社会では、男性の約四パーセントが子供と遺伝的なつながりがないのを知らないまま子育てを行っている。別の最新研究では、その数値に二〜五パーセントの幅があることが判明している。

アカ族の父親と子供

一方で、現代の狩猟採集集団のY染色体解析と観察によれば、旧石器時代の狩猟採集社会で母親が子供の実の父親を偽る割合はかなり高く、一五～三〇パーセントだった（Y染色体の不足がほかの原因によるものである割合に応じて数値は変わる）と見られる。その結果、一万二〇〇〇年前に農耕社会が誕生したあと、とりわけ五五〇〇年前に最初の国家が形成されて以来、不倫を防止し、父系の継承を確実にしようとする試みが、それに伴う性的タブーや性的抑圧とともに強化されていった。その後、農業と国家制度が世界に広まるにつれ、自分の遺伝子を受け継ぐ子供を育てる男性の数が徐々に増加したことが、Y染色体解析によって明らかになっている。

食料と平等

旧石器時代の狩猟採集社会は単純な分業制であり、メンバー全員が食料生産に従事した。一九〇万年前の一夫一婦制の進化以来、性的二形は大幅に後退し、男女の体格差は平均一五パーセントほどまで縮小した。それでも体力の違いに応じて、男性がおもに狩りをし、女性が収穫を担当した。この役割分担は文化的・宗教的規範によって強化されるケースが多かった。

狩猟者であれ採集者であれ、男性は配偶者や子供と食物を分け合い、一九〇万年のあいだ、父親業の伝統を引き継いできた。狩猟採集民はまた、集団全体で食物を分け合う傾向があった（全員に行き渡る量があるのに、ベリーやナッツ、調理済みの肉片をめぐって争えば、集団そのものの自殺行為になる）。とはいえ、狩猟採集集団における食物分配の社会性は誇張されるきらいがある。これは石器時代の共産主義体制ではない。現代の狩猟採集集団を観察すると、男女が食物を共有する場合、非血縁者より実の子供や近親者を優先しているのがわかる。さらに男性は、肉を女性や子供に与えるよりも自分用にとっておく傾向がある。部族内の序列によって、獲得できる食物の質や量が決まり、上位のメンバーは新鮮で高カロリーの戦利品を優先的に入手できた。飢餓が発生すると食物分配が崩れることが多く、それが家系同士の激しい対立の原因になった。さらに、狩猟採集活動で自分の役割を果たさないと、食物分配から完全に排除される恐れがあった。この時代、のちの農耕社会や近代社会よりもはるかに貧富の差が小さかった。だからといって、財産や縄張り、あるいは富の不均衡といった概念がまったくなかったと言うのは的外れもいいところだ。遊牧民的な生活を送る個人や家族は、特定の土地を自分のものとは主張しなかった。定住はせず、耕作も行わなかったし、自分で持ち運べる財産と所有物しか持っていなかった。その一方で、狩猟採集集団は活動を行う場所を自分たちのものであると主張し、その場所をめぐってほかの部族と激しく対立した。比較的少数の人間を養うためにも、かなりの土地が必要であったことを考えると、そうした領有権の主張が死活問題になる場合も少なくなかった。

旧石器時代には食料不足がなかったという説も間違っている。流浪の集団が、食料が比較的豊富で人口希薄な土地に、一、二世代滞在したことも当然考えられる。それでも人口が増えるにつれて（嬰児殺しが頻繁になったかもしれないが）、土地の資源は自然の自己回復力以上の速度で使い果たされたことだろう。それが、六万四〇〇〇年前に人類の狩猟採集民がアフリカを出て新しい大陸に移るたびに、多くの巨型動物類（メガファウナ）が絶滅した原因である。流浪の集団は土地を転々としなければならなかった。さもなければ餓死してしまうからだ。周辺地域が不毛であるか、あるいは人口過密だった場合、食料不足が生じて、それが部族対立の原因になった。

さらに言えば、狩猟採集民の埋葬では遺骸とともに埋められる宝石や装飾品の種類、道具の質が人によって異なることも少なくなく、それは社会的立場の違いを表している。遊牧民が持ち歩く所持品は少なかったが、質の良い道具や「光り物」を持っていると決まって妬（ねた）まれた。また、恋愛がらみの嫉妬もあった。現在の狩猟採集集団を観察すると、大半の暴力沙汰は恋愛がらみの嫉妬が原因になっているのがわかる。ただし、狩猟採集集団内で何より価値があるのは社会的地位である。人々は、部族のヒエラルキー内で良い評判や尊敬される地位を得るために（それに、追放されないために）、議論や協定、政治的な駆け引きを駆使して競い合った。その姿は多くの霊長類の類縁たちと共通しているが、人類の場合は競争の激しさ、複雑さ、社会的洗練度において類縁たちを超えていた。

それではまた、男と女の話に戻ろう。狩猟には波があった。狩猟者（大半が男性だ）が獲物を手に入れると、その集団は数日間、食べ物に困らない。さらに、肉は採集可能な植物よりもはるかにカロリーが高い。植物だけで同じエネルギーを得ようとすると、大変な量が必要になる。だが、狩猟者が手ぶらで戻ってくると、部族は何週間ものあいだ、ほとんど肉なしの生活になる。そのため、狩猟採集集団の全食物のおよそ六〇パーセントは採集によるものだった。採集者（大半が女性だ）は狩猟者より確実に食物を持ち帰ったが、だからといって女性の政治力が男性と同等になることにはつながらなかった。物事に通じたご意見番がいた昔の狩猟採集集団であれ、現代の狩猟採集集団であれ、少なくとも表向き、仲間に命令を出し、正義を行使し、戦争を行い、集団間の同盟を築く能力を持っているのは（女性でも、地位の低い男性でもなく）地位の高い男性だった。もっとも、小規模の狩猟採集集団の政治の本質は人間関係だから、女性が集団の政治と伝統に大きな影響力を持っていた。また、個々の女性が特別な地位にある場合――特に女性のヒエラルキーの高位にいるか、高位の男性と結婚している場合、家族や血縁集団に大きな影響力を及ぼすことが多かった。いずれにしても、地位の低い男性は、石で頭を殴られたくなければ女性を侮るような愚かなことはしないほうがいい。

通常、女性の政治的資本は直接的な命令ではなく、ソフトパワーという形で発揮された。ところが、個々の女性が高く評価される狩猟採集文化のなかでさえ、女性は男性に従属するものと見なされることが多かった。これは、二一世紀の平等主義的社会より、一九世紀西洋の男性優越主義を彷彿（ほうふつ）とさせる。そのうえ、現代のものであれ過去のものであれ、狩猟採集集団において非常に顕著な傾向として、部族文化が存在する環境が敵対的で、好戦的で、不毛で、過酷であればあるほど、文化的態度は男性優位になり、女性蔑視になりがちだった。

狩猟採集民のあいだでこのような性別に基づく力関係が生じたのには、おそらく二つの理由がある。一つ目は、性的二形が失われなかったために、集団内で意見の相違が生じた場合、男性はいつでも物理的強制力に訴えることができた（女性には総じて不可能だった）。二つ目は、ホモ・サピエンスの男性の攻撃性と競争が依然として高い水準にあり、それが権力と社会的地位の追求に駆り立てたことだ。逆に言えば、性的二形と女性をめぐる競争は、男性は消耗品であるという本能につながり、男性（特に地位の低い者）は捕食者を撃退したり、戦争で戦ったりといった、苦痛を伴い、暴力的で命を落とす危険のある任務を与えられる可能性が高かった。「女性と子供を優先する」という考え方は近年になって自然発生的に生まれたものではない。それは、歴史的に観察された狩猟採集集団、それに現代の狩猟採集民の精神のなかにも認められる。

その一方で、男性にも女性にもヒエラルキーがあり、一部の者はほかの者より人気があり、尊敬を集めた。こうしたヒエラルキーは、人気、噂話、評判、同盟関係、些細（ささい）な争いといった複雑な関係のなかで機能し、どことなく現代の高校における自然発生的なスクールカーストを連想させる。やはり人間の狩猟採集民という「リンゴ」は、ホモ・エレクトゥス、アウストラロピテクス属、チンパンジーという「木」からそれほど離れた場所に落ちたわけではなかったのだ。

チンパンジー、しぶとく居座る

戦争は旧石器時代の定番行事ではなかった。狩猟採集民の人口は少なく、広大な土地全体に薄く散らばっていた。代わりにあったのが、チンパンジー版をもっと派手にした、数十頭のオスが採食領域（食料源）をめぐって、襲撃や小競り合いの形で行う縄張り争いだった。野営地が襲われて男性は殺され、女性は性奴隷として連れ去られた。最終的に、勝者は敗者が採食領域から撤退するまで攻撃を続けるか、あるいは和平交渉が行われた（象徴的な意味合いの結婚で幕引きされることも多かった）。しかし、ときには大量虐殺で終わる戦いもあった。その場合、一方の側はほぼ全滅し、生き残った者も相手の文化に吸収された。

部族間戦争でも死者は出たが、部族内の暴力はもっとひどかった。たとえばエクアドルのワオラニ族の場合、驚くべきことに、全死因の四二パーセントが対人暴力によるものだった。故意の暴力が原因で死亡した形跡のある旧石器時代の人骨を調べたところ、殺人率はおよそ一〇パーセントで、それが平和的な狩猟採集文化と好戦的な狩猟採集文化の平均値のようだ。大ざっぱに言って、現代の先進国の三〇〇〇倍にあたる。

旧石器時代は、対人暴力という深刻な問題を抱えていた。そして、その暴力が発生する原因のほとんどはセックスだった。女性をめぐる男性同士の争い、夫婦間の殺人、非嫡出子の殺害――旧石器時代の人骨の多くには、そういう最期を迎えた痕跡が残っている。同様の犯罪は現代の殺人のランキングでも上位を占め、殺人事件の約三〇パーセントが恋人かセックスパートナーが犯人で、子供の殺された事件の約六〇パーセントが片方の親か両親が加害者である。主導権争い、つまらないライバル意識、復讐、血縁同士の仲違いも、殺人の動機になり得る。こうした部族のヒエラルキー内の競い合いは、繁殖成功の確率を上げる重要な誘因でもあった。

　問題は、共感力と利他心に大きな個人差がある点だ。ほとんどの人間はある程度の共感力と利他心を持っているが、一〇〇人に一人はサイコパスの特徴を備え、二〇人に最大一人は反社会性パーソナリティ障害の症状を示す。進化論的に言えば、精神病質と利他心は釣鐘型曲線（ベルカーブ）のように釣り合いが取れている。極端にサイコパス的で反道徳的な人と、極端に親切で共感力がある人をそれぞれ両端に置くと、それ以外の人はほとんど中央に集中する。サイコパス的な傾向が強すぎると、遺伝子を子供に引き継ぐ前に追放されたり殺されたりするリスクがあるし、逆に利他心が強すぎても、人にいいようにあしらわれ、やはり遺伝子を子供に引き継げない恐れがある。

　狩猟採集時代には、一匹狼であれ、集団を操る支配者であれ、自分の欲しいものを情け容赦なく追い求められる場合は、サイコパスであることが繁殖の際にメリットになった（サイコパスが政治やビジネスなど、権力や名声を得られる現代の職業に惹かれるのはそのためだ）。有り体（てい）に言えば、サイコパス的、社会病質者（ソシオパス）的、非社交的な行動が繁殖成功につながることは決してめずらしくない。旧石器時代には、まだ殺人と性的強制がその役割を果たしていた。ちなみに、暴力的

ボニー・パーカーとクライド・バロウ（1930年代のアメリカで銀行強盗を繰り返した犯罪者カップル）。犯罪性愛の象徴的な事例

な人間や犯罪者に性的魅力を感じることを犯罪性愛（ハイブリストフィリア）と呼ぶ。面白いことに、犯罪性愛者の割合も一〇〇人に一人とされる。大半の犯罪性愛者は妄想の域を出ないものだが、なかには恋愛対象とのあいだに子供をもうけている者もいる。サイコパス同様、犯罪性愛を現実的な進化戦略にしているわけだ。

だからといって、一〇〇人に一人が性的サディストか異常な連続殺人犯だと言っているわけではない。連続殺人犯の割合は、およそ一二〇万人に一人だ。性的サディストは一万人に一人で、人類の進化史で発生した何億回（あるいは何十億回）の強制的な性的経験で子孫を残した可能性が高い。

つまり、狩猟採集民の世界はよくそう描写されるようなユートピアではない。私たちの生活様式と進化のお荷物がそうさせているのだ。狩猟採集民も私たちと同じ生き物であり、殺人、詐欺、残虐行為などの犯罪を行う能力を持っていた。普通の人間が聖人でないことは、皮肉屋や犯罪実話マニアでなくてもわかっている。セックスとヒエラルキーが関わる殺人はどれも、六〇〇万年前の人類とチンパンジーの最後の共通祖先にも見られる行動パターンだ。祖先が旧石器時代の生活や進化の過程で経験したネガティブで暴力的な側面が、ときに私たちの後ろ暗い性的妄想やフェチの一因になってきた。

抽象的思考でイク(カミング)

性的妄想とフェチに欠かせない要素は抽象的思考、すなわち目の前にないものや存在しない環境を思い描く能力だ。六〇〇万年前のチンパンジーとの最後の共通祖先は、自分を取り囲む環境の因果関係は考慮できても、もっと抽象的な思考はできなかった。チンパンジーは、周囲のものに何らかの働きかけをしたらどうなるかを推測できる。たとえば、シロアリの山に棒を突っ込んだり、石を使って木の実を割ったりすれば、食物が得られると思いつく。あるいは、群れの支配的なオスに挑戦しても負ける可能性が高いことも予想がつく。けれども、現実にはないものについて考える能力があるとは思えない。人間が建物の設計をし、機械の設計図を描き、本を書き、視覚芸術の傑作を生み出せるのは、ひとえに抽象的思考ができるからだ。いや、そればかりか、このあと見ていくように、サディスティックな愛人に乳首を責められたり、睾丸を蹴られたりする妄想も抽象的思考があってこそ生まれる。つまり抽象的思考とは、身近な周囲に存在しないものを想像のなかに呼び出す行為なのだ。

この抽象的思考能力は、人類の進化系統のかなり遅い段階で出現したらしい。二三〇万年前のホモ・ハビリスは、石の断片で粗削りな道具を作ったが、身近にいないバイソンやレイヨウを洞窟壁画で描くような象徴主義（シンボリズム）には手を染めなかった。凝ったデザインの装身具を重用したり、儀式的なボディペインティングを施したりすることもなかった。一七八万年～一五〇万年前のホモ・エレクトゥスもまた、道具の修繕や改良を行った痕跡を初めて残したが、洞窟壁画のような象徴主義的思考の産物を作った明らかな証拠は残していない。

同じことは、私たちに最も近い存在で、絶滅した進化上の類縁であるネアンデルタール人にも言える。彼らは四三万年前に進化し、三一万五〇〇〇万年～四万年前はホモ・サピエンスと共存していた（実際、DNA解析によると、アフリカの外で暮らしていたホモ・サピエンスは、ネアンデルタール人が絶滅する前に彼らと異種交配していたことがわかる）。ネアンデルタール人でさえ、洞窟壁画や凝った装飾品を残さなかった。ヨーロッパではめずらしいネアンデルタール人の野営地跡には、彼らがボディペイントを行った証しと考えられる残留物がかすかに見つかるだけだ。一方、ホモ・サピエンスは大量の洞窟壁画から、宝石、ビーズ、装身具、ボディペイントさらには楽器まで、多くのものを考古学的記録に残した。もしネアンデルタール人がボディペイントを行っていたなら、人類の系統で初めて抽象的思考のできる種が出現したことを意味する。そうでなければ、抽象的思考ができ、性的妄想とフェチを生み出すだけの想像力を持つ種は、ホモ・サピエンスをおいてほかにはないことになる。いずれにせよ、人間の性行動のこうした強力な側面が進化史のかなり後期の段階で登場したことは間違いない。

まだセックスをしたことがない（あるいは、今後もしないかもしれない）相手を登場させてひそかに空想をするときに、抽象的思考の果たす役割については、説明するまでもないだろう。また、ポルノを見てマスターベーションするときにも同じ原則が適用される。私たちは実際には存在しないもの、人物、シナリオを頭のなかで思い描く。この抽象的思考は大変強力なので、肉体は手を使う刺激だけでオーガズムに達する。また、同じ抽象的思考は実際にセックスしているあいだ、頭のなかで再生されるテープに紛れ込み、（おそらくパートナーに気づかれたくないくらい何度も）クライマックスに達する手助けをする。さらに、多くの性的フェチにも応用され、そこでは人間の抽象的思考の能力が、過去の進化からもたらされた少々厄介な遺産の力と結合して強まることがよくある。

変態の太古の起源

何と言っても、性的妄想の筆頭はＤ／ｓ（支配と服従）とＳＭ（サドマゾヒズム）である。そのためのシナリオには肉体的束縛（ロープや鎖などを使用）の形態を取るものもあれば取らないものもあり、ＢＤＳＭ*と総称される。二〇一七年にベルギーで行われた調査によると、なんと成人の六八パーセントがＢＤＳＭのシナリオを空想したことがあるという。それに、およそ四五パーセントの成人が一生に一度はＢＤＳＭの性行為を経験したと答えており、二六パーセントがほぼ定期的に、一二・五パーセントが毎週行っていると回答した。一部には、過激なBDSM（緊縛、拘束具、スパイク、電気ショック、膣クリップ、乳首責め、ペニスや睾丸責めなど）を行う者もいるが、大半は平手打ち、首絞め、顔面騎乗、イラマチオ、尻たたき（スパンキング）†、羞恥（しゅうち）プレイ止まりだ。

週一回ペースでBDSMを行っている人の割合は髪が茶色の人とほぼ同じで、半定期的に行う人は血液型がA型の人と同じ割合だ。少なくとも、性的な意味合いで痛めつけたりつけられたりすることに興奮する人の割合は世界全体の都市人口に匹敵し、茶色の目を持つ人の割合とほぼ同じである。次に外で人間観察をするときやスーパーに行くときは、ぜひこの事実を思い出してみよう。これほど多くの人が、性的な意味で肉体的ないし精神的な悪意を楽しんでいるのだ。過去四〇〇〇万年のセックスの多くが「理想にはほど遠い」状況で行われた可能性があることを考えれば、それも不思議ではないのかもしれない。

BDSMを行ったときに主人役と奴隷役が得られる性的興奮は、もっぱら奴隷の進化上の性的利己心を否定することから成り立っている。よく、力が強大化するとか、力を剝ぎ取るといった表現が使われるが、それとは少し違うニュアンスがある。言うなればこれは、一九〇万年前に子供の生存確率を最大化するために相互利益型のペアの絆を生み出した性戦略を覆すものである。別の言い方をすれば、自分のDNAを複製し、その「複製品」を生き長らえさせるのに必要なサ

訳注＊　Bは緊縛、Dは支配、SMはサドマゾ
訳注†　男性主導のフェラチオ

ポートを確保する、最も費用対効果の高い手段を無効化または完全に破壊する行為なのである。こうした性的反応は、ＢＤＳＭのカップルに子供を持つ意思があるかどうか（あるいは、その能力があるかどうか）に関係なく起きるもので、相手に会ったとたんのひと目惚れやセックス衝動によく似ている。個人の生殖能力や性的指向、妊娠するしないの意思ともまったく関連のない、心の奥深くに潜む本能なのだ。

　たとえば、女性が奴隷役になるときのシナリオには、常に部分的あるいは全面的に「配偶者選択」の放棄が含まれている。普通の状況であれば、女性が配偶者を選り好みすることもあるし、配偶者が女性をどう遇するかでペアの絆の価値が大きく左右される。だが奴隷女性は、一人ないしは複数の男性から暴力的な辱めを受け、使い捨て可能な性的対象として扱われる。その際は抵抗できず、尊厳を奪い取られたり、体罰を受けて黙従させられたりする。そこで行われる性行為は、女性に直接的な性的快感を与えない場合が多く、ましてペアの絆の持続や妊娠を確実にするものではない。一方、男性支配者は女性に対して、一家の稼ぎ手や保護者としての「実利」をほとんど提供しない。それどころか、（善良な父親像とは正反対の）暴力的でサディスティックなソシオパスを演じる。一回かぎりの使い捨てではないとしても、せいぜい繰り返し女性を搾取される疑似的な一夫一婦制の性奴隷として「支配する」くらいだろう。それは、原始人が女性の頭を殴って自分の洞穴に引っ張っていく、漫画でよく見られる場面を思い出させる。

　逆に、男性が奴隷のときのシナリオでは、奴隷は稼いできた「実利」を女主人に過大に搾取されることが頻繁に起きるが、その見返りに挿入を伴うセックスが許可されることはほとんど期待できない（ここで言う「挿入」は、女性のパートナーへの挿入のことだ。逆に、自分が挿入される立場にあることに気づく場合もあるかもしれない）。女主人は、普通の夫婦関係のように生殖を意図したセックスで男性の奉仕に報いることはない。それどころか、奴隷男性に射精許可が出ても、場所は女性のヴァギナ周辺ではなく、自分の顔や口、あるいは床である場合が多い。それと同時に、しばしば男らしさやペニスの大きさ、腕力、知性、自信、人格などに対する非難中傷が浴びせられる。本来なら、どれも男性を魅力的なパートナーにする要素のはずなのだが。女主人のほうは、失望したパートナー（妻あるいは恋人）か、相手を徹底的に拒絶し続ける女性を演じることが多い。

要するに、女性が奴隷の場合のシナリオはセックス部分が徐々に増加し、その見返りに男性の提供する実利が減少する傾向にあるが、逆に男性が奴隷の場合はセックス部分が厳しく制限され、実利が増加する。進化論的に言えば、これは男女双方に望ましい生殖戦略からの逸脱である。一夫一婦制の夫婦の絆は、男女それぞれの戦略の妥協であるのに、ＢＤＳＭのロールプレイではあくまでも主人のほうに利益が偏る。

奴隷男性は世間に広く存在する。ある調査によると、ＢＤＳＭをプレイする男性の約三五パーセントは常に奴隷でいることを好み、一〇パーセントはときおり奴隷になることを選ぶという。奴隷女性の希望者はそれよりはるかに多く、ＢＤＳＭをプレイする女性のおよそ九〇パーセントは奴隷役を好んでいる。もっともほぼ半数は、少なくとも基本的姿勢として、役割の「入れ替え（スイッチ）」にも前向きで、主人役も引き受ける。常に主人役の女性は一〇パーセントしかおらず、そのほとんどは性的サディズムの嗜好を満たすというより、男性、あるいは女性のパートナーを性的に満足させるためにそうしている。

同性同士のＢＤＳＭの場合も、どの組み合わせでもかなりの部分が異性のものと重複している。それはこうした衝動が、子孫をつくるつくらないに関係なく、人間に植えつけられたものだからだ。レズビアンのＤ／ｓシナリオは、異性愛の女性が奴隷のときのシナリオとあまり変わりはないが、社会的ヒエラルキーがいくぶん重視される（奴隷は主人よりも社会的地位が低いと見なされる）。それ以外には、性的搾取、強制的なオーラルセックス、中傷、パートナー間の「実利」の交換の欠如などが共通する。ゲイのＢＤＳＭも、女性が奴隷のシナリオと似て、奴隷は乱暴なセックスや中傷を受けることが多く、ソシオパスの相手に縛られる設定もよく見かける。ゲイとストレート男性の組み合わせのＢＤＳＭも、ゲイの奴隷役が極端にオーガズムを制限される点でほかの組み合わせと重複する。また、異性愛者の奴隷が同性に性的快感を与えるように強制される「強制バイ（フォースト）（セクシュアル）」では、プレイのなかで相手が異性の主人の恋人役を演じることがよくある。

とはいえ、男性であろうと女性であろうと、ストレートであろうとゲイであろうと、こうした性的反応は、私たちの性的本能がいまなおほぼ手つかずで残っている（比喩としての）サバンナでできあがった、（一夫一婦制のホモ・サピエンスに）ペアの絆が生まれる確率を最大化する戦略が倒錯して生まれたわけではない。むしろ、進化の歴史を四〇〇〇万年というタイムスケールでさかのぼり、理想的な環境が得られないときに用いる「代替的な」生殖戦略を利用しているとも言える。つまるところ、彼らを駆り立てる性的興奮は、劣悪な状況にあっても性的受容性を維持して子供をつくり、不利な状況下でその子が生き延びることを期待して「悪条件を最大限に活用する」ためのものなのだ。

たとえば奴隷男性は、貶められ、過大な奉仕を強制され、オーガズムを禁じられることで性的に興奮する。そうした普通ならありそうもない状況に耐えられれば、「最後には」性的な成功がもたらされると期待しているからだ。露骨な言い方をすれば、従属的な立場にあっても性的興奮によって勃起することにはかない希望を持ち続けられる。同じ現象が旧世界ザルでも見られた。ベータオスのヒヒは交尾を拒絶したメスのまわりをうろつき、そのメスの毛繕いをしたり、敵を撃退したり、さらにはメスがアルファオスと交尾するのを見守ったりする。もしかしたらメスが態度を和らげて、交尾を許してくれるかもしれないと期待して。

進化の歴史をもっと下ったところにいるアウストラロピテクス属やホモ・エレクトゥス、さらには農業の発明に先立つ旧石器時代のホモ・サピエンスでも、女性の配偶者選択（基本的に身体的特徴に基づいたものだった）は大半の男性を排除する傾向があり、四〇〇万年前から二万年前のあいだ、少数の男性が圧倒的多数の受精を行っていたことがわかっている。サバンナを二足歩行するオスの霊長類がセックスを拒絶された場合、たとえ身体的な欠陥があったり、ヒエラルキー内で低い地位にいたりしても、その解決策は自分がセックスに適しているのを証明するまで、ふんだんに「実利」を提供することだった。そういう意味で、メスに邪険にされたり、見下されたりして感じる性的興奮は、オスの努力を持続させる手段のように思える。意中のメスのみじめ

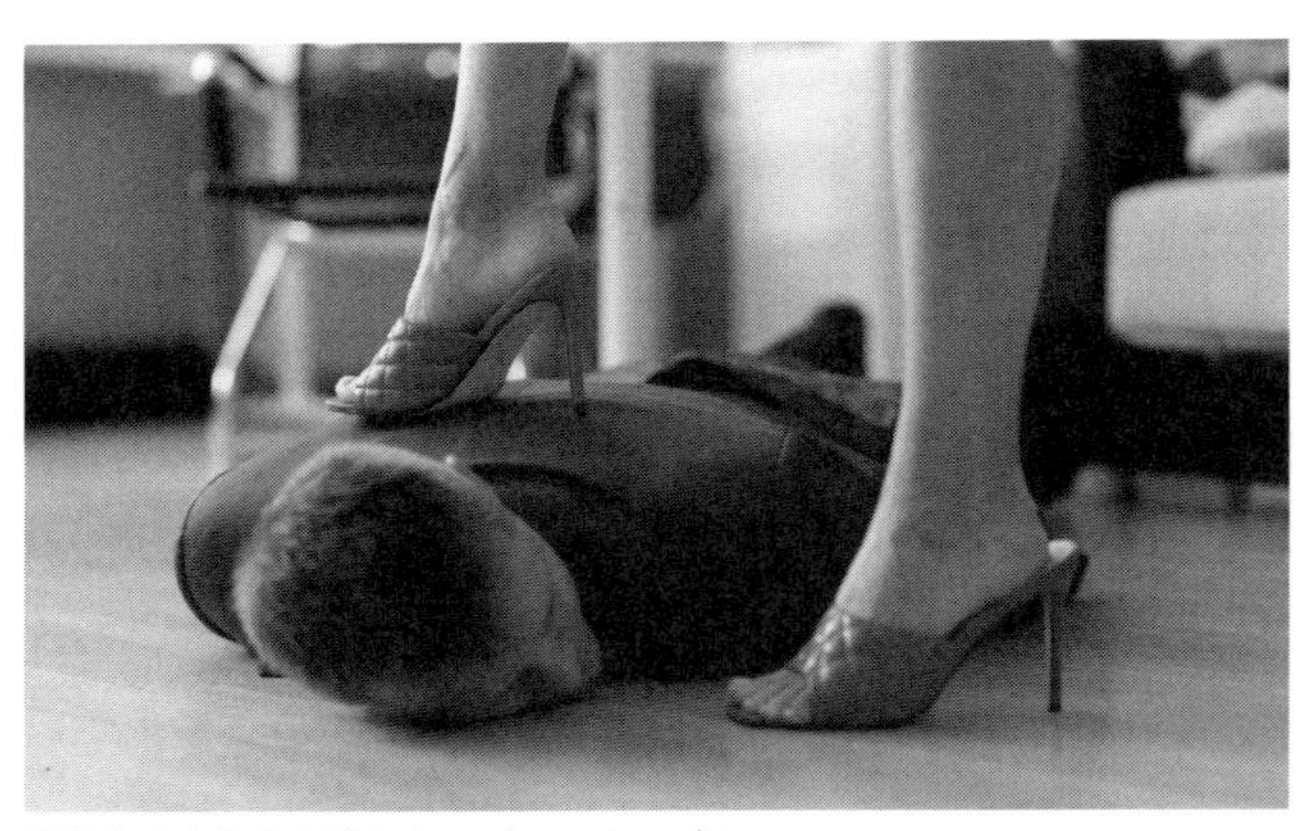

親密なひとときを楽しむD／sのカップル

な奴隷であることに強い性的興奮を覚えるオスは、そのメスを諦めて、ほかに乗り換える可能性は低い。その一方で、現代のロールプレイのシナリオにおいては、女主人のほとんどが残酷な行為を課すことで性的興奮を覚えるとは語っていない。したがって、逆説的に聞こえるかもしれないが、BDSMの本質は寛大な主人が自発的な奴隷を満足させることを中心に展開しているのだ。

逆に、合意に基づくロールプレイ・シナリオにおける奴隷女性の性的興奮は、過去四〇〇〇万年の各時代に共通して見られた現象を反映している。ほとんどの霊長類のメスは好みの配偶者についてはっきり意思表示をしたが、どんな種でもそうしたメスの配偶者選択は強圧的に情け容赦なく覆されることが多かった。これは特にオランウータンやチンパンジーで当てはまり、さらにはアウストラロピテクス属やホモ・ハビリス、一九〇〇万年前の一夫一婦制の進化に先立つほかの全介在種にも言える。何百万年にもわたる長い進化の歴史において、（大多数ではないにしても）多くの交尾はある程度力ずくで行われた可能性

がある。その流れは、ホモ・エレクトゥスが一夫一婦制を始めたときにはまだ存在したし、狩猟
採集時代、農耕時代、近代のホモ・サピエンスの時代にも消滅しなかった。女性の奴隷願望に、
拉致や強制的な性的服従、手足の拘束、体罰、乱暴なセックスが含まれることが多いのはそのた
めだ。
現実の世界で性的暴行を受ければ、どんな女性も深刻なトラウマを負うはずだが、ＢＤＳＭのロールプレイでは、レイプされる妄想は女性に最も多いフェチの一つと言えるくらいありふれている。ある調査によると、女性の四〇～八五パーセントが少なくとも一度はそんな想像をしたことがあると推定され、現時点で最も広く認められているその割合は六〇パーセントである。また、頻度の統計を取ると、中央値は年に四回で、回答者の一五パーセントは少なくとも週に一度は想像しているという。奴隷男性の衝動と同様、女性の服従は霊長類の祖先種が数百万年間行ってきたセックスに対する根深い本能的反応なのだが、現代人の目には、道徳的に見て唾棄すべきものと映るだろう。ＢＤＳＭのロールプレイにおける女主人もそうだが、男主人は性的サディストではないことが多く、合意しているパートナーに対する残虐行為そのものには満足感を覚えないと報告されている。だいたい、男主人がＢＤＳＭのロールプレイのシナリオでパートナーにときおり求められる行為の半分でも実生活で行ったら、現代社会に生きる人の多くは、彼らが去勢されて刑務所の下に埋められるのを大喜びで見物することだろう。

ここで鍵を握るのは、同意と抽象的思考だ。過去数百万年、人類の祖先種はこうしたロールプレイを可能にする抽象的思考を持っていなかった。霊長類のオスやメスが置かれた不都合な性的

環境はあまりにも現実的で、その状況に対する彼らの感情的な反応も痛ましいほど現実的だった。ホモ・サピエンス（あるいは、早くてもネアンデルタール人との最後の共通祖先）の進化とともに、人類はD／sのシナリオを組み立てられるほど複雑な抽象的思考を発展させた。そのシナリオは、現代において実生活からは切り離され、おそらくはいつでも中断できる安全装置を持っている（と願いたい）。つまり、人類のアイデアを生み出す能力がきわめて優れているため、数百万年にわたって苦痛だったものを快楽に変える方法を発明したのだ。そしてこの快楽は、かなりの数――人類の三分の一から三分の二――の人がおりに触れて熱中する種類のものらしい。進化は奇妙で不可解な働きをするものだ。

台座効果

それ以外のセックス・ゲームも、部分的とはいえ、気の遠くなるほど長いセックスの歴史に基礎を置いている。「足フェチ」は男性のあいだでよく見られるものだが、ごく少数とはいえ同じ嗜好を持つ女性もいる。足フェチの根底にあるのは、理想的な配偶者選択と性的拒絶が入り交じったものだ。たとえば、男性が心からものにしたい女性を見つけたとする。その女性の持つ属性がどれもあまりに魅力的なので、男性は自分の性的な市場価値と釣り合うのは相手の足だけだと感じてしまう（足は無害で実用的で、醜いとも言えるし、人体のなかではしばしば臭う部分であり、有性生殖にはほぼ無用の存在だ）。好ましい女性の肉体の特殊な一面を偶像化すれば、それ以外の部分の性的魅力が強まり、女性は隠喩的な台座（ペデスタル）の上に押し上げられて男性の性的興奮をさらに高める。足フェチがＢＤＳＭと同列に扱われることが多いのはそのためだ。さほど一般的とは言えないが、オーガズムの否定やオーガズムに達しないセックスという意味合いで、女性が男主人に対して足フェチになることがある。ゲイやレズビアンの場合も、性的な偶像化とパートナー崇拝が交じって足フェチが登場することがある。足以外では、異性愛か同性愛かに関係なく、脇の下、膝頭、陰毛、鼻孔、耳などもフェチの対象になる。

　体液のフェチ化は、進化論的に足フェチとよく似ており、パートナーを性的価値の高い台座に置く。最上位に置かれるのが男性の射精で、ＢＤＳＭの場合でなくても、胸や顔、尻、足などに精液を浴びせることが多い。これは、パートナーに対する軽蔑の表れ（性的価値が低いことを暗示）である場合もあれば、パートナーに強く惹かれていることの表れ（性的価値が高いことを暗示）として認識される場合もある。ぶっかけパーティの場合、性的な軽蔑、あるいは逆に、強烈な魅力が極限まで拡大し、複数の男性による射精が行われる。（解剖学的な理由から）あまり一般的ではないが、女性の潮吹きもほぼ同様にフェチ化される。また、唾を吐く行為はほとんどの場合、軽蔑のジェスチャーとして使われ、荒々しいセックスの場面で奴隷女性に向けて行われる。スカトロジーの領域では、糞尿（ふんにょう）はやはり軽蔑の表現として使われる。奴隷はパートナーが自分よりはるかに優れていると感じているため、足フェチと同様、自分にはその糞尿が「性的にふさわしいもの」と受け止める。スカトロジーは滅多に見られないが、スカトロプレイでは、衛生と臭気の問題から尿が大便のおよそ六倍使われるという。

男であれ女であれ、「寝取られ」は、本来は好ましくない状況を最大限に活用する性的反応である。進化論的に見れば、配偶者がほかの人間とセックスすることは、人類のような一夫一婦制の種の遺伝には最悪の出来事と言っていい。男性は、遺伝的に後れを取るだけでなく、ほかの男性の子供を育てるために実利を費やさなければならない。女性にしても、夫がほかの女性の子供を養うのに時間を割けば、それは遺伝的な敗北を意味する。それ以前の乱婚型のチンパンジーでも、欲望の対象者が別の誰かとつがえば、繁殖の機会を失うことになる。オス同士の攻撃性と、群れの新参者に対するメスの攻撃性が生まれたのは、そのためである。このように、「寝取られ」の概念は本能に根ざしており、私たちの性的利己心の根幹を揺るがすものである。

　寝取られたことに対する典型的な反応は精神的苦痛（ひょっとしたら殺意を抱くほどの）だが、意外にも性的興奮が見られることも少なくない。寝取られ男性の場合は、好男子（またの名を絶倫男（ブル））が配偶者を誘惑してセックスする場面を想像して欲情することがある。女性が自分を拒絶して価値の高い別の男性を選択すれば、それは間接的に、女性自身の性的価値の高さを証明することにもなるからだ。足フェチ同様、相手の魅力は寝取られ男性が思い描く台座に載せられ、二人が合意してノーマルなセックスをするときより、いっそう輝きを放つ。寝取られ男性の性的興奮は、配偶者が頻繁に楽しんでいるあいだ、自分はセックスやオーガズムの機会が限られることから生じる嫉妬によって増幅される。現代では、この嫉妬は無気力化、屈辱感、男性用貞操具、女性にクンニリングスするライバル男性の精液を飲む行為などで表現されることが多いという。フェチの持つ社会的な負のイメージは大変強烈だから、その頻度を正確に知るのは難しいが、入手可能な最良の統計データによれば、男性の約四〇パーセントが少なくとも一回は寝取られる妄想をしたことがあるという。この数値はいくらか誇張されているかもしれないが、寝取られフェチがこれほどありきたりなものであるのは、それが男性の生殖本能の根幹を痛めつけるかららしい。

一方、女性の寝取られフェチはごく少数という間違ったレッテルを貼られ、誤解されてきた。まさに見当違いにもほどがある。入手可能なデータによると、女性の寝取られフェチは、男性と同水準とまでは言わないが、少なくとも半数には達している。基本原則は同じだが、細部は異なる。台座に載せられる配偶者の男性の魅力は男らしさや性的市場価値（複数の女性を惹きつける力）であるが、寝取られ女性は夫のすることに思い悩んだり、やめさせようとしたりする代わりに性的興奮を覚える。それは数千万年、いやそれ以上昔にさかのぼる一夫多妻制の衝撃の名残なのかもしれない。その頃であれば、配偶者がほかの女性とセックスをしても、寝取られ女性は自分にも生殖を成功させるチャンスがたっぷり残されているのを心得ている。つまり、寝取られ女性の性的興奮が維持され、強化されるのは、生殖の成功を達成するためなのだ。

寝取られフェチの女性はよく、自分から夫のセックス相手を見つけてくることがある（この場合のセックスは見ているだけで、3Pではない）。もっともこのフェチにはある程度の屈辱感が付き物である。「寝取った女性（カクケイク）」のほうが自分より魅力的だと評価されたり、三角関係のなかで良い立場が与えられたり、自分に取って代わるかもしれないという漠然とした不安を抱かされたりする。もっとも、むしろそうしたことが寝取られ女性を性的興奮に誘っている可能性がある。たとえば、三〇代の専門職の女性が休日を潰(つぶ)して二〇代の若い女性をモールに連れていき、夫の喜ぶセクシーなランジェリーを買ってやり、その晩、若い女性が夫とセックスするのを見ながら、部屋の隅で自慰にふける。それがすむと、夫とその相手の嘲笑を浴びながら、若い女に礼を言い、体を「きれいに」拭いてやる。現代では、寝取られ女性にはかなりの確率でバイセクシュアルがおり、クンニリングスをしている男性の精液を飲んだりする行為が見られるが、寝取られ側から寸止め(エッジング)や拒絶でオーガズムをコントロールする場合もある。

こうしたもの以外に、部分的にせよ進化的な背景を持つ現代のフェチには次のようなものがある。

- ファーリー——擬人化された動物になるロールプレイ。性行動に通常課される社会的な制約から心理的に解放され、自分の欲望に素直になれる。
- 医師、教師、警察官などのロールプレイ——通常は、一種の権力闘争が繰り広げられる。あるいは、セクシーな看護師やセラピストが登場する場合は、権力といたわりが混在する。
- 父と娘、母と息子のロールプレイ——同じく権力といたわりが混在する。
- 公然露出と乱交パーティ——社会規範を放棄し、自由奔放にセックスにふけることで性的興奮を得る。
- 小さなペニスや胸などへの侮辱——コンプレックスを指摘して相手の自信をなくさせ、嘲笑する側の性的市場価値を高める。

・処女／童貞を侮辱すること、またはふしだらを侮辱すること（通常、男女両方に対して）
――過去一九〇万年の性戦略の観点から、おまえは進化の失敗作だと相手を非難する。

まだほかにも数多くのフェチがあり、どれも進化的な根拠があるが、のちに文化の影響を受けている。

文明が発展しても本能は残る⁉

人類は旧石器時代のあいだずっと、二足歩行の進化以来、人類の進化上の祖先が暮らしていたのとよく似た狩猟採集民の群れで暮らしていた。やがてホモ・サピエンスには、集団的学習や技術、文化、抽象的思考のための高い能力が備わった。だが、狩猟採集民の性行為には多様性があったとはいえ、そのライフスタイルはおおむね人間に本能として組み込まれたものに近かった。その後、一万二〇〇〇年前から食料の家畜化・栽培化が始まり、人類は定住生活を行うようになった。このライフスタイルの劇的変化は、生活習慣、生活水準、社会組織に大きな影響を及ぼし、人口が急増した。性的パートナーになり得る相手も、一つ場所で暮らすことが以前に比べて多くなった。また、五五〇〇万年前に生まれた農業国家の興隆によって、人類は性的慣習と婚姻を法制化し、本能に即したものでも、「禁忌」とされるようになった行為を非合法化した。一万二〇〇〇年は、進化の観点から見ればほんの一瞬だが、そのあいだに石器から超高層ビルへ、部族結婚からマッチングアプリへと飛躍的な変化が生じた。それでも人類は、解剖学的にも本能的にも、ときおりみだらな考えに興奮したり悩まされたりする半裸の霊長類の部分を多く残しており、東アフリカの風の吹きわたる平原で欲望のおもむくまま自慰を行っていた頃のままだ。そんな好色な小型類人猿が、史上最も複雑な文明や最も強力な帝国のトップに座ったことで、私たちの性生活はさらに複雑なものになろうとしていた。

9 セックスと文明

1万2000年
～250年前

●農業は自然の風景だけでなく、性的な風景も激変させる　●セックスが財産の概念と絡み合う　●女性の性行為に対して非常に厳しい法律と基準が設けられる　●一夫多妻制は当初認められていたが、次第に禁止されていく　●同性愛は当初許容されていたが、のちに抑圧される　●農業国家ではセックスワークとポルノが人間の普遍的現象になる

一万二〇〇〇年前から五五〇〇年前のあいだに、農業によって地球が養える人間の数は八〇〇万から五〇〇〇万に上昇した。世界の農耕地域では、人々が以前より大きくて密集した定住的なコミュニティで長期間生活するようになり、性的パートナーの候補者も多様になった。同時に、農業の性格上、人々は初めて一定の土地を財産として主張するようになった。また、新石器時代の農業が貧弱だったために、生活水準は狩猟採集時代と比べて大きく落ち込んだ。こうしたことがみな人類の性生活に影響を与えた。一夫一婦制や子供に対する接し方、広いコミュニティで受け入れられる性行為の決め方などに変化が生じた。また、農業によって人類の文化は急激に変化したため、これまでゆっくりと進化してきた性本能がそのスピードについていけなくなった。人

類に根深く埋め込まれている動物的な性質（ネイチャー）が環境（ナーチャー）の気まぐれと衝突して緊張感が高まり、しばしば抑圧的な伝統、厳格な刑罰、深刻な不正行為の原因になった。

1万2000年前	肥沃な三日月地帯で農業が始まる
9500年前	東アジアで農業が始まる
5500年前	メソポタミアで最初の農業国家が誕生
5000年前	西アフリカとメソアメリカで農業が始まる
4000年前	東アジアで最初の農業国家が誕生
2500年前	メソアメリカで最初の農業国家が誕生
2000年前	西アフリカで最初の農業国家が誕生

収穫高が恋の邪魔をする

一万二〇〇〇年前から五五〇〇年前まで、国家と呼べるものは存在しなかった。農耕地域は、もっぱら食料生産に従事する文字を知らない人々が集まった農場や村だけで構成されていた。平均的なコミュニティでは、二、三〇人がいくつかの農場や家族に分かれて暮らしていた。農民が生産物や家畜を交換する地域の交易拠点は、徐々に数百人から最大で二、三〇〇〇人が暮らす村に変わった。当時の活気あふれる大都会だ。農場や村の先に広がる広大な内陸部ではまだ狩猟採集民が放浪していたが、まもなく全体の人口から見れば少数派と言える存在になった。

狩猟採集時代と同様、社会的構成要素の最小単位は両親と子供、そしてときには祖父母、おば、おじ、いとこまで含めた家族だった。彼らには、やるべきことがたくさんあった。新石器時代の石器は質が悪く、農業用の大きな道具もなかったので、夫婦ともども畑に出て原始的な道具で土をかき、一日平均一〇時間の重労働に耐えなければならなかった。またたいていの家庭では、家畜の世話をしながら、家をできるだけ清潔に保つ必要があり、料理の準備や製粉、パンを焼くこと、豆を茹でることに多くの時間を費やした。また、収穫の季節が来て腹いっぱい食べられるようになるまでは、乏しい食料で我慢しなければならなかった（もっともそれは、凶作にならないという前提のもとでの話で、現実には凶作の年が多かった）。余剰作物ができたときは、近隣の人々と取引した。通常は、夫婦で物々交換を管理する役割を担った。

農業が始まってすぐに、女性は常にかまどに張りついている主婦であるべきだという考え方が生まれたとよく言われるが、その説には根拠がない。自給自足農の大半はやるべき仕事が多く、飢餓の脅威がいつも目の前にあったから、女性も料理や家屋の掃除だけやっていればいいわけではなかった。おそらくは男性が力仕事を引き受け、女性は（出産時に死ななければ）複数回の妊娠からの回復期間を除いて、夫と一緒に農作業を行った。屋外の肉体労働に従事しない「主婦」は長いあいだ、自作農、自給自足農（と、のちの小作農）から、裕福な地主や余剰作物のある農民、村の商人だけにしか手の届かない贅沢品と見なされていた。労働者階級でもそうした暮らしができるようになったのは、（地域によるが）現代にぐんと近づいた、二、三〇〇年前からだった。

農耕時代初期は、農場の手伝いや年老いた両親の世話、高い乳児死亡率の埋め合わせのために、できるだけたくさん子供をつくることが有益だった。農民はもはや遊牧民ではなかったから、嬰児を殺したり、連れ歩く子供の数を制限したりする必要はなかった。女性は突然のように、生涯に五、六人、ないしはそれ以上の子供を持つようになった。もっとも、女性が産褥死せず、居住地域が人口過多や大飢饉（平均して一〇〇年〜三〇〇年に一回の割合で発生した）にならなかったらの話ではあるが。その結果、農業が定着した地域では人口が急増した。

大人数の家族を持たずに、土地のない働き手に住まいと必要最低限の食物を与えて、農場で働かせることもあったかもしれない。そういう人々は、その資格があると判断されて許可が出ると、結婚し、子供を持った。ときには、性的魅力のある労働者が遺伝子プールの鮮度を保つために、土地所有者家族の一員になることもあっただろう。結婚は原則的に夫方居住型であり、娘はほかの農場に移って、新しい家族のメンバーになった。

農耕民族の男女の結婚年齢は、その時期の物質的状況によって大きく変化した。人口過多や貧困、飢饉の時代には、男女ともに結婚と出産を二〇代半ばまで遅らせる傾向があった（とりわけ、自分の農地を持っていない場合は）。これは、一〇代での結婚が多かった狩猟採集時代とは対照的だ。農民が大変若くして結婚する場合はたいてい地主の一族同士の婚姻で、両家の財産の統合を目的とするきわめて形式的なものだった（要するに、恋愛や情欲に基づく結婚ではなく、土地取引の一種と言っていい）。そうした取り決めが急を要する場合、子供が思春期に達する前に婚約が決まることもあった。もっとも、ようやく食いつないでいる大多数の農民の結婚と妊娠の年齢は物質的状況によって大きく変動し、感情や性的魅力の要素が入り込むケースが多かった。土地を持たない働き手は、土地を持つ農家よりも隠れて乱婚的な関係を持つことが容易だった。それは、子供の有無に左右される財産を持っていなかったからだ（むろん、そうした関係が婚外の妊娠に至らないことが前提だったが）。

家族が生きていくには農地が欠かせないことから、財産相続制度が編み出された。狩猟採集民は、曖昧に区分けされた広大な採食領域の権利を集団ごとに主張していたわけだから、個人あるいは一家族が特定の土地を所有するという考えには馴染みがなかった。ほとんどの農耕文化では、土地は男系が相続した。ただし、男子の跡継ぎがいない場合は、女性が相続する例もあった。ジェンダー平等の観点から相続権が認められる農耕文化はほとんどないに等しい。女性の地主は結婚後に土地の所有権を夫に譲り渡す決まりの文化さえあった。相続人が誰であれ、一族の農地を広げられなかったときや、本来ほかの家族に移るか独力で農業を始めるはずだった子供が居残った場合などは、相続をするたびに所有地はどんどん小さな区画に分割された。土地が小さくなりすぎて、暮らしていけるだけの食物が生産できなくなると、所有者はたいてい土地を放棄したり、譲ったりする。それを大地主が買い取り、土地が寡占化されることは頻繁にあった。

土地相続の結果、農耕文化の多くにとって父方の血筋がきわめて重要な要素になった。地主の家族同士の結婚は次第に業務提携の意味合いが強くなり、当事者の気持ちはまったく無視されるか、たとえ考慮されても二の次になった。そういった結婚によって生まれた子供は、家族がその地域で生き続けるためだけでなく、老いて働けなくなった両親の暮らしにとっても欠かせない存在だった。そこで、女性の性行為が徐々に制限され、管理されるようになった。ほとんどの農耕文化では、女性の婚外セックスは禁止され、不貞はきわめて不名誉な行為とされた。見境なくセックスをする女性は、家族からも社会からも追放されかねなかった（公然と殺してしまう文化もあった）。後述するように、国家社会の興隆に伴って、こうした女性の性行動に対する取り締まりが法制化され、宗教組織がそれを執行するケースが多くなった。

パパ、私に指図して

農業人口、余剰作物、取引拠点が増えていくと、新石器時代のごく限られた人間は、農業に従事する必要のない権力者の地位に就くようになった。村の長老は農民同士のいさかいを仲裁し、個人や家族だけでは実現できない大規模なインフラ計画をまとめ上げた。こうした長老は、功績や能力を評価されてコミュニティ内で選任されるか（ボトムアップ型の権力）、暴力による強制や宗教的な権威を主張して地位に就く（トップダウン型の権力）。どんな経緯でそうなったのかは別にして、まるで人類全体に共通する特性のように、近代以前に存在した一部の共和制国家の特権的一族のあいだでは、合法的にしろ、事実上にしろ、そうした地位が（たとえ、すぐにではないにせよ）数世代のうちに世襲になった。世襲の原則は宗教的な命令や、美徳と優秀な能力は血統を通して継承されるという誤った信念に強く支持された。これは、過去の霊長類とそれほどかけ離れたものではなかった。霊長類はかつて、地位の高い個体の子孫は、たとえ子供でも集団内の同盟の保護を受けていたのだから。この世襲の原則によって、数千年にわたって世界の多くの地域で、家柄が良いという理由だけで何百万もの人間を支配する貴族階級（庶民とは別の生物種のように扱われた）が生まれてきた。現代でも、こうした縁故主義的で不合理な動機はなおも勢力を持っており、しばしば有名人や政治家の子供に特権が与えられたり、敬意が払われたりする。

農作物の余剰が増えるにつれて、農業に関与せずに専門的な職業を追い求められる人――国王、封建領主、商人、軍人、職人、芸人、聖職者、筆写人など――の数も増加した。それでも、近代になるまでは八〇～九〇パーセントの人々が農業に従事して生涯を過ごした。素朴な（そして、だいたいが生活難にあえぐ）農民たちの暮らす活気のない集落群の中心に、都市や国家が出現した。最初の都市国家は、およそ五五〇〇年前（紀元前三五〇〇年）のメソポタミアに築かれた。人口一万人のエリドゥと八万人のウルクという二つの都市は、地方から流れ込む余剰作物によって支えられていた。

五五〇〇年前に職業兵士が誕生すると、時をおかず奴隷制が広く普及した。ほとんどは農場での強制労働だったが、売春宿やハーレムにも奴隷の家事使用人や女性の性奴隷が送り込まれた。奴隷が家族を持てる文化もあれば、奴隷が家族を持つことを厳格に禁止し、禁を破った奴隷（男性）を去勢する文化もあった（通常、去勢による死亡率は高かった）。また、奴隷の所有者は、人間家財と見なされている人々を待ってましたとばかりに強姦し、妊娠させた。それ以外の平民、農奴、小作人は、貴族階級への服従を法律で強制された。平民と貴族が性的に親密な関係になると、たいていは顰蹙（ひんしゅく）を買った。とりわけ、女性貴族が妊娠したときはひどい結果になった。とこ

ハンムラビ法典の石柱

ろが歴史上のほとんどの文化では、男性貴族がやりたい放題に平民女性と性的関係を持ち妊娠させることは、暗黙どころか、あからさまに許されていた。人類直系の祖先である霊長類の一夫多妻制に向かう動機は、依然として強力だった。

労働が分業化され、貿易品が流れ込み、都市国家の社会的複雑さが増したことで、人間はあらゆることを記録するために筆記を発明した。およそ五五〇〇年前のウルクの粘土板に書かれたものは、農業生産物や家畜の記録にすぎない。それでも筆記は、歴史や哲学、外交書簡、教典、法律と共に進化した。三七五〇年前（紀元前一七五〇年頃）のハンムラビ法典の石柱は、奇妙なことに――いや妥当であると言うべきか――男根の形態を取っている。私たちが本書で目指しているものにとっておそらく最も重要なのは、前近代の様々な文化がいかに当時の人間の性生活を支配していたかを、書き残された記録が垣間見せてくれる点だろう。

我は一夫多妻、汝(なんじ)は禁止

アフリカ大陸とユーラシア大陸、南北アメリカ大陸の前国家的な農耕社会に生まれた最古の文明――メソポタミア文明、エジプト文明、中国文明、インダス文明、オルメカ文明――には、共通点が一つある。農民が一夫一婦制だったのに対して、社会的地位の高い裕福な男性は一夫多妻（複数の妻を持つ形式と、一人の正妻と複数の側室を持つ形式があった）だった点だ。この傾向は多くの狩猟採集文化でも見られ、最初期の国家は狩猟採集民の祖先からその伝統を直接引き継いだようだ。どうやらこれが多くの文明の「デフォルト設定」らしい。大半の人間は本能的に一夫一婦制を選ぶが、男性有力者が妻以外の女性と関係を持つことは社会的に否定されないし、法律で禁止されることもなかった。歴史を通じて、宗教的あるいは哲学的理由によって、一夫多妻制を公然と忌避した文明は一五パーセントほどしかない。

一夫一婦制に向かう動機は過去一九〇万年のあいだに強まってはきたが、ヒエラルキー上位のオスを優遇する一夫多妻制という進化のお荷物には数百万年の歴史がある。ホモ・サピエンスの場合、一夫一婦制を選ぶ本能は、富と権力を持つ男性か、カルトや宗教組織の教義によってたびたび踏みにじられたようだ。前者の場合、少数の男性が複数の妻を持つことになり、後者の場合はほとんどの男性が複数の妻を持つことになる。宗教について言えば、成功したいかさま宗教家が口をそろえて、自分と仲間が複数の女性と定期的にセックスをするのは、何らかの理由でそうすることが大変重要であると神がお考えになったからだと信者を信じ込ませ、その一方で、女性の乱婚や不倫は厳しく罰するべきだと教えを垂れたのは、おそらく偶然の一致ではないだろう。

古代メソポタミアの都市国家の祭司王は一夫多妻だった可能性が高い。古代エジプトのファラオの多くも同じで、自分の地位を誇示し、後継者が生まれるチャンスを確実にするためにそうしていた。旧約聖書には、複数の妻を持つ父祖、預言者、聖者の例がふんだんに出てくる。モーセにも三人の妻がいた。また、初期のヘブライ人の部族には一夫多妻制が定着していた。この伝統は古代イスラエルに引き継がれ、侵略者である古代ローマ人が抑圧しようとしたものの一つとなった。新約聖書でさえ、イエスは複数の妻を持つ問題についてはは多くを語らず、曖昧な表現に終始しており、『コリント人への手紙』で使徒パウロが一夫一婦制をはっきり支持しているにもかかわらず、キリスト教の一部宗派に一夫多妻制を擁護する根拠を与えた。古代インドの文化の多くは一夫多妻制を認めており、ヒンドゥー教の聖典には、裕福な者や権力者が複数の妻を持つことは標準的な慣行だと書かれている。中世西アフリカの諸王国で特権階級が一夫多妻制を採用したのはイスラム教の影響もあったが、戦争はただ相手の土地を奪うだけでなく、女性を捕らえて奴隷にすることを重視していたからだ。仏教は一夫一婦か一夫多妻かの判断を下していない。結婚は「現世の問題」であり、涅槃(ねはん)に至るために現世を超越しようとする僧侶の関心外だったためで、そのおかげで、タイやミャンマー、スリランカ、チベットには別の結婚制度と並行して、二〇〇〇年前までさかのぼれる一夫多妻制が残っている。

古代中国では、農民の大半は一夫一婦制だったが、男性が二人以上の女性を扶養できる場合、内縁の妻を持てた。ほとんどの場合、内縁の妻になる女性は下層階級出身で、正妻より地位が低かった。中国の法律は、階級に応じて一人の男性が持つことのできる側室の数を制限した。小貴族はせいぜい数人だが、皇帝になると数百人の側室がいた。また、一族に男子の跡継ぎが足りないときには、追加で妻を持つことを許される場合もあった。

古代ギリシャでは、特権階級である程度の一夫多妻制が認められていたが、ローマ帝国の支配下に入るとこの慣習は廃止された。一方、ローマでは一夫一婦制が義務化されていたが、例外がないわけではなかった。売春が合法だったローマでは、自分の奴隷を自由にレイプできた。奴隷は人間としての立場を剝奪された存在だったからで、ローマ市民はほかの男性の妻と関係を持った場合だけ、正しい結婚生活からの堕落として罰せられた。ローマの女性には、同様の性的自由は認められていなかった。

イスラム世界では預言者ムハンマドの例にならって、男性は複数の妻をめとることが許された。ただし、男性がその女性らを扶養し、平等に物質的な充足を与え、尊重することが条件だった。ムハンマド自身はこの点で興味深い選択をしている。彼は六歳の少女と自分の息子の前妻の両方と結婚したのだ。一九世紀、二〇世紀、二一世紀と時代が進むにつれて、一夫多妻制は世界の多くの地域で徐々に廃されていったが、イスラム世界ではいまだに慣習として存続している。ただし、イスラム世界にも例外が存在する。たとえばトルコでは、世俗法で一夫多妻制が禁止されている。また、アルバニアやコソボのようなイスラム教徒の人口が多い南ヨーロッパの国々（アルバニアとコソボは共産主義体制下で世俗化を強制された）や旧ソ連の構成国だった中央アジアの国々でも同様だ。

古代ローマの伝統から生まれたヨーロッパのキリスト教は、ほとんどの地域で一夫一婦制を強制したが、特権階級が愛人を囲い、非嫡出子が生まれることはよくあった。中世と近世初頭のキリスト教国では、国王が愛人をつくらないほうがめずらしいぐらいだった。キリスト教には、一夫一婦制の原則から外れる例外が数多く存在する。たとえば、ジョセフ・スミスは一八二〇年代にニューヨーク州北部で聖書とは別の聖典を掘り出して翻訳したと主張し、その後、末日聖徒イエス・キリスト教会(モルモン教)の指導者になり、神は一部の信者が複数の妻をめとることを望んでいると公言した。モルモン教の一夫多妻制は、教会が拠点としたユタ地域が一九世紀末に米国の州への昇格争いをするときまで続いた。当時、一夫多妻制はユタが昇格するうえで大きな障害になっており、モルモン教の幹部は実に都合よく、もはや一夫多妻制は自分の計画にないという神からのメッセージを受け取ったそうだ。現在、モルモン教原理主義者の小さな分派がこの決定を糾弾(きゅうだん)し、米国法を無視して一夫多妻制を実践している。

人類の最近の進化史を丹念にたどれば、一夫多妻制がなぜ古代から中世へ、さらには現代まで生き延びたかを理解するのはさほど難しくないだろう。ところが、(進化とはまったく別物である)文化の力によって、少数派の文化に一妻多夫制(一人の妻に複数の夫)が導入されている。それを実践している人類に最も近い霊長類の類縁を見つけるには、進化の系統樹を四〇〇〇万年以上さかのぼらなければならない。にもかかわらず、宗教上の理由から、チベットやスリランカ(一夫多妻制も認められている)、さらにはインドのヒマラヤ地方には一妻多夫制が存在したし、

太閤秀吉とその妻妾たち。『太閤五妻洛東遊観之図』（喜多川歌麿）より

イスラム以前のアラビアにもあったと伝えられる。もっともたいていは、女性が血縁関係のない男性を集めたハーレムを持つのではなく、男性の親族間で妻を共有するシステムだった。今日、親族間で妻を共有する同様の慣習は、南米や太平洋の一部の狩猟採集文化で見られる。

近代以前の結婚の喜び

結婚に関する最古の記録は、およそ四三〇〇年前（紀元前二三〇〇年）にメソポタミアにあったアッカド帝国までさかのぼる。農耕社会では、結婚が人類全体に共通するものになったが、その正当事由や儀式、義務などは様々だった。農耕時代には、結婚が家族間のビジネスや財産取引であることが一般的だった。文化によっては、新婦を家族から買うために、新郎が金銭、家畜、あるいは労働の約束という形で婚資を支払った。別の文化では、娘を引き取って面倒をみることの代償に、新婦の家族が新郎に持参金を払った。
古代ヘブライ人の部族がそうだったように、一部の社会では妻を財産と見なしており、「モーセの十戒」でも奴隷や家畜と同等に扱われている。ただし、この「財産」には数多くの家族の義務が付随していた。古代ローマなどの伝統では、妻は新しい家に嫁ぐと、慣例として実家の遺産を相続する権利をすべて失った。一二世紀以降、キリスト教徒の女性は嫁いだことを世間に知らしめるために、夫の姓を名乗るようになった。一部の古代インド文化では、女性の財産権は大幅に制限され、紀元前五〇〇年〜三〇〇年には「サティ」という慣習まで広まった。これは、夫の火葬の際に妻が焼身自殺するか、生きたまま一緒に埋められることを意味し、その目的は夫の相続人が財産を妻に分ける必要がないようにすることにあった。イスラム世界では、夫を亡くした女性の再婚が認められたが、「イッダ」と呼ばれる三カ月ほどの待婚期間を持つことが条件とされた。新しい夫が、生まれた子供を前夫ではなく自分の子だと確信できるようにするためだ。

　古代ギリシャでは、妻は家族間で取引され、そのおもな役割は財産を相続できる嫡出子を産むことだった。夫はたいてい、気ままに売春婦や奴隷と非嫡出子をつくったから、妻は夫の貞節を期待しても無駄だった。同じことが中世日本にも当てはまり、妻は夫に従い、貞節でなければならないが、夫は婚外で性のスリルを自由に追い求めることができた。イスラム教シーア派では、「一時婚（ムトア）」が結婚の抜け道になり、男性はただセックスをしたいがために結婚し、目的を果たすとすぐに妻に難癖をつけて離婚した。女性の性行動に対する厳しい制約とダブルスタンダードは、父系優先への前近代的な執着と、夫の嫡出子が土地や財産を確実に相続できるようにするために生まれたものだった。

そのせいで、大半の農耕社会では女性の不倫は重大犯罪と見なされた。既婚女性とセックスをした男性に対しても厳罰が適用されることが多かった。古代バビロンの巨大な男根像(ファルス)に彫り込んであるハンムラビ法典には、不倫した女性と相手の男性は溺死させろという命令が書かれている。イスラム法では未婚者の密通に対する刑罰は鞭(むち)打ちだけだが、不倫の場合は石打ちされる男性は腰まで埋められ、女性は即死の可能性を高めるために首まで埋められた。古代ギリシャやローマ、古代中国では、不倫した女性の名誉殺人*は、不倫相手の殺害とともに社会的に認められていた。中世ヨーロッパでは、不倫した女性は鞭打ちや公の場での辱めといった刑に処されたが、夫が連れ戻しに来るまで、頭を剃(そ)られて修道院に閉じ込められることも多かった。古代インドでは、性愛論書『カーマ・スートラ』で霊的に悪いこととして夫婦双方に姦通を禁じており、社会的な制裁は公の場での辱め、収監、死刑など様々だった。

結婚生活における快楽目的のセックスは、程度の差はあるが、奨励されるか禁止されるかのどちらかだった。古代ローマでは、自分の妻と快楽のためにセックスにふけることは、男性に不可欠のものと見なされ、社会的地位にも影響を及ぼした。日本では、夫婦間の快楽目的のセックスに社会的汚名の烙印(らくいん)が押されることはなく、創意に満ちた夫婦生活を描いた記録が残っている。インドでは、結婚生活におけるセックスで快楽を感じることは、夫婦の絆を深めるために大切で

訳注＊　家族や帰属集団の不名誉になる行為を行った者を親族が殺す行為。被害者の多くは女性である

あるとされ、そういう幸福な状態に達するために数多くの手引書が書かれた。

逆に、ユダヤ教、キリスト教、イスラム教では、セックスはもっぱら生殖行為と見なされ、イスラム教とユダヤ教では割礼（かつれい）が宗教上の義務にもなった。男女両方の割礼が行われる場合もあり、それはおもに性的感覚を鈍らせることを目的としていた。割礼の慣行は中世キリスト教世界ではもっぱら否定されていたが、一九世紀と二〇世紀には多くの権威者と活動家が、性器の清潔さを保ち、性病にかかるリスクを軽減し、（実に疑わしいが）オナニーの欲望を消し去る手段として、これを支持した。こうした考え方は特に北米で根強く、一九五八年に包皮切除を行った男性の割合は八〇パーセントで、その後いくらか落ち込みながらも、二〇二〇年には依然として五三パーセントあった。

快楽目的のセックスが社会的に認められていたかどうかに関係なく、古代ローマから中国まで、そしてサハラ砂漠以南のアフリカから中世ヨーロッパに至るまで、婚姻契約は子供を持つことを中心に成り立っており、それにはセックスが不可欠だったため、夫婦間のレイプは認められる場合が多かった。つまり二〇世紀になるまでは、好むと好まざるとにかかわらず、結婚した女性は夫とのセックスを常に強要される可能性があったわけだ。

その一方で、多くの宗教や文化が女性への家庭内暴力を容認するか、少なくとも暴力を振るうのが「適切な」状況を規定していた。たとえばイスラム教では、まず夫が妻に道理を説き、その後ベッドで妻を拒絶し、それでも言うことを聞かない場合には暴力を振るってもいいとされた。その暴力は「残酷すぎてはならない」という但し書き付きだったが。

農耕社会に生きる人々の多くは一〇代か二〇代（つまり思春期後）に結婚したが、近代以前は、財産問題が絡む場合、児童婚がごく当たり前に行われた。場合によっては、子供を誘拐して結婚させることもめずらしくなかった。中央アジア、中国、インドや中世スラブ人の一部、それに中世と近世のイスラム教徒との結婚を強制された無信仰者にとっては、それが伝統にまでなっていた。

一方、結婚生活にあまり魅力を感じられない人に対しては、文化によって様々な離婚の方法が認められていた。普通、婚姻は財産契約であり社会的義務であるため、たとえ結婚に不満足であっても簡単に放棄できなかった。古代ギリシャでは、離婚を望む理由（不倫や虐待など）を裁判官に説明する必要があった。近代以前の日本では、離婚には夫の出す離縁状が必要とされた。夫が承諾しない場合、女性は寺に逃げ込んで三年過ごし、夫が法的および社会的に離縁状を書かざるを得なくなるのを待つしかなかった。イスラム教では、男性は口頭で結婚生活の放棄を宣言して離婚できるが、ただしこの「即席離婚」は状況によってはタブーとされる。女性のほうは、離婚の成立のために訴訟を起こさなければならない場合が多いうえに、不都合にも、イスラム法では女性の証言は男性の半分の価値しかないと規定されていた。キリスト教を公認する前のローマ帝国では無過失離婚が事実上認められており、夫も妻も結婚の誓約を破棄できた（女性は婚姻関係を維持するように強制される場合もあったが）。ところが、結婚を聖書に基づく神聖な儀礼と見なすキリスト教が公認されると、離婚はカトリックと正教の両方で厳しく制限された。そうなったあとも、離婚できたし（裕福であれば、だが。その場合でも、この手段を選ぶのは男性が多かった）、（公式別居をすることも可能だった。もっとも当時の女性には、コミュニティから村八分にされたり、実家から絶縁されたり、夫との和解を強要されたりするリスクがあった。

農耕時代の結婚は味気ないように思えるかもしれないが（確かに、多くの人がそう感じていただろう）、恋愛は一〇〇万年以上の年月をかけて進化した自然な本能であることを思い出してほしい。だから、この生物学的現象が農耕時代には休止状態にあったなどと考える根拠は何ひとつない。ほぼすべての農耕文化に、恋愛を理想として称える文学が存在する。結婚後もおたがいを強く思い合っている夫婦もかなりの割合でいただろうし、見合い結婚に関する現代の研究によれば、多くの夫婦がたとえ渋々ながらも、徐々に相手を尊重するようになるという。だから、私たちの祖先の相当数が純粋な愛情を抱き合っていたことは疑う余地がない。たとえ、彼らが厳格で抑圧的な文化のなかで生きていたとしても。

それに対して、結婚が財産契約としての意味を失い、少子化が進み、生殖が第一目的という考え方が衰退し、二〇世紀に無過失離婚が導入されて、愛情が冷めれば配偶者への義務感も薄れ……といったいまの状況はどれも、現代の結婚観がいかに歴史が浅く、前例のないものであるかを浮き彫りにしている。狩猟採集社会や農耕社会にはこうした結婚観はかけらも存在しなかった。だから、伝統主義者ではなく、特に信心深くもない人々が、現代における結婚が何を意味するのかわからなくなり、混乱してしまうのも無理はないのだ。

シスヘテロ以外の農民

農耕という生活様式によって、一定の地域に多くの人が密集して暮らすようになったため、バイセクシュアル、ホモセクシュアル、インターセックス、トランスジェンダー、ノンバイナリーの人口比率が狩猟採集時代より際立つようになった。非シスヘテロの人々と活動が突然、爆発的に増加したことは、文化的および歴史的記録を見れば明らかだ。国家が誕生する前の農耕社会から出現した最古の文明（メソポタミア、エジプト、中国、インダス、メソアメリカ）は、程度の差こそあれ、同性愛も両性愛も受け入れていた。初期の国家社会の同性愛に対する姿勢は、一夫多妻制に対するものとよく似ている。古代メソポタミアでは、同性愛はしばしば芸術に登場し、男性のアナルセックスは宗教的儀式の一部であったようだ。ハンムラビ法典でさえ、女性がほかの女性と結婚するための規定を設けている。古代エジプトでは、同性愛が禁止または蔑視された証拠はなく、上流階級のあいだでゲイやレズビアンのセックスが公然と行われていたことを示す証拠がわずかに残っている。中国の漢王朝（紀元前二〇二年～紀元後二二〇年）では、皇帝が男性の愛人を迎えることがあったといわれる。この慣習は六〇〇年代に段階的に廃止され、一二〇〇年代に消滅した。それから四世紀後の清王朝では、同性愛は投獄または鞭打ちの刑に相当する犯罪になり、一九世紀になると、刑罰は投獄または死刑へとエスカレートした。

中世日本では、同性愛を罪とする明確な法律や宗教上の禁止令は存在せず、一九世紀の明治維新まで社会で広く容認されていたようだ。紀元前五世紀の古代インドでも同性愛は許容または黙認されており、『カーマ・スートラ』には、男性同士のフェラチオだけでなく、男性同士の結婚に関しても詳しく記されている。その後紀元前二世紀になると、同性愛は罰金、宗教的苦行、身分(カースト)の剥奪などの処罰の対象になった。一二〇〇年代のイスラム勢力によるインド征服後、同性愛に対する刑罰はさらに厳しくなり、投獄または死刑にまで引き上げられた。メソアメリカでは、オルメカ、マヤ、アステカ、インカのすべての文明で同性愛は許容されており、社会を構成する要素として受け入れられていた。その後、スペイン人の征服者がやって来ると、同性愛者の男性は銃殺、首吊り、火炙(あぶ)り、犬責めなどで処刑された。

　古代ギリシャ文化においては、成人のゲイ関係に対する社会の否定的姿勢（たとえばプラトンは、アナルセックスを「自然に反する」と表現している）と、エフェボフィリア（青年中期から青年後期の若者への性的興味）、場合によってはペドフィリア（思春期前の子供あるいは青年前期の若者への性的興味）も含めた同性愛に対するあからさまな称賛とが入り交じっていた。ストレートかゲイかという二項対立は存在せず、男性は〝挿入する側〟と〝挿入される側〟として定義された。ギリシャの習律(モーレス)では、〝挿入する側〟は肛門に挿入される恋人よりも男性的であるか、地位が高いか、年上かなど複数の条件を備えていなければならなかった。ゲイ・セックスは、男性的だったり、地位が高かったり、年上だったりする者が〝挿入される側〟に回ったときだけ批判された。同年代や同じ地位の成人同士のゲイ・セックスも嫌悪の目で見られることが多かった。だが、社会的に受け入れられた特定の状況では、同等の者同士がたがいに挿入し合うこともあっ

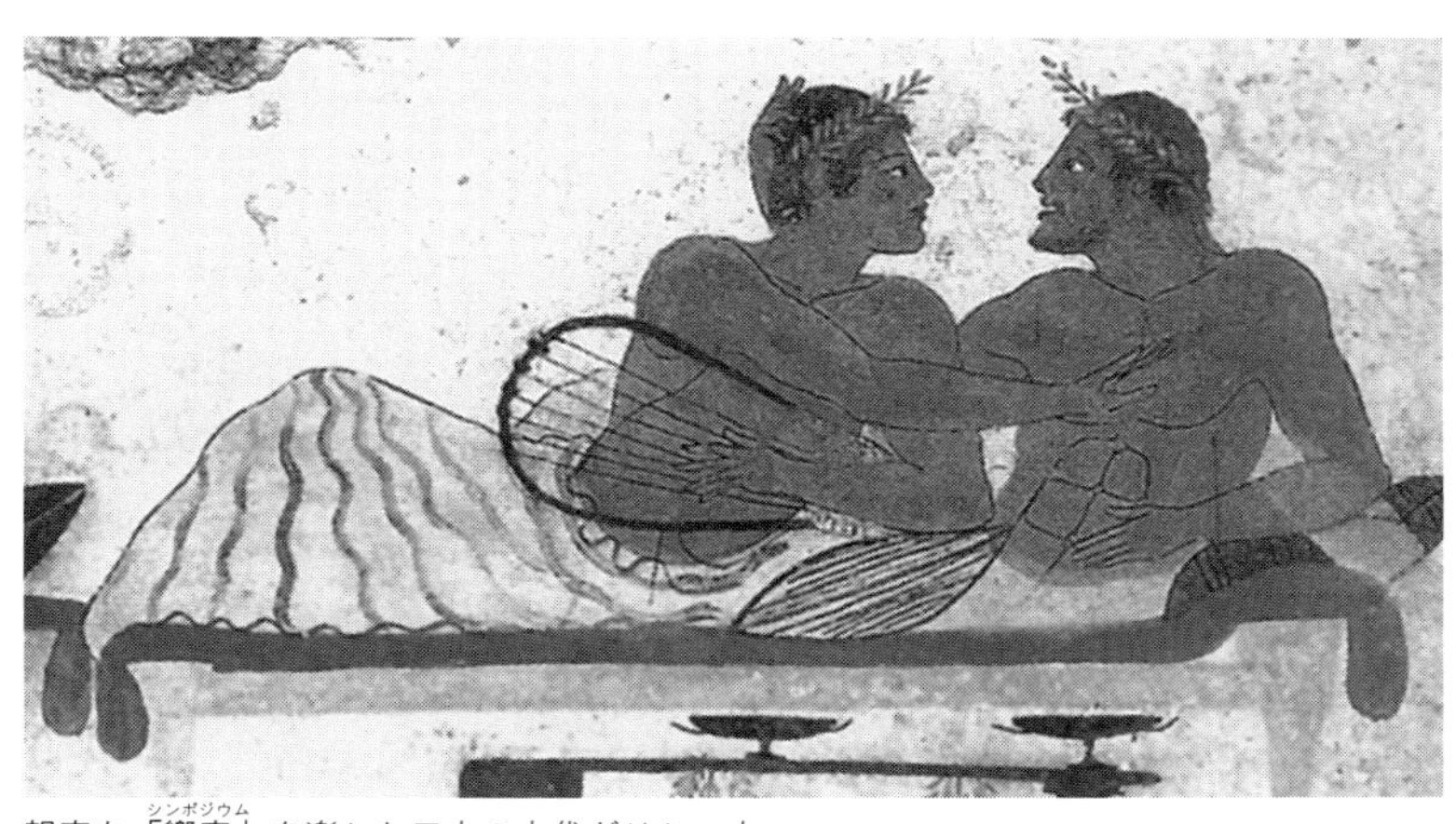

親密な「饗宴(シンポジウム)」を楽しむ二人の古代ギリシャ人

た。テーベの神聖隊*は最も有名な例だ。この兵士集団では、仲間をゲイの恋人と考えることが奨励され、戦場では「恋人」を守るために勇猛に戦うことを期待された。もっとも、これは一般的なルールではなく、きわめて特殊なものだった。

その一方で、ギリシャ人の成人男性は一〇代の青年や思春期前の少年と自由に性的関係を持てた。また状況によっては、成人男性が若い奴隷男性をレイプすることもあったが、そうした行為はおおむねタブー視された。逆に、年長者が性関係を持ちながら若者に哲学を教えるという意味で、年上の男性が若い恋人を受け入れることは理想的と見なされ称賛された。この慣習は大いに広まり、同性愛者の枠を超えて、ストレートの青年も教育を受けるときに年上の男性の恋人になることを申し出るほどだった。一

訳注＊　紀元前三七八年に結成された選抜歩兵部隊。三〇〇人で構成され、愛し合う者同士二人が組んで戦ったといわれる

〇代後半の若者を相手にするエフェボフィリアはとりたてて批判の対象にはならなかったが（そもそも少女は一三歳ぐらいで嫁いでいた）、成人男性が思春期前の少年とセックスする慣習は当時でも問題があると見られがちだった。だからといって、その慣習が廃れることはなかった。同じく中世の日本でも、一度に一人しか恋人を持たないという条件で、武士は少年（ほとんどが一〇代）と恋愛関係を結んでいた。

史料にはほとんど出てこないが、古代ギリシャでは似たような慣習がレズビアンにまで拡大されたらしい。ギリシャのレズビアンについては、プラトンの言葉とサッフォーの詩の断片（その九五パーセントは中世に失われた）ぐらいしか文献は存在しない。そもそも「レズビアン」という言葉そのものが、サッフォーの生まれたレスボス島に由来している。レズビアンはギリシャ社会に不可欠な要素であったらしく、成人女性同士の関係が問題になることは少なかった。それは、当事者のどちらも男らしさの保持という脆弱な観念にしがみつく高位の男性ではなく、〝挿入する側〟と〝挿入される側〟という二分法にこだわらなくてよかったからだ。レズビアンについての記述が歴史的あるいは文化的記録に出てくる頻度は、男性の同性愛の場合より少ない。その理由は、近代以前の著述と芸術が男性中心であり、そのうえ農耕時代の女性はたとえ同性に惹かれても、結婚やセックスの相手を自分で選べることはまずなかったからだろう。

キリスト教以前のローマにおけるゲイ・セックスはギリシャの場合と同じで、ゲイとストレートという二項対立は存在せず、年上で、たくましく、地位の高い男性が従順なパートナーの男性に挿入すべきだという考え方がそのまま残っていた。ローマ人は自由に男娼を買うことができたし、自分の所有する奴隷男性のレイプは社会的な禁止事項ではなかった。それでも、思春期前の子供は奴隷ではないという考えに基づき、ペドフィリアは禁止されていた。レズビアンに対してはもっと敵対的で、伝統的な女性の役割に反するという理由から、「野蛮で放縦」（三世紀の哲学者イアンブリコスの言葉）とされた。そして、女性の不倫に対するローマ人の見方から類推すれば、既婚女性がレズビアンの関係を持った場合は特に厳しい態度を取ったにちがいない。

四世紀のローマ帝国では、ユダヤ教に基礎を置くキリスト教とその道徳規範が採用されたために、同性愛に対する姿勢はいっそう厳しくなった。数千年のあいだ、ユダヤ教の律法（トーラー）は同性愛を禁止していた。『レビ記』では、同性愛者の男性は死刑にせよとはっきり命じている。また、ソドムとゴモラの滅亡の物語は、数ある罪のなかでも、とりわけ同性愛行為のせいで神が二つの都市を罰したものと解釈されることが多い。新約聖書にある使徒パウロによる『ローマの信徒への手紙』でも、男女両方の同性愛をはっきり非難している。ほかにも、使徒パウロやイエスの言葉に、同性愛の禁止をほのめかす箇所が散見される。

ローマがキリスト教を受け入れた結果、同性愛は古代後期から中世、そして二〇世紀半ばまでの近代の大部分を通じて非合法化された。所定の刑罰には、修道院への監禁、投獄、拷問、死刑などがあった。そんな過酷な処罰を受けたのはゲイ男性だけではなく、レズビアン女性も溺死刑や火炙りの刑にされた例が数多く見られる。同様の方針は、ユダヤ教とキリスト教の直系の継承者を自認するイスラム教にも引き継がれた。積極的であれ消極的であれ同性愛行為を行った者に対して、伝統的なイスラム法は、鞭打ち、石打ち、高所からの逆落としなどの刑罰を規定している。イスラム教は同性愛を不貞行為と同一視することも多く、同じ刑罰が課せられた。こうしたことはすべて、三大宗教の教義にある、セックスは何をおいても生殖が目的であるとする考え方に基づいている。キリスト教とイスラム教がサハラ砂漠以南のアフリカ、南北アメリカ大陸、アジアの新しい地域に広まり、世界宗教になるにつれて、同性愛に対する敵意も広がっていった。こうした社会にも一二パーセント程度は同性に惹かれる人がいたはずだが、おそらくそうした関係を頑なに秘密にして、歴史上の記録には残さなかったのだろう。

もっとも不倫同様、あからさまでなければ、特権階級は何のお咎めもなく同性愛関係を結ぶことができた。キリスト教国の国王やイスラムのスルタン、それに九世紀のアッバース朝のカリフにさえ多くの同性愛者がいたと考えられる。またイスラム世界の一部では、ローマ帝国崩壊後も古代ギリシャの知識や慣習の大部分が引き継がれ、エリート層のあいだで青年を生徒兼恋人として受け入れる慣習が復活しさえした。もっともこれは、「ハディース*」や「シャリーア†」とは相容れない行為だった。たとえ特権階級でも、同性愛行為をしたり関係を結んだりすれば、生命の危険を招きかねなかった。たとえば、イングランド王のエドワード二世は同性愛者だったといわれるが、宮廷における枢要な地位を次々と愛人に与えたことが、彼の統治に対して反乱が起きる引き金になった。エドワード二世は一三二七年に廃位させられて、その後まもなく殺害された。

初期の歴史文献には曖昧な部分もあるが、農耕時代のトランスジェンダーやノンバイナリーの運命も似たような軌跡をたどったようだ。当初、農業国家はその存在を黙認ないしは容認していた形跡がある。メソポタミアでは、祝祭の祭司は女性を自認する女装男性で、宗教儀式で重要な役割を果たした。彼らは四五〇〇年前に、有史以来初めて登場したトランスジェンダーと考えられる。もっとも、ガラの祭司の多くが妻子持ちだったという記録があるから、みながみなトランスジェンダーだったわけではないらしい。このことは、祭司という立場を離れたところで、シスジェンダーの関係（トランスジェンダー女性のレズビアン関係とは別物）を持っていたことを示している。また、トランスジェンダーやノンバイナリーが、宗教儀式以外のメソポタミア社会でどう受け止められていたのかははっきりしない。

なお、古代エジプトや中国で宦官（かんがん）の伝統が長く続き、彼らを女性または第三の性として扱っているところを見ると、トランスジェンダーやノンバイナリーが受け入れられていた可能性がある。もっとも、歴史文献のなかには、一部の宦官を男性とはっきり特定しているものもあり、強制的に去勢された人もいたようだ。それでも、宦官を女性または第三の性とした記録のほうが数が多く、政界や宗教界で高い地位を得た人もいたらしい。宦官ではないトランスジェンダーやノンバイナリーが、社会全体でどう受け止められていたかについては、ほとんど何も知られていない。

古代インドにも、トランスジェンダー女性あるいは第三の性と見なされたヒジュラという階級があり、その多くはやはり宦官だった。しかし、宦官ではないヒジュラも多く、女性を自認して

訳注＊　イスラム教の預言者ムハンマドの言行録

訳注†　クルアーン（コーラン）とムハンマドの言行（スンナ）に基づき、宗教・道徳・社会生活上の規定を体系化した法

バングラデシュのヒジュラたち

いる人もいれば、男性を自認しながら、女性装をして女性的な振る舞いをする人もいた。また、タイ（かつてのシャム国）のカトゥーイは数百年続いた文化に存在したトランスジェンダーだが、仏教の教えでは「前世の罪の報いを受けた男性」と貶められている。

ギリシャ・ローマ世界では、宦官は政界または宗教界で高位に就くことができた。たとえば、ガッライという祭司職は自分で去勢を行い、女性の服を着て、女性を自認していたという記録がある。だからといって、社会全体がトランスジェンダーやノンバイナリーを受け入れていたとはとうてい言えない。ギリシャの哲学者ヒポクラテスは、トランスジェンダーを精神障害に分類していたらしい。ローマ人は、宗教が絡む状況以外ではトランスジェンダーを嫌っていた。伝統的なローマ人の男らしさを崩壊させる存在と考えたからだ。女性的な男性はおしなべて、堕落と退廃の象徴、それに共和制ローマと帝政ローマの末期における文明の衰退の予兆と見なされた。ローマ皇帝ヘリオガバルスはトランスジェンダーであった可能性が高く、彼の政敵はこのことをプロパガンダに利用した。ローマの記録によると、ヘリオガバルスは女性を自認して人工ヴァギナまで作らせ、不満を持つ特権階級の意を汲んだ近衛兵に暗殺されるまでの混乱の四年間、帝国を支配した。ローマでキリスト教が受け入れられると、トランスジェンダーとノンバイナリーの行動はさらに強い敵意を浴び、その傾向は中世から近世まで根強く残った。

ちなみにイスラム以前のアラビアには、ＬＧＢＴＱＩＡ＋[*]だけでなく、単にジェンダーのステレオタイプには当てはまらない人々まで広く包含する第三の性の概念が存在した。イスラムの台頭後は、第三の性はムカンナートと呼ばれるようになり、そのほとんどが女性的な服装や行動を好む柔弱な男性（ストレートもゲイもいた）だった。この人々のなかには、トランスジェンダーがかなり含まれていたのだろう。宦官（多くは強制的に去勢された奴隷男性だった）とインターセックスは別のカテゴリーに分類された。イスラム世界では、同性愛は伝統的に死刑に値する罪だが、ハディースは現代では、トランスジェンダーと見なされる行為に対して、死刑ではなく追放を推奨しているようだ。

これまで存在した社会の約八五パーセントは一夫多妻制を容認していたが、同性愛、トランス

訳注＊　Ｌ＝レズビアン、Ｇ＝ゲイ、Ｂ＝バイセクシュアル、Ｔ＝トランスジェンダー、Ｑ＝クィア、Ｉ＝インターセックス、Ａ＝アセクシュアル、＋＝その他

ジェンダー、ノンバイナリーを許容していたのは五五パーセントに限られ、多くの場合、その寛容度はきわめて低かった。一夫多妻制は過去二〇〇〇年間、世界のあちこちで顰蹙を買ってきたとはいえ、非シスヘテロ的な行為に対する法的刑罰のほうがはるかに重かった。また、一夫多妻主義者は自分で選んだ生き方のせいで社会の迫害を受ける場合が多いが、同性愛者や性別違和を持つ人々は、その生物学的あるいは心理学的特徴によって迫害を受けてきた。不寛容な農耕時代に同性愛者として生まれたら、どれほど辛(つら)い思いをしたことだろう。この時代を生きた推定一三億人の同性愛者の大半は、おそらく地獄のような日々を耐え忍んで生きなければならなかったのだ。

世界最古の専門職?

食物の対価としてセックスを提供する霊長類の習慣の始まりは、四〇〇〇万年前、いや、もしかすると五五〇〇万年前にさかのぼるかもしれない。旧世界ザルと新世界ザルの多くの種と大型類人猿がそうした行動を取っている。チンパンジーのような乱婚型の霊長類では、メスがもう一日生き延びるための食物とセックスを交換しても、失うものはほとんどない。オスのチンパンジーが、メスの子供を父親らしく世話することなどあり得ないからだ。ところが、一九〇万年前のホモ・エレクトゥスにおいて一夫一婦制が進化したことで、この習慣に新たな側面が付け加えられた。その後の人類の祖先はペアの絆を結び、オスは少なくとも名目上、子供の世話をすると同時に、パートナーに継続的に食物を提供しなければならなくなった。もしホモ・エレクトゥスのメスが、オスとペアの絆を結ばずに一回分の食物とセックスを交換すれば、それは売春やセックスワークとたいして変わりがない。とはいえ、私たち人類はまだそこまで到達していない。そのような行為は一貫した活動や定職ではなく、依然としてその場しのぎのものだった。ホモ・サピエンスの狩猟採集社会では、人々は食物、装飾品、衣服、個人的な頼み事と引き換えにセックスをしたことが知られている。もっとも遊牧民的な生活を送る狩猟採集民は個人財産をほとんど持っておらず、部族内の食物共有が日常的に行われていたから、目先の利益とセックスの定期的な交換を促す動機はないも同然だった。

定住生活を送る人間が一攫千金を狙って「世界最古の専門職」に本格的に手を染めたのは、農耕時代になってからだった。個人財産、土地、余剰作物、やがては通貨も蓄積されるようになったことで、女性も男性も支払いのために定期的にセックスする頻度が増加した。記録が残っている最古の事例はメソポタミアのもので、セックスワークには文明そのものと同じくらい歴史があることを証明している。今度もまた、そういった行為は初めから受け入れられたようだ。それどころか、セックスワークはメソポタミアの宗教と密接に結びついていた。男性も女性も寺院やまわりの土地を借用し、神々を崇拝する儀式と称して有料でセックスを行った。同じく宗教の名を借りたセックスワークは、その他の古代農業国家――中国、インド、メソアメリカ――でも行われていた。

これら最初期の国家の記録には「神聖な売春」がたびたび登場するが、宗教的保護のないセックスワークも行われていたのはまず間違いない。中東、中国、インド、メソアメリカ、そしてギリシャ・ローマ世界の文献は、様々な場所に売春宿が置かれ、街頭にセックスワーカーがいたことを裏づけている。こうした労働者に支払われる報酬に様々な等級があったことも知られている。古代ギリシャでは、富裕な特権階級を相手にするセックスワーカーは財産や土地を持つことができた。社会経済学的なレベルで言えば、ギリシャのセックスワーカーは、一般労働者の半日分の賃金で自分を売っていた。むろん、農業国家でセックスワークが存在する場所では、人身売買も行われていた。古代世界では、奴隷制がほぼどこにでもあったことを考えれば当然だった。売春宿の働き手の多くは奴隷であり、意思に反して売春を強要され、所有者が利益を独り占めにした。古代ローマでは、罪を犯した女性を性奴隷として売る刑罰が普通に施行されていた。

農耕時代全体を通して、セックスワークを社会が本来持つ特性、あるいは「必要悪」とする見方が優勢だった。たとえば、兵士が士気を保つためにセックスワーカーを利用することに寛容なのも、必要悪と考えられていたからだ。侵攻した土地で兵士が女性をレイプすることもしばしば黙認され、そうした性暴力を指揮官が積極的に奨励することもあった。「必要悪」とされたもう一つの例は、農耕時代の一夫一婦制に関連している。古代ギリシャ・ローマ、および中世ヨーロッパでも、セックスワークは夫が既婚女性と不倫しないように容認されていた（中世ヨーロッパでは、同性愛に誘い込まれないようにするためでもあった）。ただし、教会や世俗権力はセックスワーカーを社会と分離して、表向き合法とされる売春宿に押し込めた。売春宿は町の特定の場所にあり、セックスワーカーはそれとわかる服装（白いケープ、縞（しま）の帽子、黄色いスカーフなど）でなければならなかった。キリスト教が「罪深い」とか「地獄行き」と見なす一方で、セックスワーカーは男性の性衝動の圧力弁として機能し、男性が「純潔で貞淑な」女性に好色な関心を向けないようにするために容認された。売春宿を根絶する取り組みが見られるのは、近代に入りかけてからだった。

一夫多妻制や同性愛とは異なり、セックスワークに対する社会の姿勢はそれほど硬化したことがなかった。確かに、敵対する社会的、宗教的な動きは折々繰り返されたものの、根絶に成功したことは一度もなかった。近代になる少し前にあった文化の多くでは、セックスワークは表向き違法だった。とはいえ、ヴィクトリア朝後期のロンドンでさえ、八万人のセックスワーカーが存在した。これは、なんと人口の一・六パーセントに相当する。セックスワークは、生まれ持った性質(ネイチャー)の力を環境(ナーチャー)が抑制できないことを証明する分野の一つなのだ。

文明の怪しげな特質

ポルノはすでに、狩猟採集時代に存在していた可能性がある。ただし、旧石器時代や新石器時代に作られたのは、(大きな胸を持つ豊満な女性像など)宗教的な祈りや儀式のためのものだけで、純粋に性欲をかき立てる目的でセックスを表現した遺物は見つかっていない。だが、農耕時代に移行する頃には、見る者に性的刺激を与えるために作られた可能性の高い芸術作品が現れた。古代メソポタミアでは、男女のセックスシーンを表現した数々の作品が生まれたが、どれも豊穣の女神との関連で描かれたもののようだ。古代エジプトでは、紀元前一二〇〇年頃のものと思われる「トリノのエロティック・パピルス」に、巨大なペニスを持つ醜い男性が美しい女性とセックスをする場面が描かれているが、そうした絵は自慰行為を目的としたものではなく、風刺だった可能性がある。メソポタミアでは、正常位や後背位、フェラチオ、クンニリングス、マスターベーション、アナルセックスなどの場面を描いた図像が多数存在する。もっともこれも、自慰のためではなく、宗教的な目的で作られた可能性がきわめて高い。インドでは、『カーマ・スートラ』に様々なセックスの体位が詳述されているが、それを描いた九世紀から一〇世紀のレリーフ彫刻は明らかに宗教的・教育的な目的を持っていた。

ポルノの実物は、遺物としてあまり残っていない。それでも、ギリシャ・ローマ文明では、壁画や彫刻に性的な場面が数多く描かれている。芸術目的のために上品に描かれたものもあれば、明らかなポルノもある。なぜ古典主義の芸術では、男性のペニスがあれほど小さく描かれているのか疑問を持たれる読者もいると思う。それは、ギリシャ人やローマ人の男性が大きいペニスに恵まれなかったわけでも、芸術家がそれしか参照するものがなかったからでもない。文化的に、巨大なペニスは獣(けもの)じみていて、野蛮で、放埒な欲望に満ちていると見なされたからだ。その結果、ギリシャ・ローマでは、期待外れのペニスを持つ、図体の大きい、筋肉質の男性像が好まれた。同じ時代でもポルノはペニスがいくらか大きく描かれているのですぐにそれとわかる。ポンペイで発見された猥褻(わいせつ)画では、男性がたくましく勃起したペニスのうえに壺を載せてあぶなっかしくバランスを取っている。ほかにも、野外で考えられるかぎりの体位を取っているカップルが描か

『カーマ・スートラ』

れたものもある。視覚芸術以外にも、ギリシャ・ローマの祝祭や秘教的儀式では、観客を楽しませるためにセックスの様々な体位を表現したり、実演までしたりする役者がいた。言うなれば、ポルノ映画のライブ版というところか。こうした古代の「ポルノ俳優」の多くは性奴隷であり、無理やり演技させられていた。

上品なヌードを描くギリシャ・ローマの様式は、ルネサンス期のヨーロッパで復活し、多くの芸術家が、裸である必要のない状況でも裸の人物を描いた（兵士の一団が戦場でペニスをぶら下げている図など）。ルネサンス期の「説得力ある」ヌードは、普通は個人が所蔵する美術のなかにあった。一五四一年、バチカンには、ミケランジェロの作品は「扇情的」なので、裸体画にイチジクの葉を描き込む必要があると考えた人々がいた。それをきっかけに、絵画や彫刻の性器を上塗りするか、石製のイチジクの葉で覆い隠す検閲キャンペーンが始まった。一七世紀から一九世紀のあいだに、イチジクの葉の下に隠された性器を削り取られた貴重な彫像も少なくなかった。

印刷術の発明がポルノの生産と流通を後押しした。七世紀中国の木版印刷の登場によって、エロティックな描写が氾濫（はんらん）し、一三世紀までにその生産は産業レベルに達する勢いになった。ポルノ絵画の印刷は日本や朝鮮でも流行した。近代以前のアジアで生まれた猥褻な絵画は数多く現存しているが、おそらく最も興味深いのは、通称「蛸（たこ）と海女（あま）」（一八一四年）という日本の木版画だろう。この絵のなかでは、女性が巨大なタコにクンニリングスをされている。巨大なタコの触手が女性の体じゅうを這い、女性の口元にいる小さいタコが片方の乳首を愛撫している。これが触手責めポルノの嚆矢（こうし）であるとする説もある。

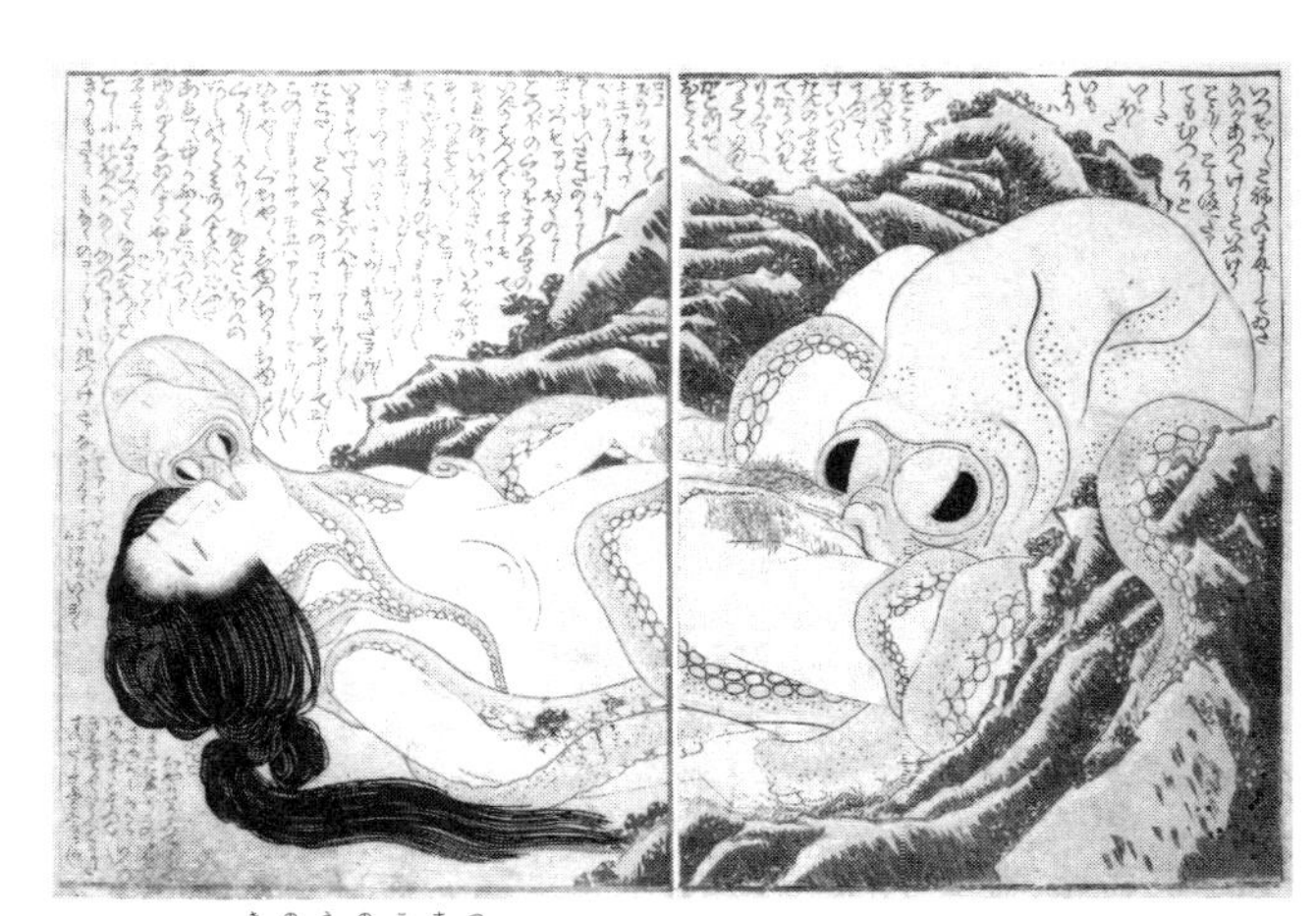

葛飾北斎『喜能会之故真通(きのえのこまつ)』（１８１４年）より「蛸と海女」

一方、西洋では、一五世紀半ばまでポルノが印刷物になることはなかった。一五世紀半ばに、金属製の可動活字（一三世紀の朝鮮で初めて発明された）が東アジアから徐々に浸透し、ヨハネス・グーテンベルクがそれをワインの生産技術と組み合わせて活版印刷機を作り出した。この印刷機はおもに聖書を複製し、説教や各種の布告、古典文学の印刷版を配布するために使われたが、まもなく版画と性愛文学(エロティカ)でも使われるようになり、ポルノがヨーロッパに送り出された。グーテンベルクによる技術革新から一〇年もたたないうちに、何百冊ものイラスト入りポルノが西ヨーロッパに出まわった。その後の三世紀で印刷機の数が増加すると、宗教上の異議や社会的汚名にも挫(くじ)けることなく、すぐ手に入るポルノが急増した。ローラー印刷機、写真術、フィルムの発明などの助けによって、これから見ていく現代の性の大きな変化が到来するまで、この傾向はそのまま続くことになる。

農耕の始まりは、人類の性生活を狩猟採集時代から大きく変化させた。セックスは財産と結びつき、女性の性行動はそれまでより厳しく制限され、人類の性行為はやがて宗教組織や国法の支配下に置かれるようになった。農耕時代が近づくにつれて、一夫多妻制が徐々に抑圧され、同性愛は犯罪行為となり、(婚外で)快楽を求めるセックスは、世界の多くの文化のなかでますます当惑、不名誉、恥辱の種になった。

狩猟採集時代にすでに主流だった一夫一婦制が、圧倒的に優勢となって制度化された。その目的は、男性中心の家族、忠実で従順な妻、さらには地代や教会への十分の一税、その他の税金を納める子供を数多く育て上げ、遠い将来まで教会、政府、特権階級の金庫を満たすことにあった。こうした家族の形成に寄与しない性行為はすべて無意味であるか、最悪の場合は社会秩序への脅威と見なされた。過去一万二〇〇〇年のあいだ、人口の約九〇パーセントは農村で農業に従事し、結婚して大家族を持った。一七五〇年になっても、その状況が変わる兆候はほとんど見られなかった……。

ところが、そのとき**すべて**が一変した。

10　近代革命

1750年～現在

●産業革命と人類活動の急加速（グレート・アクセラレーション）によって、セックスの風景がまたしても変化する　●セックスは人類の技術革新に大変重要な役割を果たす　●近代的な主婦が急速に注目を浴びたが、あっという間に衰退する　●農耕時代の価値観が根強く残る　●民主的権利が人類全体に広まったが、その初期段階には性的偏見やインチキ療法が存在した　●先進国における農耕時代のセックスモデルは、三大変化によって事実上崩壊する

　この期間は人類の性生活にとって、まったく前例のない時代である。一八～一九世紀の産業革命とともに始まった変化は、二〇世紀半ばのグレート・アクセラレーションに引き継がれた。これらが組み合わさって近代革命と呼ばれるものを形づくり、その変革の時代は今日まで続いている。技術革新の激増によって、進化の歴史で見れば二五〇年というほんの一瞬のあいだに人類の生活様式が一変した。同時に、セックスと恋愛における私たちの振る舞いも劇的に変化した。近代革命はいまも終わったとは言い難く、まだ農業の創造と同じくらい重要で広範囲に及ぶ急速な変革の時代の始まりにすぎないと思わせる兆候があちこちに見られる。人類の性生活は、次々と

生じる社会の変化に追いつくために苦闘している。私たちは、この新しい時代にどんな性行為が主流となるのか、まだ知らないでいる。未来の歴史家たちは、一〇〇〇年後、二〇〇〇年後に現代を振り返ったとき、私たちの社会がセックスと恋愛に関してどんな振る舞いをしたと特徴づけるだろうか。

1750 年頃	産業革命の開始
1850 年頃	近代的な専業主婦が台頭
1930 年頃	普通選挙が先進国で標準化
1945 年頃	婚前交渉が一般化
1950 年頃	ベビーブーム
1970 年	避妊が広く普及

人類は前例のない時代を生きている。なぜなら、私たちはある意味で、三一万五〇〇〇年の歴史という軛（くびき）から解き放たれたからだ。生物学的に変化はないし、性的本能も変わっていないのに、近代革命はたった二世紀のあいだに、よくも悪（あ）しくも神のような力を人類に与えた。人類のセックスが、進化的な生存の不安からこれほど自由になれたことはこれまで一度もなかった。一定の方法で性生活を送らなければならないという宗教上の、あるいは法律上の圧力からこれほど自由になれたことも。とはいえ、若い世代を中心に多くの人が、自分たちを取り巻く状況がひどく混乱し、方向が定まらず、いまどこにいるのかもわからなくなっていると、これ

ほど強く感じることもやはり一度もなかった。私たちの前には、広大な新しいフロンティアがどこまでも広がっている。私たちはなぜセックスをしなければならないのか、なぜ恋愛を追い求めるのか、どんな性行為をすれば最終的な幸せをつかめるのか——そうしたものが二一世紀に生きる私たちの前に横たわる大きな問題である。いや、その前に、果たしてこのセックスの変化が現代人の大多数を幸せにできるのだろうかと問う必要があるかもしれない……。

近代的な主婦の盛衰

産業革命はセックスと家族に大きな衝撃を与えた。大量生産によって、家族は家具や綿布などの商品を安価で買えるようになった。一九世紀は、それまで贅沢品だったものが一〇年ごとにどんどん誰もが持っている必需品へと変わっていった。産業革命が進むにつれて、物価よりも賃金が速く上昇し、「実質賃金」が上がって、標準的な家族の可処分所得が増加した。実質賃金の増加は、社会の流動性の向上にもつながった。こうしたことによって、一九世紀には農耕時代のどの時点と比べても数に勝る中産階級が生み出された。

歴史的に見て、典型的な農耕社会の人口の九〇パーセントは——大半は自給自足の農民だったが——農業関連の仕事に携わっていた。夫も妻も、農場であくせく働いた。たびたび襲ってくる飢饉になれば、みんなが飢えに苦しんだから、家族全員が働き詰めに働いて飢えというオオカミを家から閉め出そうとした。普通は、土地を耕したり、家畜の群れを追ったりといった重労働は夫の役目だった。妻もまた、雑草を抜く、作物を手植えする、収穫期に山ほどの食物を集めて備蓄するのを手伝う、家畜の世話をする、家庭用に卵や乳を集める、幼い子供の世話をする、食事の準備や調理をする、住居の維持管理をするなど肉体を酷使した。このうち、食事の準備と住居の維持管理は、新しい技術や設備が登場する前は実に手間がかかった。仕事のあとに、穀物を製粉してパンを焼いたり、食事用に肉をさばいたりしてみれば、農耕時代の下層階級の妻が耐えていた厳しい暮らしを実感できるはずだ。中産階級と上流階級の男性（官僚、裕福な町商人、大地主、そして当然ながら貴族）を夫に持つ女性は、ほとんど（あるいはまったく）肉体労働をする必要がなかった。例外は住居の維持管理と子供の世話だったが、それも代わりにやらせる使用人がいなければの話だ。近代以前に専業主婦でいることは、ごく限られた人だけに許された贅沢と考えられていた。

ところが一八五〇年頃になると、英国の農業は機械化と食物の輸入増加によって、農業従事者の数が減り、総人口のわずか三〇パーセントにまで落ち込んだ。これは大規模な変化だった。それまでの農業経済とは違い、人口の六〇パーセントが農業から解放されて別の職業に就いた。二五〜三〇パーセントほどは貧しいままだったので、その多くは都市に流れ、使用人や工場労働者などになった。なかには、機械工や技術者、セールスマン、医師、弁護士、発明家、小規模な事業主になった者もいた。中産階級は、それまで典型的な農業従事者の七〜九パーセントしかいなかったのが、三五パーセントまで急増した。その結果、主婦になる女性の割合が一八五〇年までにおよそ四倍に増えた。一九世紀に産業化を果たしたヨーロッパや北米の経済も似たような傾向だった。重労働に携わる女性は減少し、裕福な中産階級の家庭では、たくさんの家事を切り盛りする使用人を最低一人は雇うことができた。

一九世紀半ばの都市の労働者階級は、世界が農耕時代から移行した当初は劣悪な環境に苦しめられていた。下層階級の労働者の妻は（場合によっては子供たちも）家計を支えるために働かなければならなかった。多くの妻は工場労働者か使用人になった。だが、一九〇〇年になる頃には、産業化によって中産階級が人口の約四五パーセントまで増加した。また、実質賃金の増加によって、一部の下層階級（鉱山労働者、作業員、工場労働者などの世帯）も夫一人の賃金で生活できるようになり、家の外で働く女性の数は減少した。主婦の地位は、一般の女性にも手の届く目標になった。

一九世紀に主婦でいることは、当初は贅沢と見なされたが、やがてそれこそが女性の「伝統的な」役割だと理想化された（主婦が人口の大部分を占めたのは、ほんの数十年間だけだったのだが）。家政学、家庭経済、家庭内作法に関する本が数多く出版された。『グッド・ハウスキー

『グッド・ハウスキーピング』誌創刊初期の表紙

ピング』のような雑誌が大量に流通し、高い家庭水準（しばしば非現実的だったが）を維持するヒントやコツが豊富に掲載された。この理想化された主婦像は、社会における男女の役割に関する性差別主義理論のなかでも頻繁に取り上げられた。だが、一九〇〇年の時点でも、主婦の「伝統的な」役割はすでにゆっくり死に向かっていた。秘書や教師、看護師、ジャーナリスト、科学研究者といった専門職に就く女性が増加したためである（同じ頃、教育制度の門戸が広く一般大衆にまで開かれたおかげで、たくさんの女性が学校教育を受け、読み書きができるようになった）。こうした近代的な労働力への移行は、二度の世界大戦でさらに加速された。

産業化は二〇世紀に入るまで続き、中産階級が人口の六〇パーセント近くを占めるようになると、主婦になる女性はますます増加した。都市部で暮らす労働者階級の女性でさえ、就労しなくても暮らしていけることに気づいた。その結果、工業国の専業主婦の割合は一九二九年に既婚世帯のほぼ八〇パーセントとピークに達した。この時点で、主婦と聞いて世間が思い浮かべるのは、「家庭の女神」というイメージと、一万二〇〇〇年近く生活苦にあえぎながら面倒な役割を果たしてきた農民の妻のイメージが結合したものだった。そのせいで近代になっても、主婦は「太古の昔」から続く伝統的な役割を演じる人として、大衆文学のなかに嫌というほど登場した。一方で、料理や掃除、洗濯といった家庭内労働のテクノロジーが進歩したことで、家事の負担や時間が大幅に軽減されて、家庭に籠もるのを退屈に思う女性が増え始めた。それに伴って、主婦の睡眠薬とアルコール摂取量が増加した。「伝統的な女性の役割」と言われて、現代人がすぐに思い浮かべる一九五〇年代の主婦像に到達する頃には（現実には一〇〇年足らずのあいだ、多くの人々の頭のなかにあっただけなのだが）すでにこの理想化された役割の寿命は尽きようとしていた。

二〇世紀と二一世紀には、人口のかなりの部分が個人的か宗教上の、あるいはその両方の理由で、（経済的に可能であれば）家庭に留まって子育てすることを希望しているが、一九五〇年代が終わる頃は、一部の女性が労働市場に加わりたいと考えていた。一九七〇年までに、専業主婦のいる既婚世帯は全体の四五パーセントと、わずか四〇年間で劇的に減少した。二〇二〇年にはそれがさらに減り、ほとんどの先進国で平均二〇パーセント程度になった。これは、ほぼ農耕時代の水準まで後戻りしたことになる。ほんの一世紀という短い期間を経て、男性も女性も家の外の仕事に戻っていったのだ。昔と違うのは、畑仕事の重労働をこなす代わりに、九時から五時までの「賃金奴隷」、すなわち退屈な事務員や窮屈な場所で働くデスクワーカーになった点だった。結局のところ、すべての人が精神的な充足を得られる職を見つけられるわけではない。なかには単に請求書の支払いをするために働かなくてはならない人もいる。そして二一世紀になると、低所得層と中間所得層にとっては、一馬力の収入で家族を養うことがふたたび夢物語になりつつある。

農耕時代の後遺症

農耕時代に生まれたセックスや結婚をめぐる因習的な考え方は、一九世紀そして二〇世紀に入ってもまだ根強く残っていた。貞節や純潔の理想化は、一万二〇〇〇年前に生まれたときの社会経済的な理由とは無関係に、宗教的正当性や一族の名誉といった概念のなかで生き残った。こうした理想はまた、一九〇万年前からあった一夫一婦制や性的嫉妬に向かう進化的変化の傾向にも合致していた。そのため、一九世紀の標準的な人間の目には、結婚と性的礼節の不可侵性は、神と数千年の歴史によって正当と認められたものに映り、そのシステムのなかで生きる典型的な個人にはきわめて「自然」なものに感じられた。

そういう経緯から、近代革命の初期には、女性の性行動は相変わらず厳しく規制され、不特定多数との性行為は強く非難された。性的に「節操のない」女性は家族から除け者にされ、労働者階級の仕事にさえ就けないことがあったため、セックスワークをしなくてはならなくなり、さらに社会的な評判や将来性を損ねることになった。男性の乱れた性的関係は、人目に触れずに行われるかぎり許容されることが多かった。もっとも、不倫や「娼館に通う」夫は、村八分にされるか、出世の道を断たれる場合もあった。要するに、近代化の途中にあった欧米諸国では、快楽目的で婚外セックスを行うことは依然として厳しく禁じられていたのだ。

農耕時代の考え方は、一九世紀から二〇世紀初頭の女性の配偶者選択にも影響を与えた。今日、欧米の先進国では、その相手に性的魅力を感じている場合を除いて、二〇代や三〇代の女性が一人の男性に身も心も捧げる関係を築こうとするのはかなり異例だ。かつては男性の性的魅力は（考慮されるにしても）あくまで二次的なもので、女性は貞節や誠実さ、そして何より女性を支える経済的な能力を男性に求めた（そうした要素がいまでも大事であることに変わりはないが）。性的魅力があまり重視されなかったからといって、一九世紀に恋愛を締め出す風潮があったわけではない（むしろ一九世紀の文学作品では、いま挙げた要素が、女性が恋に落ちる理由として描かれている）。要は、夫の肉体への性的な関心は、チェックすべきリストのはるか下に位置していたわけだ。

経済力が何よりも重視されたのは、女性が独力で定職に就いて自活するのは困難だし、避妊が制限されていたので、妊娠すれば悲惨な状態に陥るからだった。ある意味、女性が男性の経済力を重視するのは進化の結果であり、一九〇万年間にわたる一夫一婦制の育児における父親の役割から生じたものである。そういった進化した本能に応えるように、女性が自力で大金を稼げるようになった現在でも、男性の経済力は配偶者選択の重要な要素になっている。もっとも一九世紀には、金銭重視は単に本能的なものだけではなく、切迫した問題だった。養ってくれる夫がいなければ、女性の生活水準はもとより、存在自体が危うくなるからだ。

その一方で、「ゲス男（キャド）」や「食わせ者（スネークス・イン・ザ・グラス）」――セックスをしたいだけの色男（二一世紀なら、土曜の夜の火遊び相手と同じぐらい無害な男）――から女性を遠ざけるために細心の注意が払われた。そういう魅力的なダメ男の多くは、旧石器時代にほとんどの妊娠を担っていた少数の男性の同類だったのだろう。それでも一九世紀には、こういう男性が女性の将来の幸福にとって深刻な脅威になった。父親や男のきょうだいは、血縁の女性の配偶者候補を吟味する直接的な役割を担うことが多くなり、相手の意図が純粋なのか、それともセックスをしたいがために嘘を並べ立てているだけなのかを見きわめようとした。

もっとも、人間もしょせん霊長類だから、結婚に対してこのような厳格で無味乾燥な態度を取る一方で、快楽目的のセックスが間違いなく頻繁に行われていた。たとえば一九世紀初頭、オーストリア帝国の首都ウィーンには二万人以上のセックスワーカーがいた。つまり、男性が五、六人につきセックスワーカー一人という計算になる。主要出版物に対する検閲はあったものの、一般市民がセックスについて事細かに知っていたことは言うまでもない。『好色なトルコ人』（一八二八年）、『情欲のロマンス』（一八七三年）、『若い苦行者の早熟な体験』（一八七六年）、『ビジョザクラ館の謎、あるいは、ミス・ベラシス、窃盗をして鞭打ち刑を受ける』（一八八二年）、『インドのヴィーナス』（一八八九年）などヴィクトリア朝の官能小説は、アダルト小説投稿サイトの投稿者も顔を赤らめるようなどぎつい表現とイラストをふんだんに使いながら、女性のオーガズムや野外での様々な体位、軽めのBDSMプレイを赤裸々に描いた。数十年後、英国で猥褻裁判の対象になったD・H・ローレンスの『チャタレイ夫人の恋人』（一九二八年）では、上流階級の女性が下半身不随の夫を裏切り、労働者階級の男とセックスを重ねる様子が描写される。作中では、アナルセックスも行われ、「女性器（カント）」という単語が一四回、「ファック」が四〇回使われている。一九世紀後半のボードビル（寄席演芸）やミュージックホールは、何度摘発が行われても、性的に不適切な歌やダンスで観客を楽しませた。こうした芸からホーカム、すなわち「ダーティ・ブルース」と呼ばれる性的ほのめかしや俗語を用いた音楽ジャンルが生まれたが、二〇世紀初頭にはラジオでの放送を禁止されることが多かった。

　一方、ヨーロッパの売春宿には何世紀もの伝統があった。一九世紀のフランスでは、悪所であることを知らせる赤いランタンを入り口に設置することが法的に義務づけられ、「赤線地帯」（赤ランプの地区）という言葉が生まれた。なかには、高い料金をふんだくるために、労働者階級の

19世紀のハンガリー人画家ミハイ・ジチは官能的なイラストで知られた

若い女性のヴァギナに血を詰めたブタの膀胱を押し込み、セックスの最中に破裂するようにして、客に相手が処女であると信じ込ませるフランスの売春宿もあった。また、同性愛は違法だったが、ゲイやレズビアンのセックスも提供する売春宿はヨーロッパの都市に数多くあった。司法当局の大半は、そうした行為を裏社会だけに限定すれば、上流社会に「はびこる」はずがないと考えていた。一九世紀には、売春行為をする者の七パーセントが男性だったと推定されている。

ポルノの世界では、一九世紀にローラー印刷機の登場などで印刷革命が起こり、それによって記録的な数の好色本、きわどい漫画やアートワークが生まれた。さらに写真術が発明されるとすぐに、「個人的な楽しみ」を提供する男性と女性のヌード写真が巷に現れた。一八四〇年代になると、写真は中産階級や下層階級の人々でも、販売業者からこっそり入手できるくらい手頃になった。一八六〇年頃には、ヌード写真を売る店が西ヨーロッパ全体で三〇〇〇パーセントも増加した。一九世紀末に映画が発明されると、すぐにポルノ映画が作られた。史上初のポルノ映画は、一八九五年にフランスでストリップショーを撮影したものだった。本格的な挿入シーンを映した初めてのハードコアポルノ映画は、一九〇五年にアルゼンチンで製作されたが、のちに廃棄された。

性的礼節という農耕時代からの遺物はまだ生き残っていたが、貞淑とか高潔といった表向きの姿の裏側で、近代的なセックス観がいまにも沸騰しそうなほど煮えたぎっていた。文化の拘束は、人間のなかに存在する霊長類的な部分を抑制できなかった。人々は、二〇世紀半ばに検閲が緩和されたときに初めてセックスに関する衝撃的な知識を得たわけではない。大人たちはすでにたくさんのことを知っていた。現代のエンターテインメント化した露骨なセックス描写とは違い、人目を忍んで個人的に楽しんでいただけではあったが。

放浪癖を持つ子宮

農耕時代から持ち越された厄介なもののなかで、一番明確に例証できるのは、「女性のヒステリー」だ。古代エジプトと古代ギリシャでは、女性の神経過敏、不安、睡眠不足、怒り、攻撃性、めまい、頻尿、偏執病(パラノイア)、精神錯乱、性的不感症、それに性的奔放さなどを含む六〇種類以上の症状は、子宮が定位置を離れて、アムステルダムのコーヒーショップのなかを嗅ぎまわる麻薬探知犬のように体じゅうを動きまわることが原因とされていた。一九世紀の解剖学で、子宮が体内を日帰り旅行するという考えは否定されたが、医学界にはヒステリーという概念*はそのまま残った。

なかには、クリトリスを切除される人もいたが、それ以上に多かったのが子宮摘出手術を受けたり、精神科病棟に閉じ込められたりすることだった。標準的な治療法は「安静療法」で、患者は数日、あるいは数週間ベッドに拘束された状態に置かれた。慰めになるものも、悲惨な状況を忘れさせてくれるものも与えられず、食事を運ぶ看護師以外は人との接触を絶たれ、糞尿は垂れ流しで、ベッドが汚れるとシーツを替えるだけだった。現代人の目から見れば、精神疾患を治療するのではなく、誘発させるための手段に思えるだろう。

　もう一つ別の実験的なヒステリー治療法は、少数の医師グループが症状緩和のために行う女性器の「マッサージ」で、患者の気持ちを落ち着かせる効果があったようだ。バイブレーターは医師が性器のマッサージをする手間を省くために開発されたという俗説が学界で広まったこともあったが、その説は真実とはほど遠い。最初のバイブレーターは、一八八〇年にジョセフ・モーティマー・グランヴィルによって開発された。グランヴィルは医師で、男性の筋疲労や腰痛を治療するためにバイブレーターを使った。彼に言わせると、バイブレーターはヒステリーを増幅させる危険があるので、女性に使ってはならないということだった。一九〇二年、初めて大衆向けのバイブレーターが発売された。もっともそれは、セックスとは関係ないマッサージ器と銘打って(めいう)いた。一九二〇年頃、女性がそれを自慰に使っているのが発覚し、市場から回収された。販売再開は一九六〇年代になってからで、女性がマスターベーションにバイブレーターを使用すること

訳注＊　ヒステリーの語源は古代ギリシャ語の「子宮」

旧式のバイブレーター（1927年頃）

が広く普及し、汚名を返上できたのは、八〇年代～九〇年代のことだった。二〇二〇年時点では、腰をマッサージするだけでなく、自慰行為という明確な目的のためにバイブレーターを所有している女性の割合が、およそ七八パーセントに達している。

出血という犯罪

一九世紀の医学理論は、ヒステリーの原因を子宮内の月経血の「過剰な溜め込み」だとした。これは、古代ギリシャまでさかのぼる農耕時代の考え方から生まれたものだ。実際、長い人類史のあちこちで、多くの狩猟採集文化と農耕文化が月経血を有毒であると見なしていた。体から流れ出る血が怪我や病気を連想させたからだ。現代に生き残っているいくつかの狩猟採集文化でも、生理中の女性は汚れているとされ、期間中は隔離されるケースが見られる。農耕時代、多くの文化は月経血を感染病と結びつけ、生理中のセックスを禁止した。生理中の女性は食事の準備をすることまで禁じられた。たとえば旧約聖書の『レビ記』には、この問題に関して執拗とも言えるほど詳細な記述がある。生理中の女性が何日間か使った椅子に座るのは愚かな行為なのだそうだ。生理のように自然で基本的なものに、歴史上に存在した各社会は総じて敵意を向けてきたが、逆に月経血を尊重し崇拝する農耕文化も一部に存在した。中世インドとバングラデシュにあったバウル文化は月経血を飲むことの宗教的意義を強調していたし、中国の皇帝や貴族が若さを保つ秘訣（ひけつ）として月経血を摂取した事例も少数だが存在する。

それでも、生理は有害なものというのが農耕時代の通念で、生理中の女性に食事の準備をさせることが妥当かどうかという議論は一九世紀に入るまで続いた。ヴィクトリア朝では、様々な権利や恩恵からの女性の排除を正当化する口実として、よく生理が利用された。生理のせいで身体能力を制限されるので、女性は定職に就けないという説もあった。ヴィクトリア朝の人類学者ジェイムズ・マクグリガー・アランは、生理は女性の知的能力の発達を妨げるので、女性に男性と同じ種類の知的労働を任せるべきではないと力説した。それとよく似た、生理が軽度の精神不安定の原因になるという主張は、女性の参政権の否定を正当化するためにも利用された。生理用品の使用については、一九世紀にはほとんど取り組みが行われておらず、大半の女性は毎月布の切れ端を使うか、下着が血で汚れるままにしておいた。一九二九年になって、ようやく最初のタンポンが市販された。

生理に対する考え方は、今日でもかなり複雑なものがある。たとえば、一九八〇年代以降、視聴者に嫌悪感を与えないように、生理用品のコマーシャルで赤く染めた水を使うことが禁止された（実際に月経血が「ライトブルー」だったら、すぐ医師に相談しなければならないが）。また二一世紀になっても、生理中のセックスに関する見解は二分されている。欧米人男性の四〇パーセントは、不快、汚い、「気持ち悪い」と言う。もっとも皮肉なことに、八三パーセントの男性が生理中の女性とセックスしたことがあると答えている。

避妊の大失敗

農耕時代のお荷物は避妊にまで及んでいる。避妊するとは、とりもなおさず、生殖ではなく快楽が目的のセックスが存在することの証左だからだ。一九世紀以前、コンドームの素材にはヒツジの消化管、メスウシの腸、ネコの膀胱などが使われていた。あるいは女性のほうがヴァギナにスポンジを挿入したり、野菜や果物の皮などで代用したりして、膣管の先端を塞(ふさ)ぐこともあった。とはいえ、近代以前の最も一般的な避妊法は膣外射精だった。最初のゴム製コンドームの原型ができたのは一八五〇年代だった。一八七三年から九五年にかけて、いくつかの欧米諸国でコンドームの販売を禁止したが、一部の国ではコンドームの使用自体がタブー視されていたので、もともとほとんどの店で販売できなかった。一九二〇年代、ラテックス素材のコンドームが市販されたが、やはり一般の消費者には入手が難しく、違法とした国も少なくなかった。言うまでもなく、コンドームが入手困難であれば、潤沢に出まわる場合に比べて、性感染症と予期せぬ妊娠のリスクははるかに高くなる。

第二次世界大戦中、連合国の多くが(国がそれを合法化しているか否かにかかわらず)コンドームを兵士に支給したこともあって、一九四〇年代後半になるとコンドームの使用は主流になった。ところが一九六〇年代に避妊用ピルが売り出され、性感染症に有効な抗生物質が開発されたことで、コンドームの需要は減少し、六〇年代、七〇年代にはコンドームなしでセックスする人が増えた。ふたたび広く使われるようになるのは、八〇年代のＨＩＶ／エイズの流行以降である。その後、様々なメディアにコンドーム使用を呼びかけるメッセージがあふれたが、ＨＩＶ／エイズの危機が人々の記憶から薄れるにつれて、こうした公共広告の効果も失われているようだ。二〇二〇年、ある調査では三〇歳未満の四七パーセントは、新しいパートナーとセックスするときにコンドームを使っておらず、三〇歳未満の一〇パーセントはコンドームを使用したことが一度もないという結果がでた。

また、妊娠中絶については、苦悶（くもん）に満ちた歴史がある。すでに見てきたように、初期の遊牧民的な狩猟採集社会では、生存のためには嬰児殺しが現実的で不可避の行為と考えられていた。要は、食物を求めて長距離を移動するときに邪魔があれば、全員が餓死しかねないというわけだ。農耕時代になると、人類は定住生活を送るようになり、女性にはできるだけ多く子供を産む強いインセンティブが生じた。高い幼児死亡率を補い、生き残った子供に年老いた両親の面倒をみさせるためだった。政府や教会、土地を所有する特権階級もまた、多くの人間に税金を課し、地代を支払わせることが、自分たちの物質的利益につながるため、高い出生率の重要性をしきりに強調した。そのせいで、堕胎は大罪であり、死刑に値する罪と見なされた。妊娠中絶と、どんな形であれ人の命を奪う行為は、宗教上も思想的にも同一視された。また、信頼できる避妊法がなかったため、農耕時代全般を通じて、ほとんどの女性は性的および恋愛上の選択を制限されていた。

それでもなお、不倫や乱婚によって非嫡出子を妊娠したときは、村八分や刑事訴追を免れるため、あるいは困窮に陥るのを避けるために、常に違法な中絶が行われていた。女性は、サビン(ジュニパーの一種)などの有害ハーブを摂取したり、大量のアルコールを飲んだり、火傷(やけど)するほど熱い風呂に入ったり、自分の腹部を何度も殴ったり、階段から身を投げたりして、流産を起こそうとした。そうした方法が失敗した場合は、先の尖った細い鉄棒を子宮に差し込んで、胎児を串刺しにして手足をもぎとり、長い鉤(かぎ)状のもので残骸を取り除いた。前近代の堕胎医が内臓を突き刺すことは、内出血や致死的な感染症を引き起こす恐れがあったから、母体に大変な危険が生じた。そのため一九世紀の社会的道徳観は、ほかの方法で妊娠を避けるように奨励した。だがそうした方法もまた、違法性が高かった。たとえば、一九世紀初頭の英国では、中絶は死刑かオーストラリアへの移送(当時のオーストラリアは流刑地だった)に処せられた。一九世紀後半から二〇世紀初頭にかけて、中絶した女性は長い歳月を刑務所で過ごさなければならないことが多かった。

欧米諸国では一九六〇年代から七〇年代にかけて、ようやく妊娠中絶が合法化された。オーストラリアや米国のような国々では、最高裁判所の判決によってそれが実現した。八〇年代、九〇年代、二〇〇〇年代初頭へと徐々により利用しやすく、経済的な負担の少ない価格で中絶手術を受けられるようになっていったが、この動きは近年逆風にさらされている。米国では、中絶を憲法上の権利と認めたロー対ウェイド事件(一九七三年)の判決を、二〇二二年に最高裁が覆し、州ごとに中絶法を定められるようになった。これによって、保守的なレッド・ステイツ*が、ブルー・ステイツ†よりも厳格な中絶法を制定する可能性が高くなった。二〇一〇年頃から欧米諸国の中絶反対の活動家は、徐々に宗教的主張を放棄するようになり、世俗的な主張（胎児はすでに唯一無二のDNAコードを持っていること、妊娠六週間で脳の発達が始まることなど）や、哲学的主張（「社会契約」は胎児を含む個人を危害から守らなければならないことなど）に頼るようになった。一方、中絶支持の活動家は、女性の「体の自己決定権」や自発的決定を行う権利、妊娠二四週未満の出産は胎児の生存が困難なこと、女性が出産まで子供を体内に抱え、そのあと養子に出さざるを得ない状況に追い込まれるべきではないこと、中絶を禁止しても一部の女性が命の危険を冒して違法な中絶をするのを防ぐのは難しいこと、母親の生命が脅かされている場合や、極度の貧困、レイプ、近親相姦の場合は中絶が必要であることを強調する。

平等の種

農耕時代を生きた五五〇億人の大半は、男性であれ女性であれ、投票権を持っていなかったし、政治体制に直接的な影響を及ぼす力も持たなかった。民主政のアテネがあっても、その一方にペルシャ帝国が存在した。古代の共和制国家一つにつき、絶対君主制国家が一〇〇あった。何らか

訳注＊　共和党支持者が多い州
訳注†　民主党支持者が多い州

の議会制度がある国でも、投票権を持つのはせいぜい裕福な特権階級までだった。それが近代革命によって一変し、一世紀もかからないうちに、欧米の先進国では男女双方に参政権が与えられた。そして民主化への移行は、多くの残酷な弾圧を受けながらも今日まで世界中で続いている。

一七八三年に米国が英国から独立したとき（独立戦争が起きた原因の一つは、宗主国英国の議会に植民地〔米国〕の代表が出ていないのに課税が行われたことにあった。「代表なくして課税なし」はそのとき掲げられたスローガンだ）、多くの州で投票権に財産要件が付与されていたため、投票権を持てたのは人口のわずか一〇パーセント――大部分は裕福で、土地を所有する男性（その多くは奴隷所有者）――だけだった。一八五六年頃に、すべての財産上の制約が撤廃され、労働者階級の白人男性も投票権が持てるようになった。一八六九年、米国が男性の（制限付き）普通選挙を実現してからわずか一三年後、ワイオミング準州は初めて女性の投票権を認めた。一八七〇年～一九二〇年に、さらに一四の州と準州があとに続き、憲法修正第一九条によって全国の女性に参政権が認められた。この半世紀のあいだに繰り広げられた議論については、あとで見ていくことにする。

一八三二年以前の英国では、財産要件によって三～五パーセントの裕福な国民――大部分は男性だが、未婚あるいは夫に先立たれた女性の土地所有者も少数含まれていた――に投票権が制限されていた。英国で労働者階級を含む全男性が投票できるようになったのは一九一八年のことであり、財産要件を満たす三〇歳以上の女性（成人女性の約六〇パーセント）も同じ法律で投票権を得た。全女性の参政権は一〇年後の一九二八年に認められた。

第二次世界大戦後、新しい国家が次々と生まれ、民主化が進む過程で男女ともに参政権が認められた（南西アジアの家父長的な傾向の強い少数の国家は例外だが）。今日、世界中の国で民主化が進み、女性への参政権付与を妨げる農耕時代の遺物は力を失い、参政権は民主化とセットで国民に付与されるケースが増えた。

一九世紀にはまだ農耕時代の後遺症が根強く残っていたので、女性の参政権に反対する意見は嫌というほどあった。まず、財産を持つ世帯主は男性であるのが普通だから、財産要件が存在する以上、選挙権は男性だけでいいとする意見。その後、財産要件が徐々に緩和されると、女性は夫を代理とするのが望ましいという論調に移行した（いずれにせよ、女性は自分の財産を持てない場合が多かった）。一九世紀後半には、女性は徴兵制の対象ではなかったため、「完全な市民権」の一部である投票権は国家を守る能力のある人間だけに付与すべきだという主張が幅を利かせた。二〇世紀初頭には、投票によって男女平等が確立されると、女性は男性と「まともに競い合う」ことになり、両性間の関係が損なわれるという見解が広く唱えられた。

それとは別に、似非（えせ）科学的な意見も数多く出まわり、なかには女性のクリトリスを石炭酸で焼くのが有効だと主張する者までいた。一九世紀のインチキ医者は、女性の脳は男性よりも小さいので、能力が劣っていると頑なに主張した。頭を使いすぎると、脳に送られる代謝エネルギーが増えて卵巣が乾燥し、流産や不妊を引き起こすと唱える者もいた。生理についても、女性の参政権に反対する意見にたびたび登場した。生理のせいで女性の精神（プシケ）は毎月「錯乱」し、それが不適切な投票行動につながるというのが反対派の主張だった。こうしたものはどれも、でたらめ女性蔑視者(ミソジニスト)がバーでウイスキーのボトルを半分空けてからするほら話のように聞こえるかもしれないが、ぞっとすることに、全部、当時の医療専門家が語ったものだった。

そう聞けば現代人は耳を疑うだろうが、一九世紀から二〇世紀初頭にかけては、女性も自分たちの参政権に反対していた。反対論を唱える女性の主張は以下のようなものだった。（一）参政権は女性らしさを損ない、女性であることの意味を汚してしまう。（二）性別の役割を崩すことで家庭の解体を促進する。（三）投票は権利ではなく義務であり、女性はすでに家庭や地域社会で多くの義務を負っている。当時、参政権に反対した女性の人口比率を推測するのは難しいが、英国で行われたはがきによる世論調査では、最高で七〇パーセントの女性が女性の参政権に否定的な反応を見せ、参政権に反対する請願書には五〇〇〇～三〇万人の女性が署名している。

最も近代化が進んでいる国でも、全男性に投票権が認められてから数十年しかたっておらず、世界の大部分は頑として非民主的な姿勢を貫いていた。だが、第一次世界大戦の末期にそのダムが決壊し、自由民主主義国家の多くが普通選挙権を採用した。この時期に性革命が勢いを増したのは、決して偶然ではなかった。

パンドラの箱を開ける

農耕時代に性の自由を束縛した貞操帯というべきものには、三つの錠前が付いていた。最初の一つは、近代革命によってすでに外されていた。先進国の国民の多くが農業従事者ではなくなったからだ。下層階級を飢餓から守るものは、もはや厳格な父権や小規模な家族経営農場の相続を確実にすることではなかったし、子供たちの世話になることが両親の引退後ただ一つの人生設計でもなかった。都市で生活する下層および中産階級の賃金労働者は、子供に財産（支払いを完済した家やまとまった額の金銭）を遺すことができたが、それは家族で農場を経営するときとは違って、生存に関わる問題ではなかった。最終的に、そうした子供たちは両親が追い求めたのとは別の職業に就いて、自分の道を切り開かなければならなかった。また、中産階級の賃金労働には年金が付随するものが増えてきた。そのため二〇世紀初頭になると、家族が妻や娘の性生活を規制する明確な理由が存在しなくなった。だからといって、規制が行われなくなったわけではないが。

二つ目の錠前は、女性が経済的に自立していなかった点だ。一九二〇年以前の若い女性は実家から夫の家庭へと移動しただけで、その中間には何もなかった。快楽目的のセックスを否定する社会的道徳観も手伝って、このことは若い女性が男性と接触し、婚前交渉をする機会を厳しく制限した。ところが、一九二〇年以降、若い女性が結婚前に自立する期間を送ることが徐々に当たり前になった。実家を離れ、おそらくは数人の友人と同居し、低賃金だが生活費を賄（まかな）えるまともな仕事――ウエイトレス、タイピスト、乳母、メイド、様々な専門職のアシスタント――をする下層階級と中産階級の二〇代前半の女性が多くなった。ある程度の専門職の訓練を受け、自立の道を進む上位中産階級（アッパーミドル）の女性はまだ限られていたが、それも増加傾向にあった。

だが、どの先進工業国でも、そういうことが一夜にして起きたわけではない。いまだに実家から一直線に嫁ぎ先という昔ながらのパターンに従う女性が少なくなかった。それに、一九二〇年代に働く女性の多くが目指したのは、最終的に夫を見つけて仕事を辞め、主婦という「伝統的」役割に移行することだった。それでも、外で働く若い女性が世界中で増加したことで、男性と接触する機会が増え、親の監視の目を逃れて行動できるようになった。近所付き合いが多い農村に比べて、大きな町や都市では人目を盗んで婚前交渉を行うことも難しくなかった。つまり半世紀前と違って、一部の女性は社会から排斥（はいせき）されるリスクをさほど心配せずに性的経験を積み、セックスの何たるかを知ることができたわけだ。また、欧米の若い女性は結婚前に自由な時間を享受できるようになったために、最初の子供を持つ時期が遅くなった。一九二〇年代、産業革命後の欧米諸国では、出生率は平均二七パーセント減少した。それでもまだ多くの女性は子供を産んでいたが、総数のこれほどの減少は、過去五五〇〇年間でまったく前例がなかった。

概観すると、欧米諸国の都市部に暮らす二〇代の中産階級の女性で婚前交渉の経験がある者の割合は一九〇〇年に推定五～一〇パーセントだったのが、一九二九年には二五～三〇パーセントと、驚くほど増加した。中産階級の女性は家族や社会階級の道徳観念に最も縛られた存在だったので、そうした変化の最良の指標になる。また、性的自由の実態についてもこれ以上ない指標となるのは、一九二〇年頃には中産階級が欧米先進国の人口の五〇～六〇パーセントを占めていたからだ。逆に都市部で暮らす低所得層の女性は、もっとおおっぴらに性的自由を体験し、工場労働者や使用人として——もっと言えば、ミュージックホールで舞台に立ったり、居酒屋で働いたり、売春宿でサービスを提供したりして——酷使されていたため、度を超した恥ずべき情事を行っても罰せられないことが多かった。清教徒的な道徳観は、労働者階級にはあまり強制されなかったのだ。その一方で、上流階級の女性は働く必要がなく、家族の監視が厳しい場合もあったが、財産が緩衝材になって、望みさえすれば不倫をする自由もあった。それに比べて二〇世紀初頭の中産階級は、女性に対する社会規範を厳格に適用し、堅苦しく、上品ぶる傾向があった。それでも一九二〇年以降、中産階級の若い女性も性的自由を享受するようになった。ジャズクラブやもぐり酒場では、男たちは喜んで下層階級も中産階級も上流階級も関係なく、女性の相手をした。

近代化した欧米諸国における一九二〇年代の「フラッパー」の盛衰くらい、女性の性的自由の拡大がよくわかる例はほかにないだろう。この言葉はもともと、未成熟の若い娘という意味しかなかった（英国の一部地域では、若年の売春婦を意味する場合もあったが）。ところが一九二〇年代には、反抗的な若い女性（大部分は中産階級だったが、上流階級も多かった）のサブカルチャーを指すようになった。そういう女性たちは都市で生活し、男女同席の場で男性と一緒に過ごし、夜はバーに通い、「大胆にも」膝丈の短いスカートをはき、髪型はボブカットで、化粧をし、タバコを吸い、大酒を飲んで酔っ払い、自分で車を運転した（この順番でないことを願いたい）。第一次世界大戦（一九一四年～一八年）の大量殺戮（さつりく）とスペイン風邪（一九一八年～二〇年）の膨大な死者数への反動で、フラッパーの代名詞である反体制文化（カウンターカルチャー）、自由奔放、生きる喜び（ジョワ・ドゥ・ヴィーヴル）が勢いを得た。フラッパーは古い世代を憤慨（ふんがい）させ、自分勝手で「軽薄だ」と労働者階級を苛立（いらだ）たせたが、大衆メディアは若さと美しさの象徴として偶像化した。いまや若い女性がタバコを吸い、酒を飲み、男遊びをし、スリルを追うのが流行になった。フラッパーはまた、だいたいが酔っ払った男女がいちゃつき、女性は胸や性器をさわられ、ときにはセックスにまで発展する集まり、「ペッティング・パーティ」と結びつけて考えられるようになった。

とはいえ、若い女性がみなフラッパーだったわけではない。フラッパーは都市部にしかいない少数派で、国の総人口と比較するとごく小規模なグループだった。その文化的な衝撃度がメディアの注目を集めたせいで、実態より誇張されて扱われた。一九二〇年代の若い女性の多くは相変わらず真面目で、伝統的な服装と行動を守り通していた。それでもフラッパーは、歴史的に見ても注目に値する。中産階級の女性が自分の生活や評判を傷つけることなく、勝手気ままで、どちらかと言えば無節操な行動を取れたことは、太古以来一度もなかったからだ。旧世代を辟易させ、冷笑を浴びても、それは中世に密通に対して行われた公の場での辱めや鞭打ちとは大違いだった。

フラッパー

そうは言っても、現実が女性たちを訪ねてくるときは、たいていドアを蹴破ってしまうものだ。一九二〇年代の女性でも、性的奔放さとその結果の妊娠は、昔と変わらず人生を台無しにするスキャンダルの種だった。女性には三つ選択肢があった。非合法の危険な中絶手術を受けるか、不名誉と（おそらく）貧困に耐えながら子育てするか、急いで誰かと結婚するか。避妊具の入手が難しかったこともあって、予期せぬ妊娠という痛烈なショックは農耕時代の三番目の錠前として機能し、その後も数十年、解錠されることはなかった。

　フラッパーという現象が見られたのは一九二〇年代だけで、一九三〇年代を迎える頃には死語になっていた。世界を大恐慌が襲い、先進国で雇用機会が減少すると、中産階級の若い女性は家族への依存や無難な結婚生活といった昔ながらの取り決めのなかに引きこもった。それでも婚姻率は、一九三〇年代に欧米の先進国で平均三五パーセントまで減少した。結婚生活を始め、家族を築くために必要な物質的な手段が不足していると感じるカップルが増えたからだ。出生率も急落した。一部の国では、一時的に一組の夫婦につき子供が二・一人と、「人口置換水準*」を下まわった。これは五五〇〇年の歴史で初めてのことだった。要するに、大恐慌下でセックス（結婚前と結婚後の両方）自体が減少したのだ。この現象は、この時代に米国中部の大平原（グレート・プレーンズ）地帯で耕作のために露出されて乾燥した地表が、土埃となり、激しい砂嵐となった「ダスト・ボウル」にたとえられることがあるが、こちらのほうがそうした土壌の消失よりもはるかに大きな意味がある。一九二〇年代に垣間見えた女性の性的自由は、世界の危機が終わるまで復活することはなかった。それでも、セックスに関する農耕時代の考え方は完全に過去のものなっていた。先進国の女性の

訳注＊　ある死亡水準のもとで、人口が増加も減少もせず、一定となる出生率の水準のこと

性的自由が、昔と同じ程度まで縮小されることは二度となかった。男性も女性も、いまや新しい性の力学の時代に突入しようとしていた。だが、一〇〇年たったいまでも、その力学の本質は十分に解明されていない。

いいぞ、ベビーブーマー

第二次世界大戦のせいで、下層階級と中産階級の女性はふたたび社会に出なければならなくなった。徴兵されて出征した男性の仕事を引き継ぐ必要があったからだ。出征前にほとんど見ず知らずの女性と結婚した男性も少なからずいたし、戦時中の独身男女には、世界が惨憺（さんたん）たる状況にあるのを見て性的なたしなみをかなぐり捨てる者も多かった。労働力としてふたたび社会に出たことで、女性の性的自由は回復したが、一九二〇年代のフラッパーと比べると、戦争による窮乏のせいで見た目はみすぼらしかった。それでもセックスは絶えることなく行われていた。労働力としての女性の動員が第一次世界大戦時よりもはるかに大規模だったこともあって、一九四〇年〜四五年のあいだに欧米諸国の中産階級の女性の四五パーセントが婚前交渉を経験し、未婚の一〇代女性の妊娠が二九パーセントに急増、性感染症の患者数も上昇した。

一九四五年に男たちが帰還し、多くの女性が過酷な肉体労働をやめて家庭や昔から女性の仕事とされていたものに戻ったあとも、婚前交渉をする人の数が目に見えて減少することはなかった。第二次世界大戦後に変わったのは、戦後の世界で人々が日常を取り戻そうとしているなかで、それまで婚前交渉を行っていたカップルが次々と結婚したことだ。結婚を決める前にセックスを経験するという現代的な慣習（今日ではごくありふれたことで、社会的な汚名を着せられることはほとんどない）が本格的に始まったのだ。

また戦後復興によって、一九三〇年代と比べて（それにむろん、二〇二〇年代のみじめな実質賃金と不動産価格に比べても）、結婚や新家庭にかかる費用が相対的に低下した。一九四六年、婚姻率は急上昇して三〇年代の二倍を超え、二〇年代の欧米諸国の婚姻率を平均二八パーセント上まわった。米国ではこの時期、結婚当日に妊娠していた新婦が一五パーセントほどいたという。平均結婚年齢も急激に下がって二〇歳になり、一九四六年から六〇年にかけては、二〇代前半で結婚するようにと、信じられないほどの社会的圧力が女性にかけられた。

この結婚ラッシュの結果が「ベビーブーム」で、一九四〇年代後半から五〇年代にかけての出生率は三〇年代に比べて三〇パーセント上昇した。この時期には非常にたくさんの子供が生まれたイメージがあるが、ベビーブームのときも一九世紀や二〇世紀初頭の出生率の平均水準に達したことは一度もなかった。ピークとなった一九四七年でさえ、欧米諸国の出生率は一九〇〇年より一五パーセントも低かった。これは、両親が二人以上の子供を持つことが少なくなり、「核家族」が標準になったためだった。ベビーブームが起きたのは、夫婦が子だくさんになったからではなく、一九四六年から六〇年のあいだに、二〇年代や三〇年代より多くの人が結婚したためだ。もっとも、ベビーブームの流れは長続きしなかった。「農耕時代の貞操帯」の三番目にして最後の錠前――貧弱な避妊手段――が熱に浮かされたようにこじ開けられ、取り外され、捨てられようとしていたからだ。

飲みやすいピル

経口避妊薬、避妊リング、ペッサリー、合法的な人工妊娠中絶はどれも、一九六〇年代半ばから末にかけて欧米の人々にさらに普及した。人類史上初めて、妊娠の予防または中絶の信頼できる手段――男性が射精直前にペニスを引き抜いたり、コンドームを使用したりすることに依存しない――が、女性の手に渡ることになった。人生を変えてしまうかもしれない妊娠を心配することなく、一般女性がセックスを楽しめるようになったのは、間違いなくこれが初めてだった。二〇二〇年の時点で、欧米諸国の女性はおよそ四〇種類の薬物と避妊法を自由に選択できるようになっている。このことが、財産契約としての農耕時代の結婚の消滅や、死ぬまで家族や夫に経済的に依存する女性の減少と並んで、セックスと社会両方のあり方を根本的に変え、その変化はいまもまだ続いている。

避妊用ピルは一九三〇年代から研究開発が始まり、妊娠を防ぐ効果は実証されたが、一般市場での販売の障害となったのは製造コストだった。多くの消費者が購入できる手頃な価格の避妊用ピルを製造するために、一九五〇年代には開発競争が激化した（婚前交渉率も婚姻率も妊娠率も高い時代だった）。五〇年代半ばに、北米の科学者が開発に成功し、六〇年六月、ピルは米国で医学的な認可を得た。六一年、英国、オーストラリア、ドイツがあとに続き、六〇年代末までに、

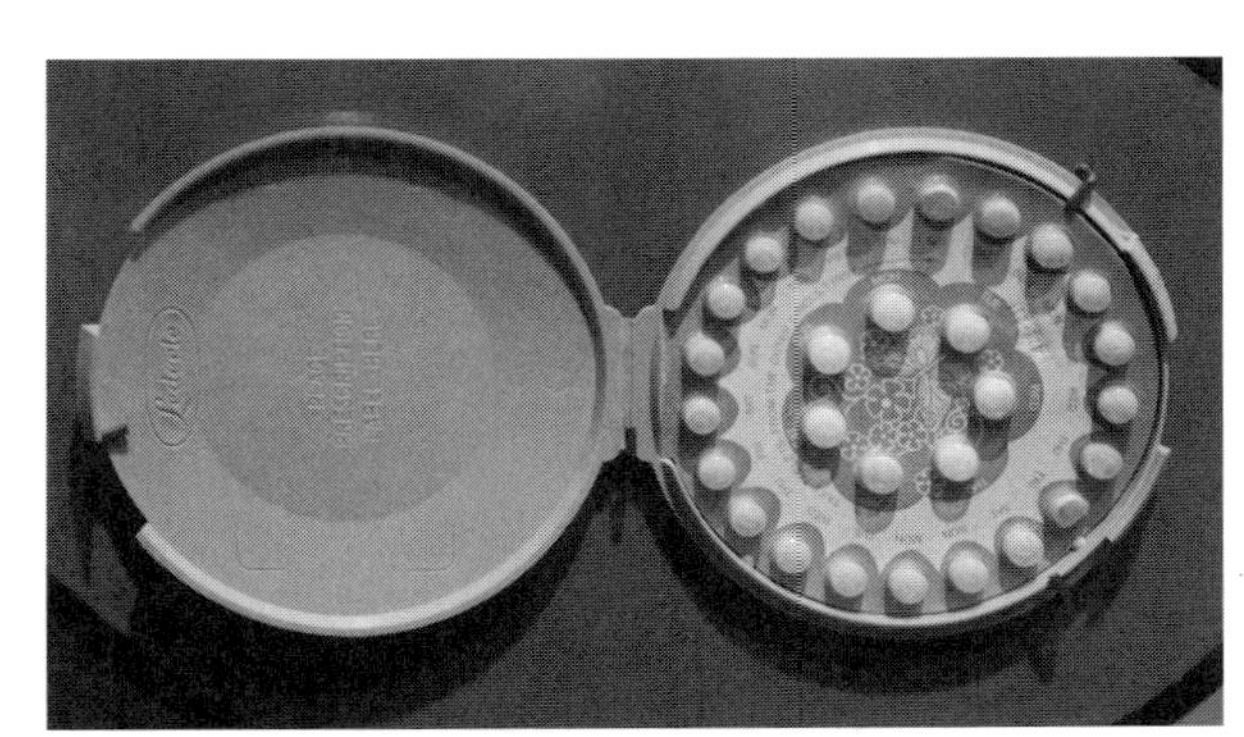
避妊用ピル——解放と歴史的革命と人口変動の源

西ヨーロッパの数カ国がピルを採用した。カトリックの優勢な国では、セックスは官能的な快楽ではなく、子づくりのためのものだと考えられていたために普及が遅かった。また日本では、人口減少や性道徳の乱れを懸念して、九九年まで解禁されなかった。ピルを違法としたり、市販を禁じたり、社会的なタブーにしたりしている国はいまも数多く存在する。

一九六〇年代に建前上は入手可能になった国でも、避妊用ピルが国民の大多数にすぐに受け入れられたわけではない。米国ですら、六五年に既婚女性の使用が許されただけで、未婚女性が使えるようになったのは七二年からだった。英国では、六八年に未婚の女性にピルを配布していた地域保健局は、全体の六分の一しかなかった。同じ欧米諸国といっても、ピルの入手しやすさや流通、製造、社会の見方にはばらつきがあった。そのため、ピルが主流になるまでには時間がかかった。六〇年代半ば、子供をつくる気のない欧米人女性でピルを使っていたのはわずか五パーセント程度で、ペッサリーや避妊リングを使ったのが二パーセント弱、男性にコンドームを着用させた女性が二六パーセント、残りの六七パーセントは膣外射精以外の避妊を行っていなかった。六〇年代になっても「サプライズ」妊娠と駆け込み結婚が減らなかったのはそのためだ。ピルを好んだのは、キャリアや人生計画に合わせて妊娠のタイミングを調節したい、希望の人数を超える子供を持つのを避けたいと考える少数の既婚女性だった。ピルが女性に、妊娠と出産を制御する前例のない力を与えることについては、その使用が主流となる前から、学界やメディアによって認識されていた。一九六七年、ピルは『タイム』誌の表紙になり、その革命的な衝撃の到来を高々と告げられた。

一九七〇年代には、避妊リングやペッサリーの利用増加と相まって、ピルは欧米諸国で増加傾向にあった予期せぬ妊娠を大幅に減少させた。中絶の合法化は、避妊に失敗した女性や、避妊具を利用しなかった女性に新たな選択肢を与えた。こうした手段によって、妊娠率と出生率も低下した。ベビーブームは六五年頃にすでに終わっており、妊娠率は二〇年代後半と同程度の水準まで落ち込んでいた。それに加えて、ピルをはじめ女性がコントロールできる避妊法が増えたおかげで、七五年までに欧米諸国の出生率は人類史上最低水準まで落ち込んだ。三〇年代の最低点よりも二一パーセント、ベビーブームのピークよりも四五パーセント、過去五五〇〇年の農耕時代の標準的な出生率より最大七〇パーセント低かった。これは歴史上と進化上の両方で前例のない出来事だった。八〇年代にいくらか出生率が回復したものの、ほとんどの欧米諸国では現在に至るまで人口成長の停滞が続いている。

ダムが決壊する

第二次世界大戦が終わった頃には、欧米諸国の国民のおよそ半数が、程度の差はあれ婚前交渉を当然のものとして行うようになっていた。アルフレッド・キンゼイが一九四八年と五三年に発表した男女の性行動に関する二冊の本（『人間における男性の性行為』と『人間女性における性行動』）によって、欧米の知識階級は快楽目的のセックスを異常なものとは考えなくなった（ただしこの二冊の本では、標準的な性行為に関する統計値がひどく誇張されたり、五カ月から一五歳までの子供に対する性的いたずらやレイプ、虐待から得られたデータが使われていたりした）。学界の外でも、性的にリベラルな考え方が大衆メディアに深く浸透した。一九五〇年代の文学作品には性を描いたものが多くなり、同じく五〇年代の映画と音楽には、検閲を恐れることなく、性的な暗示があふれんばかりに盛り込まれた。その一方で、『エド・サリヴァン・ショー』に出演したエルヴィス・プレスリーの挑発的な腰の動きがあまりにショッキングだったので、その後のテレビ出演では上半身だけしか映さなくなった（それがどんな動きか知らない者はいなかったが）。また『プレイボーイ』などの雑誌は、セックスは恥ずかしいものではないという考えを男性読者に訴えた。一九五三年の『プレイボーイ』創刊号の表紙とピンナップページのモデルは、マリリン・モンローだった。ポルノ雑誌の発行部数は七〇年代にピークに達し、その後、人気が映画や家庭用ビデオに移って衰退した。六五年に『コスモポリタン』誌の編集方針が変わり、二〇代から三〇代の働く女性の読者を対象に、やはりセックスを恥じる必要はないという主張が打ち出された。

欧米のいくつかの国では、訴訟と判決が何度か繰り返された結果、一九六〇年代後半以降、映画やテレビに対する検閲が劇的に緩和された。その後は、それまで以上に露骨な性的描写やテーマがメインストリームの映画でも見られるようになった。青年が年上の既婚女性に誘惑される映画『卒業』（一九六七年）などは大きな反響を呼んだ。六九年に最初の本格的なポルノ映画がデンマークで解禁になり、数年後に米国でも合法化されて「ポルノ黄金時代」が始まった。ポルノ映画は大手の映画館で上映され、称賛と怒号と興奮を巻き起こした。だが、ポルノビデオの登場によって、映画を見ながらのマスターベーションはさらにプライベートな行為になった。この時代に特に目覚ましい経済的成功を収めた作品に、リンダ・ラヴレース主演の『ディープ・スロート』がある。ラヴレースは肉体的な虐待を受けて出演を強要されたといわれ、今日もなお続くポルノ業界の暗黒面を象徴する存在だ。

そうした動きと並行して、六〇年代のカウンターカルチャーがそれまで何十年も続いてきた貞節重視の慣行を蹴飛ばし、快楽目的のセックスという考え方をメインストリームに押し上げて、社会変革運動と性の解放を結びつけた。新しい思想潮流は、結婚と一夫一婦制を抑圧の形式であると否定し、フリーセックスや複数愛（ポリアモリー）*を支持した。この時代の波の極端な例に、北米やヨーロッパに次々と現れたセックス・カルトがある。こうしたカルトは七〇年代に勢力を拡大したが、判で押したように性的虐待によって心に傷を負った犠牲者が出たため、八〇年代、九〇年代になる

ダスティン・ホフマンとアン・バンクロフト──『卒業』（一九六七年）より

と、政府当局が対決姿勢を強め、ときには流血沙汰に発展することもあった。六〇年代や七〇年代に「ヒッピー」や「スウィンガー」と呼ばれた若者の数は誇張して語られがちだが、せいぜい人口の一・五～三パーセント止まりで、普通の生き方をしていた者のほうが圧倒的に多かった。それでも奔放な若者たちをあらゆるメディアが取り上げたことで、快楽だけを目的にしたセックスに向ける世間の目は以降、永遠に変わってしまった。
六〇年代末までに、同性愛は欧米諸国の多くで合法化された。それ以前は、そうした行為で数年間刑務所送りにされる例もめずらしくなかった（それどころか、英国では一八六一年まで同性愛行為で死刑を宣告される場合もあった）。二〇世紀初頭、多くの国の司法当局は露骨なものでないかぎり、同性愛行為を黙認していた。とはいえ、

訳注＊　関与する全員の同意を得て複数のパートナーと関係を持つ恋愛スタイル

刑務所に送られなかったとしても、社会的汚名は深刻だった。同性愛は精神疾患に分類されたため、多くの人が医療機関で必要のないショック療法、化学的去勢、前頭葉切断術(ロボトミー)を受けさせられた。二〇世紀半ばの欧米諸国では、生殖と無関係の快楽目的のセックスが大衆に受け入れられ、同意した成人同士であれば、自由に好きなことができるようになった。だが同性愛は合法化されてからも、何十年ものあいだ、世間に広がりつつあったセックスに対する寛容や容認の雰囲気からは除外される場合が多かった。社会的な偏見は根強く、長いあいだ「隠れ婚」が広く行われてきた。七〇年代、八〇年代まで、同性愛は多くの精神医療機関でなおも精神疾患として扱われ、世間の姿勢も九〇年代までは敵対的だった。今日の欧米諸国では、同性愛に対するあからさまな敵意は、教義で禁じている特定の宗派で見られる程度になった(敵意の強さは宗派によって異なるが)。だが、もっと広い世界に目を向けると、同性愛は七一カ国でいまだに違法であり、そのうち一一カ国では死刑に値する罪とされている。

「性別違和」を持つ人々に対する性別適合手術は、一九二〇年代に初めて正式な医学として可能になった。最初の著名な患者は一九二二年に睾丸を除去し、三一年にはペニスを切除してヴァギナを形成する手術を受けたドイツのドーラ・リヒターだった。リヒターは三〇年代に行方不明になったが、おそらくナチに殺害されたのだろう。デンマークの画家リリー・エルベは、三〇年から三一年にかけて性別適合手術を受けたが、子宮を移植し膣管を形成する四回目の手術の際に合併症で死亡した。五二年、米軍兵士として第二次世界大戦で戦った退役軍人クリスティーン・ジョーゲンセンが性別適合手術に成功したというニュースが全米で大きく報じられた。この報道がきっかけとなって、欧米諸国では性別適合手術が徐々に一般的になり、手術を行う病院の数も大幅に増加した。それでも、トランスジェンダーが広く受け入れられるようになったのはごく最近で、二〇一〇年代半ばから末にかけてのことだった。近年のトランスジェンダー容認への動きには強い反発がある。they を he や she の代わりにする柔軟な代名詞の使い方や、性別違和を治療し、自殺願望を減少させる性別移行の有効性、子供や一〇代の若者を性別移行させる場合の医療倫理と適法性などに対して、数々の異論が投げかけられている。

六〇年代と七〇年代に最も広く受け入れられ、成功した社会改革運動は、いまでは第二波フェミニズム運動に分類される女性の権利の擁護・促進の取り組みだろう（「第一波」は一九世紀末から二〇世紀初頭の婦人参政権運動）。先進国では、数多くの個人と組織が同一賃金法と職場の平等の実現のために活動し、それが仕事を持つ既婚および未婚女性の急増につながった。第二波フェミニズム運動の活動家は同時に、性の解放と男性支配からの独立の手段として避妊具の利用を訴えた。活動家たちはまた、レイプやＤＶ被害者の女性を支援し、シェルターや電話緊急相談所を設立した。

結婚の進化

セックスと恋愛に最大の影響を与えたのは、二〇世紀半ばの結婚改革だ。まず、夫婦間レイプに関する法律が七〇年代と八〇年代に各国で成立した。夫婦間レイプは数千年も続いた現象で、起源は旧石器時代と考えられる。驚かれる読者も多いかもしれないが、つい最近までその種の性的暴行は合法だった。いや、いまでも夫婦間レイプを合法とする国は決して少なくない。

七〇年代からは、先進国で無過失離婚の導入も増加した。これは不倫や虐待などの婚姻契約違反の立証なしで、男女どちらの配偶者からも裁判所に離婚を申し立てられる制度だ。無過失離婚の採用は今日まで様々な国で段階的に進められており、それとは別に事実上の無過失離婚を導入する国も増えている。それによって、現代の先進国で離婚を望めば、理由はどうあれ、ほぼ確実に望みがかなうことになった。

こうした改革がもたらす長期的効果は、結婚というものから農耕社会的性格を剝ぎ取り、現代にふさわしいものにアップデートする一方で、公平性と子供のために一定の経済的義務をそのまま残せることだった。結婚はますます、社会的・経済的動機や生存に関わる動機ではなく、カップルがたがいに抱く愛情に基づいて成立する傾向が強くなった（離婚の場合はこのかぎりではないが）。第七章で指摘したように、愛情という進化的現象は数年で消滅してしまう可能性が高い。それはもっぱら、子供が野生で生き残るのに十分な期間、夫婦を一緒にしておくための適応形態だからだ。今日、輝きを失った結婚生活を解消して、シングルで子育てすることが以前より容易になり、経済的にも有利になるケースが多くなったのはそのためである。

一九七〇年〜九〇年の二〇年間に、離婚率は四六・五パーセント上昇した。これは、一九〇〇年よりも八三・六パーセントも高い。九〇年代以降、離婚率は急速に下落し、二〇二〇年にふたたび一九七〇年の水準に戻った。もっともこれは、そもそも結婚する人の数が大幅に減っていることがおもな原因であり、婚姻率は七〇年と比べても四〇～五〇パーセント減少している。その一方で、最終的に離婚に至る結婚の比率はおよそ四五・五パーセントで、ほぼ横ばいのままだ。要するに、いまや結婚は過去の半分程度しか魅力のない制度になり下がり、結婚の成立と破綻はほぼ同じぐらいの頻度で発生していることになる。

11 セックスの未来

現在とその先

●人類の性行動は、歴史にも自然界にも前例のない道に踏み出す ●ミレニアル世代[*]とZ世代[†]は孤独とセックスレスの傾向を強めている ●ポルノがこれまでないほど人々の生活の中心を占める ●離婚率が急上昇する一方で、婚姻率と出生率は急落する ●人口減によって、人類史上最も驚くべき地政学的変化が引き起こされる ●マッチングアプリは、非常に多くの人のセックス市場を破壊する可能性がある ●人類はセックスの未来に関する残酷な可能性に直面している

過去半世紀における人類の性行動の大変革は、ホモ・サピエンスのセックスと恋愛を一変させた。変化があまりにも急だったので、長期的な影響や、事態が収拾したあとの一世紀か二世紀後に人類がどんな生活を送っているのかを、ある程度の確実性を持って予測するのは困難である。私たちが置かれた状況は前代未聞だ。自然のなかに似たような状況を見いだすことはできないし、当然ながら、三一万五〇〇〇年にわたる人類史でも前例となる出来事は一つも見当たらない。

一つには、狩猟採集時代や農耕時代に人類が生存するために行っていた一夫一婦制や結婚への

依存が完全に一掃されたことがある。近代になると、個人の生存が一族や採食領域、農地などに左右されることがほぼなくなった。子供の生存もまた、そうしたものの影響を受けなくなった。結婚した男女が一緒にいるように強制する土地分配法の大半も（なかでも特に非情で厳格な法律が）廃止された。あとに残ったのは、せいぜい一夫一婦制に向かう一貫性のない進化的傾向くらいだ。

もう一つは、先進国のセックスに対する考え方が大幅に自由化されたことによって、人々が様々なセックスや恋愛関係を追求しても、社会の反発を最小限に抑えられるようになったことだ。その結果、ホモ・サピエンスが生まれてこの方、文化がセックスに対して持っていた影響力が明らかに弱まった。結婚して子供が欲しいんだけど？　いいじゃない。一生独身でいたいんだけど？　OK。一妻多夫のコミューンで暮らしたいんだけど？　問題ない。エッフェル塔みたいな無生物と恋に落ちたり、スマートフォンのAIパーソナリティに恋愛感情を抱いたりしてみたいんだけど？　素晴らしい。数年がかりで数百人の相手とセックスする乱交マラソンに挑戦してみたいんだけど？　やってみれば。四〇代まで子供を持ちたくないんだけど？　いつでも体外受精専門医が待機してるよ。女王様に収入の三分の一を注ぎ込んで、負け犬と罵られたり、ペニスの

訳注＊　一九八〇年代～九〇年代半ばに生まれ、二〇〇〇年以降に成人や社会人になった世代（Y世代）

訳注†　一九九〇年代半ば～二〇一〇年代前半に生まれた世代。デジタルネイティブ、SNSネイティブとも呼ばれる

サイズを笑われたりしたいんだけど？　どうぞどうぞ、ご自由に。重罪を犯したり、相手に無理に同意させたりしないかぎり、現在の先進国でできないことはほとんどない。

ある意味で、セックス観の自由化は人類の性行動を文化の支配から解放し、より進化的な性の力学へと私たちを立ち返らせた。社会規範や偏見がすっかりなくなったわけではないが、農耕時代のように個人の人生を左右する力は事実上失われている。本書の第1部と第2部で見てきた徐々に進化した本能と、そこから生まれた型にはまらない心理（サイコロジー）と倒錯嗜好（キンク）が、いまやセックスと恋愛を追い求める人の強力な原動力になっている。環境（ナーチャー）は性的衝動という性質（ネイチャー）を妨げなくなったのだ。ほとんどの人間はいまだに一九〇万年前と同じ一夫一婦制の本能に突き動かされているが、同時に本能の混線状態と、ＤＮＡを最初に交換した二〇億年前の単細胞生物にさかのぼる矛盾した進化のお荷物を抱えている。ご想像のとおり、こうした流れは混乱した予想外の結果を招くことがあり、場合によってはかなり悲惨なものになる。性的自由がかつてないほど広がっているというのに、皮肉にも、私たちはこれまでになく深い孤独感と、個人の幸福度が最低水準の時代を生きているのだ。

孤独な心と使いすぎの手

個人の幸福度は状況や主観によって大きく変化し、人それぞれに異なるものではあるが、概観すると、追跡する価値のある成長傾向がいくつか見られる。一九五〇年～七〇年で、婚前交渉を行っている欧米諸国の中産階級の女性はおよそ四五パーセントから七五パーセントに増加した。一九七〇年～二〇二〇年のあいだにさらに増え、およそ八五～九〇パーセントに達した（一九〇〇年の傾向とは正反対だ）。残りは、伝統を重んじる宗教的コミュニティに属しているか（九～一四パーセント）、非宗教的な生活を送っているか（約一パーセント）のどちらかだ。結婚の平均年齢は男性三二歳、女性二九歳と上昇傾向にあり、婚姻率は人類の歴史のほぼどんな時代よりも下まわっている。現代のカップルは結婚までに平均二年～五年交際し、そのほとんどが婚約することに不安を抱いているか（おもに男性だが）、結婚できる経済力がまだないと考えている（七〇年代以降の物価の上昇に賃金が追いついていないことがおもな理由だ）。また、さらに多くのカップルが、税制上の優遇措置や子供の保護、相続に関する法規など有利な面を除くと、結婚そのものの価値に疑問を抱いている。一九七〇年には、先進国における四〇歳未満の未婚の同棲カップルは人口の〇・五パーセントだったが、二〇二〇年にはそれが一五パーセントに達した。

一九六〇年～七〇年までの一〇年で先進国の独身人口は二倍になったが、現時点では先進国の成人の約四〇パーセントが結婚も同棲もしていない。二〇一九年には、四〇歳未満の独身者の四五パーセントが決まった相手との関係を望んでいないと報告されており、その数は男女ほぼ同数だった。ミレニアル世代のおよそ二〇～二五パーセントが生涯結婚しないと予想されていて、Z世代ではさらに高くなる見込みだ。一夫一婦制の本能はほぼ変わらずに残っているのに、こんなていたらくだ。

こうした風潮の結果、ミレニアル世代とZ世代はそれ以前の世代よりも性的に不活発になり、ある研究によると、不特定多数の相手とセックスする人の割合は二〇〇七～一七年までに一四パーセント減少したという。同じ期間に、過去一年間に一度もセックスをしたことがないと回答した三〇歳未満の数はほぼ二倍に増えている。理由の一つは、若者のソーシャルメディアの長時間使用が対面コミュニケーションを激減させ、自然発生的な恋愛が生まれる環境が失われたことにある。もう一つ、男女が直接いちゃつく機会が減り、クラブやバーで気軽に知り合うよりも、好みにうるさい排他的なオンラインデートの利用が増加したからでもある。だが、最も注目されている理由は、現実の性体験の代用品になるオンラインのフリーポルノの隆盛だ。

インターネットポルノの急増は驚異的だ。一〇年前と比較しても、いまは性的満足を与えるオンラインコンテンツがおびただしい数、用意されている。一〇年前でもすでにハリウッド映画やビデオゲームより大きな産業だったが、おおかたのコンテンツはそれまでと変わらず、もっぱら怪しげな制作会社が作っていた。

ところが徐々に、新しい独立系のクリエーター（とベテランのポルノ俳優）がスタジオシステムを離脱して、会員制のサブスクリプション型プラットフォームに直接コンテンツをアップするようになった。いまは独立系のポルノ市場が飽和状態になって、そこで生計を立てるのがきわめて難しくなっているが、それでも独立系プラットフォームが副業に使われ、新型コロナのパンデミックの最中に独立系コンテンツの制作が急増した結果、人類史上のどの時点と比べても、ポルノ制作に関わる女性の数が多くなっている（出演者に無理強いする強制ポルノの数は減少したが、完全になくなったわけではない）。

その一方で、オナニーの「オカズ」探しを目的にソーシャルメディアを利用する男性の数は増加傾向にある（推定五人に二人）。この傾向は二〇〇〇年代後半のフェイスブックから始まった。写真を使ってマスターベーションをするために、男性は（知り合いかどうかに関係なく）ほかのユーザーに友達申請を行った。二〇一四年以降、インスタグラムの登場で事態はさらにエスカレートした。インスタグラムでは、多くの場合フォローリクエストは不要であり、女性の公開アカウントやモデルの写真をソフトポルノのように利用することができた。有名人やアマチュア・モデルのフォロワーに関する二〇一九年の統計的サンプリングと、そういったフォロワーがほかにどんなアカウントをフォローしているかを調査した関連分析を見ると、女性有名人の約三一パーセントと、アマチュア・モデルの最大六三パーセントが男性にフォローされており、男性フォロワーの大半は有名人のゴシップネタやメイクのアドバイスを知りたいとか、服やココナッツウォーターの広告を見たいとかではなく、自慰のためにインスタグラムを利用している可能性が高いことが判明した。ティックトックでは、ソフトな「オカズ」を探すユーザーの割合がさらに高いと考えられる。フォロワーが増えれば、広告契約その他の収入を得る機会が増える。こうした互恵的な関係が、刺激的な写真や動画を投稿するモチベーションになってきた。ファッションやライフスタイル商品のターゲット層ではなく、単なる自慰目的のフォロワーが大勢を占めているというのに、小売業者はいまもまだ広告への投資から収益を上げているらしい。そうでもなければ、ソーシャルメディア・アカウントの広告投資バブルは一日で崩壊してしまうはずだ。

また、オンラインポルノの過度な使用が原因で、現実のセックスで記録的な水準の勃起障害

（ＥＤ）が起きているという。リワード財団の調査によると、セックス中の勃起問題を抱えている四〇歳未満の男性は、二〇〇〇年の二〜三パーセントから二四・五パーセントまで急増している。つまり、ポルノの強い刺激に慣れてしまった男性は、現実の女性との甘く、情熱的なセックスの場面で性的興奮を持続できなくなっているのだ。

単なる性的ニーズだけでなく、感情面のニーズに目を移すと、男性、女性ともに、話し相手や癒やしを求めてＡＩアプリやチャットボットを利用する人が増えている。一〇年、二〇年前の初期のチャットボットにはごく限られた機能しかなかったが、現在の「Ｒｅｐｌｉｋａ（レプリカ）」（数百万ダウンロードを記録）などのＡＩアプリは、会話のつなぎ方を学習し、微妙な表現も使えるようになっている。まだあちこちに話が飛ぶ人間の会話にはついてこられないが、あと一〇年かそこらすれば、オンラインのＡＩとの会話は、人間同士のメールのやりとりと見分けがつかなくなりそうだ。

離婚の憂鬱

先進国の夫婦の五四・五パーセントが幸福な結婚生活を送っており、その七〇パーセントが子持ちである。いまなお人類のかなりの部分が、一九〇万年前に端を発する一夫一婦制の本能を保持しているようだ。反面、破局を迎える夫婦が先進国平均四五・五パーセントいて、およそ半数に子供がいる。離婚した夫婦の平均的な結婚期間は七・八五年で、三〇代後半に最初の離婚を経験する人が多い。二度目の結婚の六〇パーセントは離婚で終わり、三度目の結婚が破綻する確率は七五パーセントだ。離婚経験者は都市のサービス産業で働く人が最も多く、最も少ないのは（意外ではないだろうが）地方に住む農業従事者である。前者の数は後者の四〜五倍にのぼる。結婚前に同棲していると（推定で全体の六〇パーセント程度）離婚に至る確率は四五パーセント増す。女性が専業主婦（既婚者の二〇パーセント）であれば、離婚率は半減し、男性が専業主夫の場合（既婚者の四パーセント）は倍になる。前近代の社会を動かしていた厳罰や非情な法律がすっかりなくなった分、農耕時代の遺産を引きずって生きている人々には、いまでも結婚が望ましい制度なのかもしれない。

おもな離婚理由には次のようなものがある。性格の不一致、口論が絶えない、暴言の応酬（全件数の約七五パーセントの要因）、不貞（男性の二〇パーセント、女性の一五パーセントが不倫する）、配偶者が十分な金を稼いでいないか、あるいは浪費家である（全件数の五五パーセントの要因）、セックスレス（四〇歳未満の夫婦の一五パーセントがセックスレスで、三〇パーセントが月に一回未満）、肉体的・精神的虐待（全件数の一五〜二〇パーセント）、早すぎる結婚（全件数の三五パーセント。「早すぎる」の定義は様々だが、通常は二五歳未満を指す。ただし、三〇歳未満で結婚した人がこの理由を挙げる場合もある）。

もっと視野を広げると、特に女性のほうが結婚生活に満足していないように思える。離婚のおよそ七五〜八〇パーセントが女性主導であり、妻が高等教育を受けている場合はそれが九〇パーセント近くまで上昇する。先進国の子供の四分の一から三分の一は、現在ひとり親家庭で育てられており、その内訳はシングルの母親が八五パーセント、シングルの父親が一五パーセントだ。シングルの父親の八〇パーセントは離婚か別居か死別であり、シングルの母親の三〇パーセントは離婚、一〇パーセントは別居、五パーセントは死別だが、およそ五五パーセントは一度も結婚したことがなく、その多くは最初から一人で子供を育てると決意していた。

結婚の新しいフロンティア

二〇〇一年～二二年に、世界三三カ国で同性婚が認められた。これは、過去五五〇〇年間続いた農耕社会ではとうてい起きようのないことだった。そう考えると、将来、結婚と一夫一婦制が同性愛者にとってどんなものになるのかを予想するのは時期尚早かもしれない。それでも、この二〇年のあいだに興味深いデータが取られている。同性愛者の平均的な結婚年齢は徐々に上がって、男性三七歳、女性三五歳。対象国にもよるが、同性愛者の一〇～三〇パーセントが結婚している。おもな欧米諸国では、長期の同性カップルのほうが異性カップルよりも同棲を望む傾向が強い。長期の同性カップルの三〇～四〇パーセントが結婚を希望し、六〇～七〇パーセントは同棲か事実婚を望んでいる。とはいえ、結婚年齢の上昇と同棲指向の増加の両方が、近年多くの国で同性婚が合法化された結果であると考えられることに留意しておくべきで、この流れが今後数十年でどう変化するか、大変興味深い。

同性婚全体でいうと、長期のレズビアン・カップルのほうが、ゲイ・カップルよりも既婚者全体に占める割合がわずかに大きいが、それでも五〜一〇パーセントにすぎない（国によって異なる）。ところが、人口はゲイがレズビアンの二倍いて、統計的に見ると、レズビアン・カップルは排他的な一体一の関係を築く傾向が強く、ゲイ・カップルはときおり複数の相手とオープンな関係を持つ場合が多い。このことが、同じ長期的な関係を結んだカップルでも、結婚を望むものと、同棲を望むものに分かれる要因なのかもしれない。また、同性婚が認められ、国民の多くがそれに理解を示している欧米の国や地域では、長期的な関係（結婚か同棲）にある同性カップルの一三〜一七パーセントに子供がおり、二〇二一年にオーストラリアで行われた調査によると、長期的関係にあるゲイ・カップルの四・五パーセントと、レズビアン・カップルのおよそ二五パーセントに子供がいるという。ゲイやレズビアンのカップルの生涯を通じた離婚率がどのくらいになるかわかるのは、もう少し先の話になる。

愛し合わずに（ノット・メイキング・ラブ）、歴史を作る（メイキング・ヒストリー）

一九七〇年代に先進国の出生率は急降下した。八〇年代に一時的に回復したあと、ふたたび人類史上最低水準まで低下、現在の出生率は七〇年代より一〇パーセントほど低く、若者たち（その多くは親が離婚している）は結婚も出産も敬遠し、妊娠数全体の約一五〜二五パーセントが中絶されている（先進国によって異なるが）。いまのところ、こうした傾向が反転する兆しは見られない。

八〇年代から九〇年代初頭にかけて人口減少が顕在化すると、先進国の政府は高齢化と人口減少に対処するために大量移民政策を導入し、年間受け入れ数を以前の二～五倍に増枠した。出生率は増加の兆しが見られなかったので、そうした政策は先進国にとって次のような点できわめて重要になった。(一)税基盤の崩壊を回避することで、政府は増大する公共インフラを長期間維持し、政治家は選挙公約に公共支出の増加を掲げられる。(二)国際舞台における経済的・地政学的立場を維持して、競合国に対抗できる。(三)労働力不足による賃金上昇を阻止して大企業のコストを抑え、国内経済の成長を維持する(ただし、低・中所得世帯の平均生活水準はその犠牲になる)。なお三つ目には、住宅購入と子育てにかかる費用を高騰させ、出生率をさらに低下させる副作用がある。

移民をもっぱら規制してきた日本では、外国人が完全な市民権を得ることが大変難しいため、人口は年間約〇・六五パーセントの割合で減少しており、このままでは二〇六五年までに三〇パーセント減少すると予想されている。また、現在のペースで移民の流入が続くと、ほかの先進国は二一世紀の終わりまでにいま以上に多民族的かつ国際的な国家となって、欧米諸国のおよそ半数で二〇六〇年～九〇年に明確な人口学上の多数派が存在しなくなると見込まれている。人類史上初めて、地球上で最も裕福で強力な国のいくつかは、ナショナリズムや同化を煽る中核文化ではなく、ほかの地域にルーツを持ち、経済的機会を求めてその国にやって来た人々を中心に構成されることになる。

一方、気候変動に関連する人口減少は諸刃(もろは)の剣だ。人口が減少すれば消費と二酸化炭素の排出量が減少するという利点はあるが、先進国への移民が移住先の人々と同じ水準の消費や排出を行えば、減少分が相殺されてしまう。発展途上国では、経済が産業化され、農耕社会のモデルから脱するにつれて人口増加は減速するが、その不幸な副作用として、二酸化炭素の排出量が一時的に増加する（実際、現在の総排出量の六五パーセントは発展途上国のものだ）。サハラ以南のアフリカを除く全世界、すなわち農耕社会の痕跡が根深く残っている地域では、二一〇〇年までに人口増加が止まると予想される。長い目で見れば人口減少は環境に良いのだろうが、それが実現するまでのあいだ、国際社会は人口増の鈍化と発展のあいだで引き裂かれ、まるでナイフの刃の上でバランスを取っているような状態になるだろう。

オンラインの悲劇

一九二〇年代には、大半の人が家族か教会を通じて配偶者を見つけるか、地元で幼いときからよく知っている相手と結婚した。たとえば、一九二八年のフィラデルフィアでは、八三パーセントの夫婦は結婚前に一キロと離れていない場所で暮らしていた。一九七〇年から二〇一〇年までの男女の出会いは、おもに職場か共通の友人を介したものだった。やがて、インターネットがしゃしゃり出てきた。二〇一〇年に出会い系サイトで知り合ったカップルは二〇パーセント程度だった。二〇二〇年までに、この割合が四〇パーセントに倍増し、インターネットはいまやカップルが出会う主要な手段になった。多くのカップルは、ティンダー、バンブル、ヒンジのような出会い系のスワイプアプリで知り合っている。ティンダー初期の二〇一四年、ユーザーの男女比は男性六〇パーセント、女性四〇パーセントだった。現在、ユーザーの七〇パーセントが男性、三〇パーセントが女性で、女性は依然として仕事や友人、夜の外出などで男性と出会う割合が高い（余談だが、バーやクラブで配偶者と出会うと、離婚する確率が四五パーセントほど上昇する）。同性愛者はマッチングアプリを使う傾向が高く（通常のサービスだけでなく、同性愛者専用サービスも合わせて）、五五パーセント程度だ。おもな理由は、異性愛者と比べて、同性愛者が集まる公共スペースが少ないためだ。もっとも、アプリ利用の効果は一様ではないらしい。二〇一九年の英国の調査によると、恋愛のパートナーを探すためにアプリを利用すると孤独感が増し、自己肯定感が低下するが、単にセックスの相手を探すためであれば満足感と自己肯定感が上昇するという。

今日、マッチングアプリに対する男性の依存度ははなはだしく高くなり、人前で初対面の女性にアプローチを試みる男性はごく少数に絞られる。二〇二二年の調査では、男性のおよそ三分の二が一度もアプローチしたことがないか、強いためらいを感じることがわかった。この消極的な態度のおもな理由は、気味悪がられるのが心配、拒絶されたくない、あるいは内気で内向的な性格であるか、単に慎重であるというところらしい。その一方で、知らない人間からのアプローチを危険と見なす女性が増えている。

こうした風潮の末に、マッチングアプリは男性の生殖成功を脅かす存在になった。平均以上の魅力を持つ女性はマッチング相手に事欠かないが、平均的な男性がティンダーを利用しても、砂を噛むような思いをするだけだ。アプリのデータによると、現在「右にスワイプ」（承認）する女性が平均一二・五パーセントなのに対し、男性は六五パーセントだそうだ。そのために、男性は出てくるプロフィールを軒並み右にスワイプしてから、自分とマッチしているかどうかを確認することが多くなっているようだ。アプリを利用する女性はひどく好みがうるさいが、男性にそんな余裕はないのだ。

21世紀の恋愛。30歳未満の半数以上がマッチングアプリを利用する

その要因として、アプリの場合は人柄より第一印象が重視されるのに、男性は見栄えのいい写真をあまりアップしないことが挙げられる。それには進化が関係している。霊長類の遺産の名残として、良いパートナーになる可能性を示すほかの特徴は十分だったとしても、ほとんどの男性は肉体的な魅力に欠けている（現在のマッチングアプリのデータでも、女性は男性の七五〜八〇パーセントを「平均以下」と考えている）。五五〇〇万年ものあいだ、繁殖の成功を享受したのはごく限られたオスだけだった。一九〇万年間、男性は配偶者候補にアピールすると

き、魅力的な話術や自分の有用性や将来性を伝えるといった、外見以外の要素に頼ってきた。むろん、女性も人を外見だけで判断するわけではないが、何百人も選別すべき候補者がいて、数枚の写真と読まれることなどまずない短い自己紹介が掲載されているだけのアプリでは、外見以外の要素で選ぶのは難しい。そのため、男性が女性と直接会って話をしたときの成功率は、オンラインの場合と大きく異なることになる。マッチングアプリに依存したせいで、男性のセックスレスは記録的な水準に達しており、三〇歳未満の男性の約一七パーセントが童貞で、二八パーセントが過去一年間に一度もセックスをしていない。

マッチングアプリは女性にもデメリットになる可能性があるが、その理由はまったく異なる。候補者が多いので選び放題という幻想が生じるが、それは多くの女性にとって素晴らしい生殖の成功を意味するものではない。アプリのデータによると、女性の「右にスワイプ」は少数の男性(五~一五パーセント)に集中する傾向がある。そして、その多くは重複しているため、お似合いだったかもしれないほかの候補者を排除してしまっている。だが、こうした選り好みを安易に非難することはできない。たとえば、あなたにフェラーリを一ドルで売りたい人が一〇〇人いたとする。そこに、フォード・フィエスタを同じく一ドルで売りたい人が九〇〇人が現れても、あなたはきっとその九〇〇人にはあまり関心を払わないだろう。マッチングアプリで成功する少数の男性は、見た目が良くて写真うつりも良く、高収入の仕事に就いていることをにおわせ、高身長であることをアピールしている場合が多い。その良い例が、現代女性が配偶者を選択するときの基準とよく言われる「6、6、6」(少なくとも身長六フィート〔一八三センチ〕、六桁の給料、六インチ〔一五センチ〕のペニス）だが、現実には、六フィート以上の男性は一四・五パーセント、六インチ以上のペニスを持つ男性は二〇パーセント、六桁以上の給料の男性は一三パーセントしかいない。この三つの条件すべてを満たす男性をお望みなら、その割合は五パーセントにも満たない（それに全員がシングルであるわけでもない）。人口のおよそ四九〜五一パーセントは女性なのだから、悲惨な事態になるのは目に見えている。

少数の幸運な男性がこうした圧倒的多数の女性と会ってセックスすることに非常に積極的であっても、結婚ないし同棲を考えてデートをしている可能性は低い。また残念なことに、このような男性とのセックスが常に良いものとは限らない。最初のセックスでオーガズムに達する女性は約一〇パーセントに限られる。ちなみに、男性と一対一の関係にある場合は、六八パーセントがオーガズムに達するという。もしこういった男性が一対一の関係に落ち着こうとすれば、巨大なマッチングのプールから一人の女性を選ぶことになる。

その結果、ここ二〇年ほどで、三〇歳未満の女性が持つセックスパートナーの平均人数が倍増したのに対して、長期にわたる同棲や結婚は著しく減少し、三〇〜四五歳の女性のほぼ半数が独身で、国にもよるが、先進国における「非選択的子なし率」は二〇〜三五パーセントに達している。それに、三〇〜四五歳の男性は相手が同年代であるかにこだわらない傾向が強い。米国の既婚男性で配偶者より一〇〜二〇歳年上である人は一八パーセントいるが、女性はその割合が一・四パーセントにすぎない。さらにもう一つ、多くの女性は相手に自分と同等かそれ以上の収入を求める傾向が強いが（男性にはあまり見られない傾向だ）、そのせいで女性が三〇歳以降にキャリアで高い地位を得ると、マッチングのプールは大幅に縮小してしまう。

要するに、マッチングアプリに振りまわされる現在のデート事情は、三〇歳未満のセックスレス男性と三〇歳以上のシングル女性を数多く生み出していることになる。一方の性が被る不利益は、もう一方の性には逆の結果をもたらす。現代におけるセックスは、多くの人にとってオルダス・ハクスリーが小説『すばらしい新世界』（一九三二年）で描いたディストピアのようになりつつあるらしい。現代の出会いの世界にようこそ。

近い将来のセックス

前著 *"The Shortest History of Our Universe"*（私たちの宇宙の最短の歴史）において、私は戦略的先見性という分野のホライゾンスキャニング・ツール*を使って、宇宙の熱的死までの未来を予想する体系的なアプローチで物語を締めくくった。セックスの短期的な未来に対しても、同じツールが部分的に適用できそうだ。未来を予測する場合は、一つだけの未来でなく、複数の未来を予測しなければならない。そして、これらの異なるシナリオを異なるカテゴリーに整理すれば、それだけ予測の精度が向上する。以下は、そのカテゴリーの一部である。

一．**予測される未来**　観測のとおりに起こりつつあること。物事は現在の流れの方向に展開する。新しい発見や変数の変化が発生するので、〝予測される未来〟は最も起こり得る未来ですらないかもしれない。それでも、私たちの予想の重要なベースラインになる。

二．**起こり得る未来**　観測のとおりに起こる場合があること。既知の科学の範囲内での変動あるいは変化は、流れの進む方向を示唆している。〝起こり得る未来〟は〝予測される未来〟の誤差範囲である。これもやはり、最も可能性の高い未来とは限らない。影響し合うすべての変数を考慮すれば、起こり得ることがわかると言えるだけだ。

三．**あり得る未来**　起こるかもしれないこと。科学ではまだ知られていない発見が未来の結果を変えてしまうので、すべてがどのように機能するかを詳細には説明できない。それは代数方程式のようなものだ。x＋y＝z。私たちは出発点（x）を知っており、到達するかもしれない場所（z）を知っている。しかし、どうやってそこにたどり着くか（y）をまだ知らない。

四．**不合理な未来**　科学では起こり得ないとされていること。結果は既知の科学の法則をあからさまに否定し、入手可能なすべてのデータや知識と矛盾しているように見える。ただし、

訳注＊　将来起こり得る社会変化の兆候を捉えるために、情報を収集・分析し、潜在的なリスクや可能性を検出、把握する活動

これのおかげで行き過ぎた推測を避けられるから、予測において重要な役割を果たす。

さあ、前置きはこれくらいにしておこう。〝予測される未来〟はまず、今後も成人の五〇パーセントは結婚し、その半分は結婚を継続し、半分は離婚する。離婚する夫婦の割合は上昇しないと考えられる。一夫一婦制に対する人類の欲求は進化上それほど古いものではないし、一様でもなく、農耕時代とは違って結婚がもはや文化的または物質的な強制力を持たないことを考えれば、この結果はそれほど悪くない。だが、結婚する人の全体的な割合は、長期的に見て、二一〇〇年までにいくらか減少する可能性がある。現在の流れは、同棲はしても、一度も「指輪をはめたことがない」人々が増加して、結婚する人が二分の一から三分の一へと減少すると示唆している。もっとも同棲も一夫一婦であるのに変わりはなく、同棲カップルにも子供がいるから、結婚と同じとも考えられる。

だがもっと重要なのは、独身者の人口が（男女ともに）着実に増加しているように見えることだ。現在のペースからすると、何らかの変化が起こらないかぎり、長期的な関係を持つパートナーを生涯に一人も見つけられない人が、二一〇〇年までに先進国の人口の二分の一、いや三分の二を占めるかもしれない。つまり、社会で乱婚的なセックスがさらに増加し、かなりの割合でセックスレスが発生し、一対一の固定的な関係が減ってくるだろう。シングルの増加によって出生率はさらに減少し、人口置換水準をかなり下まわることが見込まれる。だが、思い出してほしい、〝予測される未来〟が最も起こり得る未来ではないということを。永遠に変化しないことなど滅多にないのだから。

予測される流れが強まるか、逆に弱まるかしたら、次のような「起こり得る未来」が単独に、あるいはいくつか並行してやって来るかもしれない。

一、**独身至上主義**　独身の増加傾向が加速を続け、結婚が激減し、人々は長期にわたる共同生活に慎重になり、ほとんどの人が人生の大半を一人で過ごしながら、ときおり数カ月ないし二、三年程度カップルとしての生活を送る。その時点で、体外受精や代理母を利用して独身で子供を持つ人が増える。その結果、一人親（父親または母親）の世帯で育てられる子供の数が、人口の四分の一から一〇〇パーセント近くへと劇的に増加する。それでもなお、出生率は恐竜の骨が見つかる確率と同じくらいまで低下する可能性が高い。

独身至上主義のシナリオではまた、恋愛関係が幸福の鍵であるという近代の考え方が広く敬遠され、男女間の敵意が高まり、キャリア志向がさらに強まるだろう。このシナリオではまた、オンラインポルノ、セックスワーク、性玩具、あるいはリアルなセックスドールやセックスボット（セックスロボット）に依存する人が大幅に増加する。ただ、セックスドールやセックスボットに対する社会的な偏見は依然として根強く、性的興奮を持続させるための「不気味の谷」[*]現象を乗り越えることができない人も多いので、それに依存する可能性は低そうだ。また、女性や少数の魅力的な男性が短期的な恋愛関係を結ぶことは今後も続く。

またこのシナリオでは、人々はいまより実用主義的になり、「かゆいところに手が届く」ようなセックスと交友関係を求めるようになる。そうなるには文化的シニシズムの波が必要で、感情と完全に切り離されたセックスを行い（いささか無理な注文だが）、感情的な欲求は友情や短期的な恋愛関係、さらには物足りなさを埋めるＡＩへの依存によって満たされることになる。

二．伝統の復活（トラッド・ルネサンス）　ここでは、振り子が一夫一婦制の減少に逆らって動く。結婚や事実婚が増加し、（深刻な虐待や不倫がないかぎり）人々はそうした関係をすぐに放棄せず、多くの子供を持つようになる。また、ほぼ一世紀以内に、家事を専業とするパートナー（女性、または型どおりでなければ男性）のいる片働きの家庭の増加が見られるようになる。先進国のほとんどで政教分離の大きな流れがあるのを考えると、そうした「伝統」の復活は、宗教的な要請ではなく、世俗主義的な考え方によって促進されることになる。そうなると自然、同棲カップルや専業主夫の増加が考えられる。そうした傾向を擁護する人は、長期にわたって一夫一婦制を維持して子供を持ったときに男女がともに享受する、精神的、感情的、肉体的なメリットを強調するだろう。だが、多くの女性がフルタイムの仕事を優先し、専業主夫の離婚率が高く、**すべての**人（特に二〇代）が快楽目的のセックスに惹かれていることを考えると、そうした方向転換は人類全体ではなく、高い意識を持っているか、イデオロギーに突き動かされた一部の人々にのみ起こる可能性が高い。

経済的なリスクや、子供の人生に対して金を払うだけの傍観者になりかねない危険があるために、結婚を避ける男性が増える問題も生じる。また、多くの国では同棲が数年続くと、内縁ないしは事実婚と見なされてしまう。結婚制度に何らかの改革がなければ、男性が結婚から遠ざかる現在の流れが逆転するとは考えにくい。

男女両方に影響を及ぼす伝統回帰のもう一つの障害は、たくさんの子供を持つこと、片働きの収入で家計を維持すること、それにそもそも家を買うこと自体に法外なコストがかかる点だ。現在の経済動向では、複数の子供を持つ夫婦に大幅な税控除が認められた場合や、不動産市場の改革――すなわち、海外資本による居住用財産所有を制限し、住宅価格に上限を設け、初めての住宅ローンを組むときのハードルを大幅に下げるといった措置――が実現した場合のみ、この問題に対処できるだろう。住宅所有者の人口比はこの三〇年間着実に減少しているため、経済的な障壁を取り払う努力がなされないかぎり、近い将来に伝統回帰のシナリオが実現する可能性は低い。

三．**一夫多妻への回帰**　マッチングアプリの人気がこのまま続くか、さらに加速すると、性的パートナーにも遺伝子提供者にもふさわしくないとして、男性のほとんどが拒絶される大

訳注＊　人型ロボットなどの様態があまりにも人間に近いときに、見る者に違和感や嫌悪感を抱かせるとされる現象

きな文化的変化が生じる。同時に、ほとんどの男性が果たしている稼ぎ手および(または)保護者の役割が、現代の女性には無意味であるという認識が高まる。このシナリオでは、男性の約八〇パーセントが父親の役割から排除され、女性は残りの二〇パーセントとセックスをしてシングルマザーになるか、それとも社会的な圧力や期待を受けて、大変に裕福であるか権力を持つか、あるいは肉体的に魅力のある男性が複数抱えているパートナー、または妻の一人になることに同意するかのどちらかだ。だが、そう進んでいくにはいくつか障害がある。まず、文化的な強制も宗教的な教化も、あるいは物質的な生存のために妻の一人になる必要もないときに、多くの女性が一夫多妻制に同意したという歴史的な事例が、狩猟採集時代や農耕時代には見当たらない点だ。このシナリオで、強制は違法であり、女性は完全な自活能力を持っていると仮定すれば、ほかの何人かの女性とともに一人の男性の妻になり、性格に難があるかもしれない超特権階級の夫の欲望を満足させることに、どれほどの女性が興味を示すだろうか。性的な嫉妬は強力な進化的本能なのだ。

女性が結婚を拒否し、シングルマザーになるというシナリオは現実味がありそうだが、それが実現するには一夫一婦制と、ほとんどの男性との精神的および性的な結びつきの可能性が全否定される必要がある。現時点では、オンラインデートがそうした憂慮すべき傾向を示しているとはいえ、その傾向が社会を完全に支配するとは考えにくい。「6、6、6」ではない多数派の男性が、素敵なお嬢さんを振り向かせ、その結果、ロマンスが花開くことも考えられるからだ。それに、この傾向を変えるのはさほど難しくない。テック企業が配偶者選択のプロセスを歪(ゆが)めないマッチングアプリを世に出せばいいのだ。これは、その気になればいつでも起こせる市場革新である。

また、一夫多妻への回帰というシナリオに、八〇パーセントの多数派の男性がどんな反応を示すかという疑問もある。彼らが甘んじて受け入れる可能性は低いだろう。オスのホモ・サピエンスは本能的にゴリラよりもはるかにチンパンジーに近い。ゴリラは有力なシルバーバックがセックスを独り占めするのをおとなしく受け入れて、森の片隅をうろついていたが、チンパンジーがアルファオスのリーダーシップに我慢できなくなったら何をしただろうか。きっと、革命を起こしたにちがいない。

四．**ボノボの幸運**　乱婚が活発になり、女性は多くの魅力的な男性と手当たり次第セックスをする。要するに、三番目のシナリオの真逆だ。メスの配偶者選択における一般的な力学を考えると、このシナリオが一番可能性が低いように思える。しかし、この二〇年間、人間に「もっとボノボのようになれ」と無邪気に要求する本が相次いで出版されているので、あえてここに挙げておく。このシナリオでは、女性は自分が魅力的かどうかに関係なく、知らない男性とセックスする機会が多くなり、その結果生まれた子供は、男性の力をさほど借りずに女性のコミュニティで共同で育てる。セックスの広がりのおかげで、ボノボの社会のように男性の暴力が減少することは十分あり得る。もっとも、一夫一婦制の本能には一九〇万年の歴史があるのだから、普通の若い女性がそんな関係に同意するとはとても考えにくい。欧米諸国の一部の人々は、一九六〇年代から七〇年代にかけて早くもフリーセックス的関係を模索していたが、結局うまくいかなかった。どんな自由恋愛でも、必ず女性に対する性的搾取と性的虐待が増加した。性感染症（ＳＴＤ）が増えたことは言うまでもない。それでも、こうしたモデルをテーマにした本を書いている研究者（男女両方とも）には、これがある程度機能して、貧困から家父長制、さらには戦争に至るまで、様々な国際問題を解決すると確信している人もいる。どうしてもやってみたい人はやればいい。お先にお試しあれ。

〝あり得る未来〟について言えば、私たちにはまだ完全に理解できていないこと（ｘ＋ｙ＝ｚ）の発見が必要で、そこにはいくつか興味深い可能性がある。まず一つは、進化上、歴史上にまったく前例のない、セックスや恋愛関係の意味に対する新しい考え方の文化的創造と普及である。あらゆる制約と予測を踏まえて、新しい視座で人間のセックスと恋愛を二一世紀の状況に置いてみること。その視座がどんなものなのか、私には答えられないが、おそらく象牙の塔で行われるような単なる哲学的な論議ではないだろう。それは、ジェンダー、富、民族、宗教、年齢、政治的イデオロギーを超えて、文化と大衆に影響を及ぼすものでなければならない。セックスから何を得たいのか、平等主義を強める社会の人間関係にアプローチする最善の方法は何なのか、二一世紀において性本能という遺産にどう対処すればいいのか、八〇億の人口が今世紀の終わりまでに一〇〇億から一三〇億に達すると見込まれる世界でなぜ子供を持つ必要があるのかといった点について、新たなコンセンサスが必要になる。それを基盤にすれば、ほとんどの人間の幸福感を最大化する戦略と新しい伝統を生み出せるかもしれない。

二つ目は、インターネット技術によって維持される遠距離関係が増加することで、離れた場所にいるパートナー同士が性的な刺激を与え合うリモート型の性玩具が開発される可能性についてだ。すでに存在するリモート・バイブレーターの話をしているのではない。キス、愛撫、あるいは挿入を伴うセックスの感覚が味わえるテクノロジーのことだ。そうした技術は、座った姿勢でバイブやディルドやオナホールで自分に刺激を与えるだけでなく、VR（仮想現実）ポルノを拡張することにも利用されるだろう。AIフレンドのパワーアップも考えられる。シリやアレクサ（とその男性版）のような家庭内タスクの管理をするAIもさらに愛情深くなり、所有者がどういう人間か学習し、会話に微妙なニュアンスを持たせ、感情を読み取り、人間が困難や心の痛みを乗り越えられる

セックスの未来を担う？
「不気味の谷」のイメージガール

よう手助けし、声を上げて笑い、健全な方法で人間の自己肯定感を育めるようになるかもしれない。同様のＡＩ技術が物理的な体を持つセックスボットにも搭載され、数年後にリアルで可動性が高い製品が登場する可能性がある。こうした技術の向上によって、近い将来、リモートセックスやロボットセックスが、直接的な人間同士のセックスよりも一般的になるかもしれない。

言うまでもなく、人間のセックスと愛情表現を魅力的なＡＩに置き換えることは、そのまま結婚と出生率に対する死の宣告になる。それでも、人生の大半を孤独のまま過ごす可能性の高い社会の三分の一の人々には一時的な救済になるだろう。ただし、もしある時点でもう一度生身の人間とデートしようと思ったときに、住み込みのセックスボットに慣れすぎて、デートの相手にあり得ないほど高いレベルの対応を期待してしまう問題が生じるかもしれない。さらに、法律上の権利を持たないＡＩハウスキーパー兼性奴隷を所有していいのかという倫理上の問題が、小児性愛者（ペドフィリア）向けのセックスボットを開発するビジネスが野放し状態にあることと並んで発生してくる。

三つ目は、身体改造の問題だ。セックス中のオーガズムを強めるために、体の一部にバイブレーターを取り付けたり、ペニスやクリトリスの神経終末の数を増やす手術が行われたりする可能性がある。さらに、３Ｄプリントされたペニス、胸、その他の性的なパーツが人体に取り付けられ、現在の整形手術の限界を超えて外見を変えられるようになるかもしれない。身体改造のおかげで来世紀、あるいはその次の世紀に、人間がみな、驚くほどゴージャスでセクシーになっている可能性がある。

四つ目は、トランスヒューマニズム。[*] 次の世紀になると、人間はコンピューターに自分の意識をアップロードできるようになるという見方がすでに広く語られている。これは人間が死を欺き（あざむ）、数百万年でも数十億年でも生きられるというだけでなく、自分たちがつくり出したバーチャルな世界に住めることを意味する。そうした人々のなかには、AIやほかの人間の意識と仮想的に構築されたセックスを楽しもうとする人も出てくるだろう。だが意識をコンピューターにアップロードすると、性欲をはじめ、あらゆる感情を生み出す自分の体との物理的なつながりを失うことになる。そうなれば、人間がサルに通じる性格や肉欲を保持するようにプログラムされていないかぎり、トランスヒューマニズムの台頭とともに、セックスと恋愛が完全に消滅する恐れがある。

五つ目は、来世紀に実現するかもしれないもう一つのテクノロジーとして、遺伝子操作を行って老化のプロセスを停止または逆転させることのできるゲノム編集があることだ。人間は死を回避して、肉体を持ったまま不死の存在として生き続けることができるかもしれない。だがこれは、いくつかの社会的な難問を生じさせる。特に、人が死ななくなった世界では、子供を持つ欲求がどうなるのかという問題だ。欧米諸国の出生率がいくら低いと言っても、この先も子供が生まれてくるなら、一世代のうちに生態学的な大惨事が起きるにちがいない。人口一〇〇億の世界など序の口、二〇〇億、五〇〇億の世界がやってくる。待っているのは、破滅だけだ。だが、もしその難問を克服できたと仮定して、永遠の生命が一夫一婦の関係にどんな影響を与えるかをちょっ

訳注＊　科学技術の力で人間の精神的・肉体的能力を進化させること

と考えてみよう。いまなら夫婦のおよそ半分が死別するまで一緒にいるが、おたがいに死ななくなったら、いったいどうなるのだろうか。それに永遠の生命は、恋愛関係を容易に築けない人やうまく対処できない人にとってはある種の地獄になるだろう。孤独が一生ではなく、永遠に続くことになるのだから。

六つ目は、人間の体外配偶子形成（ＩＶＧ）の採算が取れるモデルが開発されることだ。これによって、体のほかの細胞（おそらくは皮膚や筋肉）から生殖細胞（精子や卵子）を培養できるようになる。これは、六億五〇〇〇万年前の多細胞生物で生じた生殖細胞の特殊性を覆すことになる。ＩＶＧによって、不妊の人も希望すれば子供を持てるようになる。そのために、ゲノム編集と同様、人口問題を悪化させる可能性もある。また、自分のＤＮＡの複製を希望する人が、養子を迎えることに消極的になるかもしれない。ＩＶＧによって、亡くなった友人や親族の細胞を採取し、その細胞から子供をつくれるようになることも考えられる。また、自分一人で子供を持つことも可能になるが、そうした極端な近親交配は深刻な危険をもたらすだろう。理論的には、同意なしに他人の細胞を採取して子供をつくれるようになる。たとえば、おぞましい例だが、自分の好きな有名人がレストランを出たあと、こっそりその人物の皮膚細胞を採取して子供をつくることも不可能ではない。とはいえ、ＩＶＧの実現はまだしばらく先であり、もしその技術を一般人が妥当な価格で利用できるようになれば、現在の体外受精と同様、厳格な法律や基準が整備されることになるだろう。したがって、これらの懸念のほとんどは空想にすぎず、実現しない可能性もある。

こうしていま、私たちは「不合理な未来」、つまり現在知られている科学の法則に反しているように思える可能性を検証するところまで来た。以前の著書で、私が宇宙の歴史を広範に論じたとき、「不合理な未来」には、熱力学の鉄壁の第二法則に反する動力源や、光速よりも速く移動する星間宇宙船の存在を想定した。だが、セックスの未来をもう少し短期的に見ると、「不合理な未来」はたった一つしかない。それはセックスが、生身の私たち人類にとって重要なものではなくなる未来だ。

性交後の透明さ

二〇億年にわたる計画性のない進化のせいで、セックスは厄介で、複雑で、混乱したものになった。そう、私たち全員にとって。この本で提供した情報によって、セックスのいくつかの側面がいくらかでもわかりやすくなってくれることを、あるいはせめて、なぜわかりにくいのか、その背景を読者が理解してくれることを願う。

ここから先の物語がどこに向かうにせよ、〝大きな死〟が私たちを生きることの辛さから解放し、永遠の眠りにつかせる前に、私たち全員が〝小さな死〟（絶頂後の虚脱状態）という心地よい時間を楽しめることを祈りたい。読者のみなさんが、それぞれ最善の方法でパートナーや恋人との充足感が得られる幸運に恵まれますように。

そして、この短い人生において、あなたが何度か至福の瞬間を手に入れ、心から愛されているという感覚を味わえることを願う。たとえ、そういう超越的で崇高（すうこう）な体験が、一時的ではかないものであったとしても。

グッドラック。大切な人とお幸せに。

Taylor, G. *Castration: An Abbreviated History of Western Manhood*. London: Routledge, 2001.
Thompson, L. *The Wandering Womb*. Amherst, MA: Prometheus Books, 1999.（ラナ・トンプソン『The Wandering Womb　子宮の文化史：女性差別のルーツを探る』杉万俊夫訳、日本橋出版、2023年）
Tresler, R. *Sex and Conquest: Gendered Violence, Political Order, and the European Conquest of the Americas*. Ithaca, NY: Cornell University Press, 2005.
Thornhill, R. and Palmer, C. *A Natural History of Rape: Biological Bases of Sexual Coercion*. Cambridge, MA: MIT Press, 2000.
Turchin, P., and Nefedov, S. *Secular Cycles*. Princeton, NJ: Princeton University Press, 2009.
Weinberg, S. *The First Three Minutes: A Modern View of the Origin of the Universe*. New York: Basic Books, 1977.（S・ワインバーグ『宇宙創成はじめの3分間』小尾信彌訳、筑摩書房、2008年）
Witte, J., Green, M., and Browning, D. *Sex, Marriage, and Family in World Religions*. New York: Columbia, 2006.
Woods, M., and Woods, M. *Ancient Technology: Ancient Agriculture from Foraging to Farming*. Minneapolis: Runestone Press, 2000.
Wrangham, R. "The Evolution of Sexuality in Chimpanzees and Bonobos," *Human Nature* 4 (1993) pp. 47–79.
Wrangham, R., and Peterson, D. *Demonic Males: Apes and the Origins of Human Violence*. Boston: Mariner Books, 1996.（リチャード・ランガム、デイル・ピーターソン『男の凶暴性はどこからきたか』山下篤子訳、三田出版会、1998年）
van Shaik, C., and Janson, C. *Infanticide by Males and its Implications*. Cambridge, UK: Cambridge University Press, 2000.

2000.
———. *The Red Queen: Sex and the Evolution of Human Nature*. New York: Penguin, 1993.
Riddle, J. *Eve's Herbs: A History of Contraception and Abortion in the West*. Cambridge, MA: Harvard University Press, 1999.
Ringrose, D. *Expansion and Global Interaction, 1200–1700*. New York: Longman, 2001.
Ristvet, L. *In the Beginning: World History from Human Evolution to the First States*. New York: McGraw-Hill, 2007.
Roach, M. *Bonk: The Curious Coupling of Sex and Science*. New York: W. W. Norton, 2008.（メアリー・ローチ『セックスと科学のイケない関係』池田真紀子訳、日本放送出版協会、2008年）
Roller, D. *Ancient Geography: The Discovery of the World in Classical Greece and Rome*. London: I.B. Tauris, 2015.
Rothman, M. *Uruk, Mesopotamia, and its Neighbors: Cross-Cultural Interactions in the Era of State Formation*. Santa Fe, NM: School of American Research Press, 2001.
Roughgarden, J. *Evolution's Rainbow: Diversity, Gender, and Sexuality in Nature and People*. Berkeley, CA: University of California Press, 2004.
Ryan, C., and Jethá, C. *Sex at Dawn: The Prehistoric Origins of Modern Sexuality*. New York: Scribe, 2010.（クリストファー・ライアン、カシルダ・ジェタ『性の進化論：女性のオルガスムは、なぜ霊長類にだけ発達したか？』山本規雄訳、作品社、2014年）
Sahlins, M. "The Original Affluent Society," *Stone Age Economics*. London: Tavistock, 1972, pp. 1–39.
Sapolsky, R. *Monkeyluv: and Other Essays on Our Lives as Animals*. New York: Scribner, 2005.
Saxon, L. *Sex at Dusk: Lifting the Shiny Wrapping from Sex at Dawn*. New York: CreateSpace, 2012.
Scarre, C., ed. *The Human Past: World Prehistory and the Development of Human Societies*. London: Thames & Hudson, 2005.
Scroggs, R. *The New Testament and Homosexuality*. New York: Fortress Press, 1983.
Shuster, S., and Wade, M. *Mating Systems and Strategies*. Princeton, NJ: Princeton University Press, 2003.
Skinner, M. *Sexuality in Greek and Roman Culture*. London: Blackwell, 2005.
Small, M. *Female Choices: Sexual Behavior of Female Primates*. Ithaca, NY: Cornell University Press, 1993.
Smith, B. *The Emergence of Agriculture*. New York: Scientific American Library, 1995.
Sparks, J. *The Battle of the Sexes: The Natural History of Sex*. London: BBC Books, 1999.
Squire, S. *I Don't*: *A Contrarian History of Marriage*. New York: Bloomsbury, 2008.
Stanford, C. *Significant Others: The Ape-Human Continuum and the Quest for Human Nature*. New York: Basic Books, 2001.
Strayer, R. *Ways of the World: A Global History. Boston*: St. Martin's Press, 2009.
Stringer, C. *The Origin of Our Species*. London: Allen Lane, 2011.
Symons, D. *The Evolution of Human Sexuality*. London: Oxford University Press, 1979.
Tattersall, I. *Becoming Human: Evolution and Human Uniqueness*. New York: Harcourt Brace, 1998.（イアン・タッターソル『サルと人の進化論：なぜサルは人にならないか』秋岡史訳、原書房、1999年）
———. *Masters of the Planet: The Search for Human Origins*. New York: Palgrave Macmillan, 2012.

サトマーリ『生命進化8つの謎』長野敬訳、朝日新聞社、2001年）
McBrearty, S., and Brooks, A. "The Revolution That Wasn't: A New Interpretation of the Origin of Modern Human Behavior," *Journal of Human Evolution* 39 (2000), pp. 453–563.
McElvaine, R. *Eve's Seed: Biology, the Sexes, and the Course of History*. New York: McGraw-Hill, 2001.
McNeill, J. R. and McNeill, W. H. *The Human Web: A Bird's-Eye View of World History*. New York: W. W. Norton, 2003.（ウィリアム・H・マクニール、ジョン・R・マクニール『世界史：人類の結びつきと相互作用の歴史　I・II』福岡洋一訳、楽工社、2015年）
McNeill, W. H. *Plagues and People*. Oxford, UK: Blackwell, 1977.（W・H・マクニール『疫病と世界史』佐々木昭夫訳、新潮社、1985年）
Miller, G. *The Mating Mind: How Human Sexual Choice Shaped the Evolution of Human Nature*. New York: Doubleday, 2000.（ジェフリー・F・ミラー『恋人選びの心：性淘汰と人間性の進化　1・2』長谷川眞理子訳、岩波書店、2002年）
Murray, J. *Love, Marriage, and Family in the Middle Ages*. Toronto: University of Toronto Press, 2001.
Nutman, A., et al. "Rapid Emergence of Life Shown by Discovery of 3,700-million-year-old microbial structures," *Nature* 537 (Sep. 2016), pp. 535–8.
Overton, M. *Agricultural Revolution in England: The Transformation of the Agrarian Economy, 1500–1850*. Cambridge, UK: Cambridge University Press, 1996.
Pacey, A. *Technology in World Civilization*. Cambridge, MA: MIT Press, 1990.（アーノルド・パーシー『世界文明における技術の千年史：「生存の技術」との対話に向けて』林武監訳、東玲子訳、新評論、2001年）
Percy, W. *Pederasty and Pedagogy in Ancient Greece*. Urbana: University of Illinois Press, 1996.
Perel, E. *Mating in Captivity: Reconciling the Erotic and Domestic*. New York: HarperCollins, 2006.（エステル・ペレル『セックスレスは罪ですか？』高月園子訳、ランダムハウス講談社、2008年）
Pinker, S. *The Blank State: The Modern Denial of Human Nature*. New York: Penguin, 2003.
Pomeranz, K. *The Great Divergence: China, Europe, and the Making of the Modern World Economy*. Princeton, NJ: Princeton University Press, 2000.（K・ポメランツ『大分岐：中国、ヨーロッパ、そして近代世界経済の形成』川北稔監訳、名古屋大学出版会、2015年）
Ponting, C. *A Green History of the World: The Environment and the Collapse of Great Civilisations*. London: Penguin, 1991.（クライブ・ポンティング『緑の世界史　上・下』石弘之・京都大学環境史研究会訳、朝日新聞社、1994年）
Potts, M., and Short, R. *Ever Since Adam: The Evolution of Human Sexuality*. Cambridge, UK: Cambridge University Press, 1999.
Prager, E. *Sex, Drugs, and Sea Slime: The Oceans' Oddest Creatures and Why They Matter*. Chicago: University of Chicago Press, 2011.
Qualls-Corbet, N. *The Sacred Prostitute: Eternal Aspects of the Feminine*. New York: Inner City Books, 1988.（N・クォールズ=コルベット『聖娼：永遠なる女性の姿』菅野信夫・高石恭子訳、日本評論社、1998年）
Richards, J. *The Unending Frontier: Environmental History of the Early Modern World*. Berkeley, CA: University of California Press, 2006.
Ridley, M. *Mendel's Demon: Gene Justice and the Complexity of Life*. London: Weidenfield & Nicolson,

Kicza, J. "The Peoples and Civilizations of the Americas before Contact," *Agricultural and Pastoral Societies in Ancient and Classical History*. M. Adas, ed. Philadelphia: Temple University Press, 2001.
Klein, R. *The Dawn of Human Culture*. New York: Wiley, 2002.（リチャード・G・クライン、ブレイク・エドガー『5万年前に人類に何が起きたか？：意識のビッグバン』鈴木淑美訳、新書館、2004年）
Knight, C. *Blood Relations: Menstruation and the Origins of Culture*. New Haven: Yale University Press, 1995.
Knoll, A. *Life on a Young Planet: The First Three Billion Years of Evolution on Earth*. Princeton, NJ: Princeton University Press, 2003.（アンドルー・H・ノール『生命最初の30億年：地球に刻まれた進化の足跡』斉藤隆央訳、紀伊國屋書店、2005年）
Leakey, R. *The Sixth Extinction: Patterns of Life and the Future of Humankind*. New York: Doubleday, 1995.
Leick, G. *Mesopotamia: The Invention of the City*. London: Penguin, 2001.
———. *Sex and Eroticism in Mesopotamian Literature*. London: Routledge, 1994.
Leuff, G. *Male Colors: The Construction of Homosexuality in Tokugawa Japan*. Berkeley, CA: University of California Press, 1995.
LeVay, S. *The Sexual Brain*. Cambridge, MA: MIT Press, 1994.（サイモン・ルベイ『脳が決める男と女：性の起源とジェンダー・アイデンティティ』新井康允訳、文光堂、2000年）
Lister, K. *A Curious History of Sex*. London: Unbound, 2020.
Livi-Bacci, M. *A Concise History of World Population*. C. Ipsen, trans. Oxford, UK: Blackwell, 1992.
Lloyd, E. *The Case of the Female Orgasm: Bias in the Science of Evolution*. Cambridge, MA: Harvard University Press, 2005.
Lombardi, J. *Comparative Vertebrate Reproduction*. Norwell, MA: Kluwer Academic Publishers, 1998.
Lunine, J. *Earth: Evolution of a Habitable World.* Cambridge, UK: Cambridge University Press, 1999.
Maines, R. *The Technology of the Orgasm*. Baltimore: Johns Hopkins University Press, 1999.（レイチェル・P・メインズ『ヴァイブレーターの文化史：セクシュアリティ・西洋医学・理学療法』論創社、2010年）
Majerus, M. *Sex Wars: Genes, Bacteria, and Biased Sex Ratios*. Princeton, NJ: Princeton University Press, 2003.
Marcus, J. *Mesoamerican Writing Systems: Propaganda, Myth, and History in Four Ancient Civilizations*. Princeton, NJ: Princeton University Press, 1992.
Margolis, J. O: *The Intimate History of the Orgasm*. New York: Grove Press, 2004.（ジョナサン・マーゴリス『みんな、気持ちよかった！：人類10万年のセックス史』奥原由希子訳、ヴィレッジブックス、2007年）
Margulis, L., and Sagan, D. *Mystery Dance: On the Evolution of Human Sexuality*. New York: Summit Books, 1991.（リン・マーグリス、ドリオン・セーガン『不思議なダンス：性行動の生物学』松浦俊輔訳、青土社、1993年）
Marks, R. *The Origins of the Modern World: A Global and Ecological Narrative from the Fifteenth to the Twenty-First Century*, 2nd ed. Lanham, MD: Rowman & Littlefield, 2007.
Masters, W., Johnson, V., and Kolodny, R. *Human Sexuality*. Boston: Addison-Wesley, 1995.
Maynard Smith, J., and Szathmary, E. *The Origins of Life: From the Birth of Life to the Origins of Language*. Oxford, UK: Oxford University Press, 1999.（ジョン・メイナード・スミス、エオルシュ・

Forsyth, A. *The Ecology and Evolution of Sexual Behavior*. New York: Scribner, 1985.
Franzblau, A. *Erotic Art in China*. Leiden, Neth.: Brill, 1981.
Freely, J. *Inside the Seraglio: The Private Lives of Sultans in Istanbul*. London: Penguin, 1999.
Friedman, D. *A Mind of Its Own: A Cultural History of the Penis*. New York: Free Press, 2001.（デビッド・フリードマン『ペニスの歴史：男の神話の物語』井上廣美訳、原書房、2004年）
Gates, C. *Ancient Cities: The Archaeology of Urban Life in the Ancient Near East, Egypt, Greece, and Rome*, 2nd ed. New York: Routledge, 2011.
Gollaher, D. *Circumcision: The World's Most Controversial Surgery*. New York: Basic Books, 2000.
Goodall, J. *The Chimpanzees of Gombe: Patterns of Behavior*. Cambridge, MA: Harvard University Press, 1986.（ジェーン・グドール『野生チンパンジーの世界』杉山幸丸・松沢哲郎監訳、ミネルヴァ書房、1990年）
———. *Through a Window: My Thirty Years with the Chimpanzees of Gombe*. Boston: Houghton Mifflin, 1990.
Grant, M. *Eros in Pompeii*. New York: Stuart, 1975.（マイケル・グラント他『ローマ・愛の技法』書籍情報社編集部訳、書籍情報社、1997年）
Gregg, J. *Sex: The Illustrated History Through Time, Religion, and Culture*, 3 vols. London: XLibris, 2017.
Green, R., et al. "A Draft Sequence of the Neanderthal Genome," *Science* 328, no. 5979 (May 2010), pp. 710–22.
Greenburg, S. *Wrestling with God and Homosexuality in the Jewish Tradition*. Madison: University of Wisconsin Press, 2004.
Hallet, J., and Skinner, M. *Roman Sexualities*. Princeton, NJ: Princeton University Press, 1997.
Hansen, V. *The Open Empire: A History of China to 1600*. New York: W. W. Norton, 2000.
Hazen, R. *The Story of Earth: The First 4.5 Billion Years from Stardust to Living Planet*. New York: Viking, 2012.（ロバート・ヘイゼン『地球進化46億年の物語：「青い惑星」はいかにしてできたのか』円城寺守監訳、渡会圭子訳、講談社、2014年）
Hrdy, S. *Mother Nature: A History of Mothers, Infants, and Natural Selection*. Boston: Pantheon Books, 1999.（サラ・ブラファー・ハーディー『マザー・ネイチャー：「母親」はいかにヒトを進化させたか 上・下』塩原通緒訳、早川書房、2005年）
Johanson, D., and Edey, M. *Lucy: The Beginnings of Humankind*. New York: Simon & Schuster, 1981.（ドナルド・C・ジョハンソン、マイトランド・A・エディ『ルーシー：謎の女性と人類の進化』渡辺毅訳、どうぶつ社、1986年）
Johnson, A., and Earle, T. *The Evolution of Human Societies: From Foraging Group to Agrarian State*, 2nd ed. Stanford, CA: Stanford University Press, 2000.
Jolly, A. *Lucy's Legacy: Sex and Intelligence in Human Evolution*. Cambridge, MA: Harvard University Press, 1999.
Jones, S. *Y: The Descent of Men*. Boston: Mariner Books, 2005.（スティーヴ・ジョーンズ『Yの真実：危うい男たちの進化論』岸本紀子・福岡伸一訳、化学同人、2004年）
Jutte, R. *Contraception: A History*. Boston: Polity, 2008.
Kakar, S. *Intimate Relations: Exploring Indian Sexuality*. Chicago: University of Chicago Press, 1989.
Kampen, B. *Sexuality in Ancient Art*. Cambridge, MA: Harvard University Press, 1997.

Ancient Times to the Present. London: Macmillan, 1996.
Devlin, K. *Turned On: Science, Sex, and Robots*. London: Bloomsbury, 2018.（ケイト・デヴリン『ヒトは生成AIとセックスできるか：人工知能とロボットの性愛未来学』池田尽訳、新潮社、2023年）
de Waal, F. *Chimpanzee Politics: Power and Sex Among Apes*. Baltimore: Johns Hopkins University Press, 2007.（フランス・ドゥ・ヴァール『チンパンジーの政治学：猿の権力と性』西田利貞訳、産経新聞出版、2006年）
———. *Tree of Origin: What Primate Behavior Can Tell Us about Human Social Evolution*. Cambridge, MA: Harvard University Press, 2001.
de Waal, F., and Lanting, F. *Bonobo: The Forgotten Ape*. Berkeley, CA: University of California Press, 1997.（フランス・ドゥ・ヴァール『ヒトに最も近い類人猿ボノボ』加納隆至監修、藤井留美訳、TBSブリタニカ、2000年）
Diamond, L. *Sexual Fluidity: Understanding Women's Love and Desire*. Cambridge, MA: Harvard University Press, 2008.
Dixson, A. *Primate Sexuality: Comparative Studies of the Prosimians, Monkeys, Apes, and Human Beings*. New York: Oxford University Press, 2001.
Dunbar, R. *A New History of Mankind's Evolution*. London: Faber & Faber, 2004.
Dyson, F. *Origins of Life*, 2nd ed. Cambridge, UK: Cambridge University Press, 1999.（フリーマン・ダイソン『ダイソン 生命の起原』大島泰郎・木原拡訳、共立出版、1989年）
Earle, T. *How Chiefs Come to Power: The Political Economy in Prehistory*. Stanford, CA: Stanford University Press, 1997.
Eberhard, W. *Sexual Selection and Animal Genitalia*. Cambridge, MA: Harvard University Press, 1985.
Edgerton, R. *Sick Societies: Challenging the Myth of Primitive Harmony*. New York: Free Press, 1992.
Eisler, R. *Sacred Pleasures: Sex, Myth, and the Politics of the Body*. San Francisco: Vega Books, 1995.（リーアン・アイスラー『聖なる快楽：性、神話、身体の政治』浅野敏夫訳、法政大学出版局、1998年）
Erwin, D. *Extinction: How Life on Earth Nearly Ended 250 Million Years Ago*. Princeton, NJ: Princeton University Press, 2006.（ダグラス・H・アーウィン『大絶滅：2億5千万年前、終末寸前まで追い詰められた地球生命の物語』大野照文監訳、沼波信・一田昌宏訳、共立出版、2009年）
Fagan, B. *People of the Earth: An Introduction to World Prehistory*. 10th ed. Englewood Cliffs, NJ: Prentice Hall, 2001.
Faser, E., and Rimas, A. *Empires of Food: Feast, Famine, and the Rise and Fall of Civilizations*. Berkeley, CA: Counterpoint, 2010.（エヴァン・D・G・フレイザー、アンドリュー・リマス『食糧の帝国：食物が決定づけた文明の勃興と崩壊』藤井美佐子訳、太田出版、2013年）
Fortey, R. *Earth: An Intimate History*. New York: Knopf, 2004.（リチャード・フォーティ『地球46億年全史』渡辺政隆・野中香方子訳、草思社、2009年）
Fish, R. *The Clitoral Truth: The Secret World at Your Fingertips*. New York: Seven Stories Press, 2000.
Fisher, H. *Anatomy of Love*. New York: Fawcett Columbine, 1992.（ヘレン・E・フィッシャー『愛はなぜ終わるのか：結婚・不倫・離婚の自然史』吉田利子訳、草思社、1993年）
Forbes, S. *A Natural History of Families*. Princeton, NJ: Princeton University Press, 2005.

Cambridge, MA: Cambridge University Press, 2013.
Chambers, J., and Morton, J. *From Dust to Life: The Origin and Evolution of Our Solar System*. Princeton, NJ: Princeton University Press, 2014.
Chapais, B. *Primaeval Kinship: How Pair-Bonding Gave Birth to Human Society*. Cambridge, MA: Harvard University Press, 2008.
Cheney, D., and Seyfarth, R. *Baboon Metaphysics: The Evolution of a Social Mind*. Chicago: University of Chicago Press, 2014.
Christian, D. *Maps of Time: An Introduction to Big History*. Berkeley, CA: University of California Press, 2004.
———. *Origin Story: A Big History of Everything*. London: Allen Lane, 2018.
Christian, D., Brown, C., and Benjamin, C. *Big History: Between Nothing and Everything*. New York: McGraw-Hill, 2014.
Cipolla, C. *Before the Industrial Revolution: European Society and Economy, 1000–1700*, 2nd ed. London: Methuen, 1981.
Clark, W. *Sex and the Origins of Death*. Oxford, UK: Oxford University Press, 1996.（ウィリアム・R・クラーク『死はなぜ進化したか：人の死と生命科学』岡田益吉訳、三田出版会、1997年）
Cloud, P. *Oasis in Space: Earth History from the Beginning*. New York: W. W. Norton, 1988.
Coe, M. *Mexico: From the Olmecs to the Aztecs*, 4th ed. New York: Thames & Hudson, 1994.
Cohen, M. *Health and the Rise of Civilization*. New Haven: Yale University Press, 1989.（マーク・N・コーエン『健康と文明の人類史：狩猟、農耕、都市文明と感染症』中元藤茂・戸沢由美子訳、人文書院、1994年）
Collier, A. *The Humble Little Condom: A History*. Amherst, MA: Prometheus Books, 2007.（アーニェ・コリア『コンドームの歴史』藤田真利子訳、河出書房新社、2010年）
Comfort, A. *Erotic Art of the East: The Sexual Theme in Oriental Painting and Sculpture*. New York: Minerva, 1968.
Cowan, C., and Watson, P., eds. *The Origins of Agriculture: An International Perspective.* Washington: Smithsonian Institution Press, 1992.
Crawford, H. *Sumer and the Sumerians*. Cambridge, UK: Cambridge University Press, 2004.
Crocker, W., and Crocker, J. *The Canela: Kinship, Ritual, and Sex in an Amazonian Tribe*. Florence, KY: Wadsworth, 2003.
Crompton, L. *Homosexuality and Civilization*. Cambridge, MA: Belnap Press, 2003.
Crosby, A. The *Columbian Exchange: The Biological Expansion of Europe, 900–1900*. Cambridge, UK: Cambridge University Press, 1986.
D'Altroy, Te. *The Incas*. Malden, MA: Blackwell, 2002.
Darwin, C. *The Origin of Species by Means of Natural Selection*, 1st ed., reprint. Cambridge, MA: Harvard University Press, 2003.（チャールズ・ダーウィン『種の起源』堀伸夫・堀大才訳、槙書店、1988年）
Davies, K. *Cracking the Genome: Inside the Race to Unlock DNA*. Baltimore: Johns Hopkins University Press, 2001.（ケヴィン・デイヴィーズ『ゲノムを支配する者は誰か：クレイグ・ベンターとヒトゲノム解読競争』中村桂子監修、中村友子訳、日本経済新聞社、2001年）
Denning, S. *The Mythology of Sex: An Illustrated Exploration of Sexual Customs and Practices from*

Biraben, J. R. "Essai sur l'Évolution du Nombre des Hommes," *Population* 34 (1979), pp. 13–25.
Birkhead, T. *Promiscuity: An Evolutionary History of Sperm Competition and Evolutionary Conflict*. New York: Faber & Faber, 2000.（ティム・バークヘッド『乱交の生物学：精子競争と性的葛藤の進化史』小田亮・松本晶子訳、新思索社、2003年）
Blum, D. *Sex on the Brain: The Biological Differences between Men and Women*. New York: Viking Press, 1997.（デボラ・ブラム『脳に組み込まれたセックス：なぜ男と女なのか』越智典子訳、白揚社、2000年）
Blundell, S. *Women in Ancient Greece*. Cambridge, MA: Harvard University Press, 1995.
Boesch, C., Hohmann, G., and Marchant, L. *Behavioral Diversity in Chimpanzees and Bonobos*. Cambridge, UK: Cambridge University Press, 2002.
Bowler, P. *Evolution: The History of an Idea*, 3rd ed. Berkeley, CA: University of California Press, 2003.（ピーター・J・ボウラー『進化思想の歴史　上・下』鈴木善次ほか訳、朝日新聞社、1987年、ただし邦訳は第三版からではない）
Bradley, J. *Behind the Veil of Vice: The Business of Culture and Sex in the Middle East*. London: Palgrave Macmillan, 2010.
Brantingham, P. J., et al. *The Early Paleolithic beyond Western Europe*. Berkeley, CA: University of California Press, 2004.
Brizendine, L. *The Female Brain*. New York: Morgan Road Books, 2006.（ローアン・ブリゼンディーン『女性脳の特性と行動：深層心理のメカニズム』小泉和子訳、パンローリング、2018年）
Brown, C. *Big History: From the Big Bang to the Present*. New York and London: New Press, 2007.（シンシア・ストークス・ブラウン『ビッグバンからあなたまで：若い読者に贈る138億年全史』片山博文・市川賢司訳、亜紀書房、2024年）
Brundage, J. *Law, Sex, and Christian Society in Medieval Europe*. Chicago: University of Chicago Press, 2009.
Bryson, B. *A Short History of Nearly Everything*. New York: Broadway Books, 2003.（ビル・ブライソン『人類が知っていることすべての短い歴史』楡井浩一訳、日本放送出版協会、2006年）
Bullough, V. *Prostitution: An Illustrated Social History*. New York: Crown, 1978.
Burnham, T., and Phelan, J. *Mean Genes: From Sex to Money to Food, Taming Our Primal Instincts*, 2nd ed. New York: Basic Books, 2012.（テリー・バーナム、ジェイ・フェラン『いじわるな遺伝子：Sex、お金、食べ物の誘惑に勝てないわけ』森内薫訳、日本放送出版協会、2002年）
Buss, D. *The Dangerous Passion: Why Jealousy is as Necessary as Love and Sex*. New York: The Free Press, 2000.（デヴィッド・M・バス『一度なら許してしまう女　一度でも許せない男：嫉妬と性行動の進化論』三浦彊子訳、PHP研究所、2001年）
Carr, D. *The Erotic World*. Oxford: Oxford University Press, 2003.
Cavalli-Sforza, L. L., and Cavalli-Sforza, F. *The Great Human Diasporas*, trans. Sarah Thorne. Reading, MA: Addison-Wesley, 1995.
Chaisson, Eric J. *Cosmic Evolution: The Rise of Complexity in Nature*. Cambridge, MA: Harvard University Press, 2001.
———. *Evolution: Seven Ages of the Cosmos*. New York: Columbia University Press, 2006.
———. "Using Complexity Science to Search for Unity in the Natural Sciences,"
Charles Lineweaver, Paul Davies and Michael Ruse, eds. *Complexity and the Arrow of Time*.

参考文献

Adovasio, J., Soffer, O., and Page, J. *The Invisible Sex: Uncovering the True Roles of Women in Prehistory*. New York: Smithsonian Books, 2007.
Alberti, F. *This Mortal Coil: The Human Body in History and Culture*. Oxford, UK: Oxford University Press, 2016.
Allen, R. *The British Industrial Revolution in a Global Perspective*. Cambridge, UK: Cambridge University Press, 2009.
Altekar, A. *The Position of Women in Hindu Civilization: Prehistoric Times to the Present Day*. Mumbai: Motilal Banarsidass, 1956.
Alvarez, W. *A Most Improbable Journey: A Big History of Our Planet and Ourselves*. New York: W. W. Norton, 2016.（ウォルター・アルバレス『ありえない138億年史：宇宙誕生と私たちを結ぶビッグヒストリー』山田美明訳、光文社、2018年）
———. *T. rex and the Crater of Doom*. Princeton, NJ: Princeton University Press, 1997.（ウォルター・アルヴァレズ『絶滅のクレーター：T・レックス最後の日』月森左知訳、新評論、1997年）
Andersson, M. *Sexual Selection*. Princeton, NJ: Princeton University Press, 1994.
Angier, N. *Woman: An Intimate Geography*. New York: Virago, 1999.（ナタリー・アンジェ『Woman：女性のからだの不思議　上・下』中村桂子・桃井緑美子訳、綜合社、2005年）
Arnqvist, G., and Rowe, L. *Sexual Conflict*. Princeton, NJ: Princeton University Press, 2005.
Bagemihl, B. *Biological Exuberance: Animal Homosexuality and Natural Diversity*. New York: St. Martin's Press, 1999.
Bairoch, P. *Cities and Economic Development: From the Dawn of History to the Present*, C. Brauder, trans. Chicago: University of Chicago Press, 1988.
Baker, D. *The Shortest History of the Our Universe*. New York: The Experiment, 2023.
———. "Collective Learning: A Potential Unifying Theme of Human History," *Journal of World History* 26, no. 1 (2015), pp. 77–104.
Barash, D. and Lipton, J. *The Myth of Monogamy: Fidelity and Infidelity in Animals and People*. New York: W. H. Freeman, 2001.（デイヴィッド・バラシュ、ジュディス・リプトン『不倫のDNA：ヒトはなぜ浮気をするのか』松田和也訳、青土社、2001年）
Barfield, T. *The Nomadic Alternative*. Englewood Cliffs, NJ: Prentice Hall, 1993.
Batten, M. *Sexual Strategies: How Females Choose Their Mates*. New York: Putnam, 1992.（メアリー・バトン『女と男・愛の進化論：女はとことん男を選ぶ』青木薫訳、講談社、1995年）
Bayley, C. *The Birth of the Modern World: Global Connections and Comparisons, 1780–1914*. Oxford, UK: Blackwell, 2003.
Bellig, R., and Stevens, G. *The Evolution of Sex*. San Francisco: Harper, 1987.
Bellwood, P. *First Famers: The Origins of Agricultural Societies*. Oxford, UK: Blackwell, 2005.
Berg, M. *The Age of Manufacturers, 1700–1820: Industry, Innovation, and Work in Britain*, 2nd ed. London: Routledge, 1994.
Berkowitz, E. *Sex and Punishment: Four Thousand Years of Judging Desire*. Berkeley, CA: Counterpoint, 2012.（エリック・バーコウィッツ『性と懲罰の歴史』林啓恵・吉嶺英美訳、原書房、2013年）

謝辞

いつものことだが、広大な世界に目を開かせてくれ、歴史上のあらゆる出来事と自分がどのようにつながっているかを教えてくれたデイヴィッド・クリスチャンに感謝する。

私の両親スーザン・ベイカーとグレッグ・ベイカーにも感謝を。二人は無限の支援をしてくれて、セックスに関するちょっとした興味深い真実を私が夢中で話すのを聞いてくれた（食事をしようとしているときも）。

この世で最高の仕事を与えてくれたサイモン・ウィスラーにも感謝したい。彼のおかげで、多岐にわたる興味深いテーマについて調査し書くことができた。

何カ月にもわたって精力的に働いてくれた、私の編集者アナ・ブリスをはじめとするザ・エクスペリメント社のチーム全員にも感謝を。彼らは一つ一つの言葉や文章を細部までていねいに確認して、本書を最高のものにしてくれた。

私が正気を保つことができたのはシャロン・ブラニングのおかげだ。シャロンに深く感謝する。

私の命の恩人であるジェイソン・ギャレートに最大の感謝を捧げる。

最後に、マイロにも「ありがとう」と言いたい。マイロ、君はいい子だ。

図版クレジット

25ページ　Alexey Kotelnikov/Alamy
40ページ　Tsakaoe/Alamy
44ページ　C Mann Photo/iStock
56ページ　David Fleetham/Alamy
67ページ　Universal Images Group North America LLC/Alamy
71ページ　Michael Long/Science Photo Library
76ページ　Cleveland Hickman et al., *Integrated Principles of Zoology,* 18th ed., McGraw-Hill, 2020 ©McGraw-Hill. Reproduced with permission of the publisher.
79ページ　Roger Harris/Science Photo Library
85ページ　The Visual MD/Science Source/Science Photo Library
90ページ　Dalton Stealth/Odd Articulations
93ページ　Public domain
102ページ　Henning Dalhoff/Science Photo Library
107ページ　Imagebroker/Alamy
115ページ　David Evison/iStock
119ページ　Windzepher/iStock
126ページ　Photograph by John Mitani
134ページ　Tony Camacho/Science Photo Library
143ページ　Nevena Tsvetanova/Alamy
150ページ　Universal Images Group North America LLC/Alamy
159ページ　Mark Maslin, *The Cradle of Humanity*, Oxford University Press, 2017.
190ページ　Via Marcsi Pál/Pinterest
197ページ　Alamy
206ページ　Alamy
222ページ　Wikimedia Commons
227ページ　Wikimedia Commons
235ページ　Public domain
240ページ　Nahid Sultan/Wikimedia Commons
247ページ　Sarah Welch/Wikimedia Commons
249ページ　Public domain
255ページ　John Cecil Clay/Wikimedia Commons
261ページ　Wikimedia Commons
264ページ　Alamy
276ページ　Library of Congress/Wikimedia Commons
281ページ　Alamy
285ページ　Alamy
303ページ　Adobe Stock
315ページ　Wikimedia Commons

デイヴィッド・ベイカー

David Baker

歴史・科学専門の著述家。世界で初めて、ビッグ・ヒストリー（壮大な時間軸の中で宇宙の始まりや地球の歴史を自然科学と社会科学の視点から俯瞰し探求する学問分野）の博士号を取得。受賞歴のある講師であり、何百万人もが視聴する教育系動画の脚本を手がけている。

著書に『The Shortest History of Our Universe』『早回し全歴史―宇宙誕生から今の世界まで一気にわかる』（ダイヤモンド社）などがある。@ davidcanzuk

染田屋 茂

Shigeru Sometaya

翻訳者・編集者。1950年、東京都生まれ。1974年、早川書房入社。以後、10年間の翻訳専業期間をはさみ、朝日新聞社、武田ランダムハウスジャパン、KADOKAWAで翻訳書を中心に書籍編集に携わる。現在は、S.K.Y.パブリッシング代表取締役。

訳書に、スティーヴン・ハンター『極大射程』『銃弾の庭』(以上、扶桑社)、ガルリ・カスパロフ『DEEP THINKING―人工知能の思考を読む』(日経ＢＰ)、オーウェン・ウォーカー『アクティビスト―取締役会の野蛮な侵入者』(日本経済新聞出版)などがある。

翻訳協力　　　　杉田真、株式会社リベル
ブックデザイン　篠田直樹（bright light）

THE SHORTEST HISTORY OF SEX
Two Billion Years of Procreation and Recreation
by
David Baker

SEX 20億年史
生殖と快楽の追求、そして未来へ

2025年3月31日　第1刷発行

著　者　デイヴィッド・ベイカー

訳　者　染田屋 茂

発行者　樋口尚也
発行所　株式会社　集英社
　〒101-8050 東京都千代田区一ツ橋2-5-10
　電話　編集部　03-3230-6137
　　　　読者係　03-3230-6080
　　　　販売部　03-3230-6393（書店専用）

印刷所　TOPPAN株式会社
製本所　加藤製本株式会社

Printed in Japan　ISBN978-4-08-781763-8　C0098